高等职业教育机电类专业“十三五”规划教材

数控铣削(加工中心)技能训练与考级

主　编　单艳芬　曹建中

副主编　沈钻科　朱龙飞　何　晴

参　编　曹　敏　陈永旺

主　审　陈海滨

西安电子科技大学出版社

内 容 简 介

本书以初级工、中级工、高级工的技能要求来安排内容，共包括十二个项目，分别为矩形凸台加工、矩形槽板加工、工字形槽板加工、十字槽板加工、对称腰形槽板加工、落料件加工、法兰盘加工、椭圆凸台加工、二维半曲面加工、薄壁件加工、综合件加工、配合件加工。这十二个项目依能力规律递进。各项目中均附有参考加工程序，旨在通过具体项目的练习逐步提高学生数控设备操作技能水平。

本书可作为高职高专“模具设计与制造”专业及“数控技术”专业的教材，也可作为中职学校教材及各类技能培训用书，还可供从事模具制造、数控加工的人员参考。

图书在版编目(CIP)数据

数控铣削(加工中心)技能训练与考级 / 单艳芬，曹建中主编. —西安：西安电子科技大学出版社，2018.10
ISBN 978-7-5606-5005-0

Ⅰ. ① 数… Ⅱ. ① 单… ② 曹… Ⅲ. ① 数控机床—铣削 Ⅳ. ① TG547

中国版本图书馆 CIP 数据核字(2018)第 204809 号

策划编辑 李惠萍 秦志峰
责任编辑 王 瑛
出版发行 西安电子科技大学出版社(西安市太白南路 2 号)
电　　话 (029)88242885 88201467 邮　　编 710071
网　　址 www.xduph.com 电子邮箱 xdupfxb001@163.com
经　　销 新华书店
印刷单位 陕西利达印务有限责任公司
版　　次 2018 年 10 月第 1 版 2018 年 10 月第 1 次印刷
开　　本 787 毫米×1092 毫米 1/16 印 张 16.75
字　　数 395 千字
印　　数 1～3000 册
定　　价 39.00 元
ISBN 978-7-5606-5005-0 / TG

XDUP 5307001-1

前　言

2018 年 1 月 13 日，工业和信息化部部长苗圩在“第九届中国经济前瞻论坛”上表示，2008 年国际金融危机以后，已经实现了工业化的主要发达国家反思并审视“脱实向虚”的发展模式，重新聚焦实体经济，力图重振制造业，制造业重新成为全球竞争的焦点。在中国进入工业化的中后期，尽管制造业在整个国民经济当中的比重有所下降，但制造业作为技术创新和服务业发展的基础依托的地位和作用将更加突出，制造业始终是实现经济良性循环和把控经济动脉的关键所在。2020 年我国制造业的发展目标是：进入世界制造强国行列，成为世界制造中心之一。数控加工技术在制造业中代表着发展的方向，数控技术的发展需要一大批有相当素养的数控加工技术人才。

本书是高等职业教育机电类专业“十三五”规划教材。全书由融合企业产品元素的项目构成，内容由浅入深逐步推进，以学生实践操作为重点、以数控铣工考工为主线，按各项目需求把相关知识穿插在其中，理论服务实际，突出学生实践在整个教学中的作用，真正体现以学生为主体的现代教学原则。

本书主要包括十二个项目，其中项目一至项目三为基本操作，相当于数控铣工初级工水平；项目四至项目七为中级工技能训练；项目八至项目十二为高级工技能训练。在内容安排上，紧贴数控铣工国家职业标准，由易及难，逐步推进。初级工技能训练主要以加工准备、数控机床的操作、加工程序的调试为主，对加工质量不做要求。中级工技能训练则是在前面的基础上增加了加工工艺的分析和加工程序的编制要求，对加工质量按职业标准提出了精度要求，加工内容需符合职业标准要求，以使学生通过学习达到中级工水平。高级工技能训练在按职业标准对加工精度提出更高要求的同时，按考工要求加入二次曲线、简单二维半曲面、薄壁件、配合件的内容。本书内容翔实，每个项目均经过精心设计，另外还配备了多道拓展训练题，中高级阶段均配备了一定数量的模拟考工题和评分表，方便实践教学的开展。

本书由常州刘国钧高等职业技术学校单艳芬、曹建中担任主编；常州刘国钧高等职业技术学校沈钻科、朱龙飞及常州航天创胜数控技术有限责任公司何晴担任副主编；江苏联合职业技术学院海门分院陈海滨担任主审；常州铁道高等职业技术学校曹敏及江苏省常州技师学院陈永旺参与了本书的编写。

本书在编写与出版过程中，得到了常州刘国钧高等职业技术学校王猛教授、江苏联合职业技术学院海门分院陈海滨主任的大力支持和帮助，在此表示衷心的感谢。

尽管做了许多努力，但由于时间仓促，加之作者水平有限，书中难免有不足之处，恳请读者批评指正。

作　者

2018年6月

目 录

项目一 矩形凸台加工

一、项目导入与分析

本项目是典型的矩形凸台简单零件的加工，如图 1-1 所示。

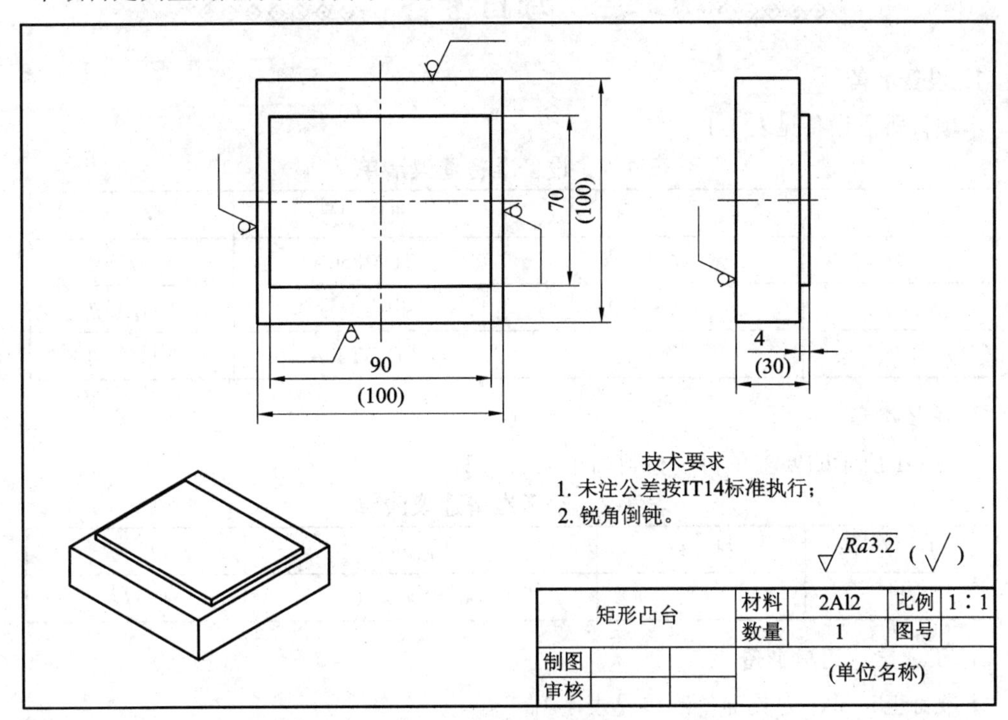

图 1-1　矩形凸台零件图

1. 零件形状

图 1-1 为简单的二维铣削加工零件，其几何形状规则，主要加工轮廓是一个矩形凸台。正式加工时要选择合适的下刀点和设计进退刀路线，防止过切。

2. 尺寸精度

该零件的加工要素为正方形带圆角的轮廓，尺寸精度要求不高。加工时工艺设计要合理安排并操作正确。

3. 表面粗糙度

本项目零件所有外形铣削的表面粗糙度 *Ra* 值均为 3.2 μm。

4. 技术要求

锐角倒钝。

◇◇◇◇◇◇◇◇◇ 二、项目目标 ◇◇◇◇◇◇◇◇◇

(1) 正确识别数控加工机床的型号、基本结构及功能、工作原理。

(2) 熟悉机床操作面板及加工的基本操作流程。

(3) 能用正确装夹方法装夹工件、刀具，加工步骤合理。

(4) 熟悉手工程序输入(EDIT)及校验的方法。

◇◇◇◇◇◇◇◇◇ 三、项目准备 ◇◇◇◇◇◇◇◇◇

1. 设备准备

本项目所需设备见表 1-1。

表 1-1 设备准备建议清单

序 号	名 称	机床型号	数 量
1	数控铣床	TOM850A	1 台/2 人
2	机用虎钳	相应型号	1 台/工位
3	锁刀座	LD-BT40A	2 只/车间

2. 毛坯准备

按图 1-1 所示的要求备料，材料清单见表 1-2。

表 1-2 毛坯准备建议清单

序 号	材 料	规格/mm	数 量
1	2Al2	100 × 100 × 50	1 件/人

3. 工、量、刃具准备

本项目工、量、刃具准备清单见表 1-3。

表 1-3 工、量、刃具准备建议清单

类 别	序 号	名 称	规格或型号	精度/mm	数 量
工具	1	机用虎钳扳手	配套		1 个/工位
	2	卸刀扳手	ER32		2 个
	3	等高垫铁	根据机用平口钳和工件自定		1 副
	4	锉刀、油石			自定

续表

类别	序号	名称	规格或型号	精度/mm	数量
量具	1	外径千分尺	50～75、75～100	0.01	各1把
	2	游标卡尺	0～150	0.02	1把
	3	深度千分尺	0～50	0.01	1把
	4	*R*规	*R*1～*R*25		1个
	5	杠杆百分表	0～0.8	0.01	1个
	6	磁力表座			1个
	7	机械偏摆式寻边器			
	8	*Z*轴设定器	ZDI-50	0.01	1个
刃具	1	平面铣刀刀片	SENN1203-AFTN1		6片
	2	中心钻	A2.5		1个
	3	立铣刀	ϕ10、ϕ16		各1支

◇◇◇◇◇◇◇◇◇ 四、项目实施 ◇◇◇◇◇◇◇◇◇

【工作任务分解】

任务一　认识数控机床。
任务二　了解数控加工的“7S”管理。
任务三　刀具安装。
任务四　工件安装及对刀找正。
任务五　手工程序输入(EDIT)及校验。

任务一　认识数控机床

【知识链接】

1. 什么是数控机床

数字控制(Numerical Control，NC)是一种自动控制技术，国家标准(GB/T 8129—1997)将其定义为“用数字化信号对机床及其加工过程进行控制的一种方法”，简称数控(NC)。用计算机控制加工功能以实现数字控制，称为计算机数控(Computerized Numerical Control，CNC)。

数控机床是数字控制机床(Computer Numerical Control Machine Tools)的简称，是一种装有程序控制系统的自动化机床。国际信息处理联盟第五技术委员会对数控机床作了如下定义：“数控机床是一个装有程序控制系统的机床，该系统能够逻辑地处理具有使用代码或其他符号编码指令规定的程序”。

2. 数控机床的发展

世界发达国家机床行业的发展经历了缓慢、快速和深入发展三个阶段，目前已进入超高精度、超高效率、超高质量的发展应用阶段。

我国的机床行业发展大致也经历了三个阶段。20 世纪 50—70 年代中期，国内的机床制造技术在不断努力提升中，但控制部分与国际潮流相差甚远。70 年代末至 80 年代，国家对数控机床的发展越来越重视，经历了“六五”、“七五”期间的消化吸收引进技术，“八五”期间科技攻关开发自主版权的数控系统两个阶段，这为数控机床的产业化奠定了良好基础，并取得了长足的进步。90 年代的数控机床发展已进入实现产业化阶段。数控机床新开发品种已有一定的覆盖面，在技术上也取得了突破，如高速主轴制造技术、快速进给、快速换刀、柔性制造、快速成形制造技术等。到 1999 年底，数控机床又掀开了产业化高潮，机制的转变促进了我国数控系统由研究开发阶段向推广应用阶段过渡，由封闭型系统向开放型系统过渡。近年来，我国数控机床励精图治，已逐渐步入良性发展阶段。我国在数控机床开发上，无论在精度、速度、性能，还是智能化方面都取得了一定成绩。面对日趋激烈的市场竞争，数控机床业应该果断采取措施，适时调整战略战术。国内数控机床业要赢得这场竞争，最关键的是要提高自身产品的质量，努力朝“高速、高效、高精度、高可靠性”方向发展。

3. 数控机床的分类

数控机床的分类方法有很多，常见的分类方法有以下四种。

1) 按伺服系统类型划分

数控机床按伺服系统类型可分为开环、闭环和半闭环控制系统。

由伺服系统控制机床执行件运动时，虽然其接受了数控装置的指令要求值，但实际位移量并不一定等同于指令要求值，也就是存在一定的误差。这一误差是由伺服电机的转角误差、减速齿轮的传动误差、滚珠丝杠的导程误差以及导轨副抵抗爬行的能力这四项因素综合反映的。开环、闭环和半闭环控制系统的主要区别在于：使用的电机不同，是否进行执行件的测量及误差补偿，误差补偿范围的大小不同。

开环控制系统如图 1-2 所示。由于开环控制系统不进行执行件的测量及误差补偿，所以其结构简单、维修方便、精度相对较低、成本较低，一般用于精度要求不太高的中小型数控机床上。

图 1-2　数控机床开环控制系统框图

闭环控制系统如图 1-3 所示。闭环控制系统精度高、成本高，主要用于精度要求较高的大型精密数控机床上。

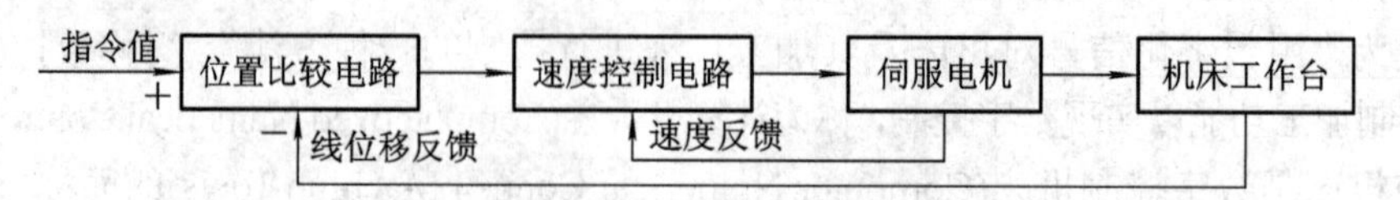

图 1-3　数控机床闭环控制系统框图

半闭环控制系统如图 1-4 所示。半闭环控制系统介于开环控制系统和闭环控制系统之间，只对部分误差进行补偿，因此从理论上讲其加工精度不如闭环控制系统。

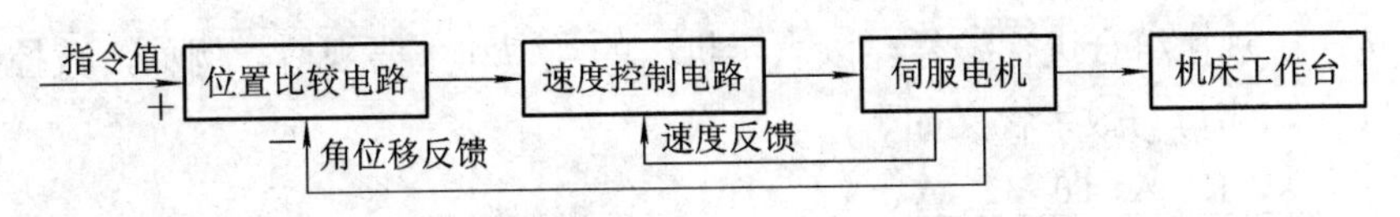

图 1-4　数控机床半闭环控制系统框图

2) 按控制运动的方式划分

数控机床按控制运动的方式不同可分为点位控制数控机床、直线控制数控机床和轮廓控制数控机床。

点位控制数控机床在加工平面内只控制刀具相对于工件的定位点的坐标位置，而对定位移动的轨迹不作要求。这类控制系统主要用于数控钻床、数控镗床、数控冲床和测量机等。

直线控制数控机床能控制刀具或工件适当的进给运动，沿平行于坐标轴的方向进行直线移动和加工，或者控制两个坐标轴以相同的速度运动，沿 45° 斜线进行切削加工。这类控制系统主要用于数控车床、数控镗铣床以及某些加工中心。

轮廓控制数控机床能同时控制两个或两个以上坐标轴，使刀具与工件作相对运动，加工复杂零件。单纯的点位控制数控机床和直线控制数控机床很少，大部分为轮廓控制数控机床。轮廓控制数控机床能够实现联动加工，也能进行点位和直线控制。这类控制系统主要用于数控车床、数控铣床、数控磨床以及加工中心机床。

3) 按工艺用途类型划分

数控机床按工艺用途类型可分为一般数控机床和数控加工中心。

一般数控机床指与一般通用机床相对应的数控车、铣、钻、镗、磨和齿轮加工机床。

数控加工中心最显著的特点是具有刀库和换刀机械手，能够实现多工序加工。刀库的容量应为二十把刀以上，但是一般常说的四方刀架、八方刀架等不属于刀库的范畴。

4) 按数控系统的功能水平类型划分

数控机床按数控系统的功能水平类型可分为经济型数控机床、中档型数控机床和高档型数控机床。

经济型数控机床采用步进电机实现开环驱动，其功能简单、价格低廉、精度中等，能进行加工形状比较简单的直线、圆弧及螺纹的加工；一般控制轴数在 3 轴以下，脉冲当量(分辨率)多为 0.01 mm，快速进给速度为 8～15 m/min。

中档型数控机床采用交流或直流伺服电机实现半闭环驱动，能实现 4 轴或 4 轴以下联动控制，脉冲当量为 1 μm，进给速度为 15～24 m/min；一般采用 16 位或 32 位处理器，具有 RS232C 通信接口、DNC 接口且内装 PLC，具有图形显示功能及面向用户的宏程序功能。

高档型数控机床采用交流伺服电机实现闭环驱动，开始采用直线伺服电机，能实现 5 轴以上联动，脉冲当量(分辨率)为 0.1 μm，进给速度可达 100 m/min 以上；一般采用 32 位以上微处理器，形成多 CPU 结构；编程功能强，具有智能诊断、联网和通信功能。

4. 数控铣床的型号和结构组成

1) 数控铣床的型号

《金属切削机床　型号编制方法》(GB/T 15375—2008)中规定，机床均用汉语拼音字母和数字按一定规律组合进行编号，以表示机床的类型和主要规格。例如，数控铣床编号XKA5032A中，字母与数字含义如下：

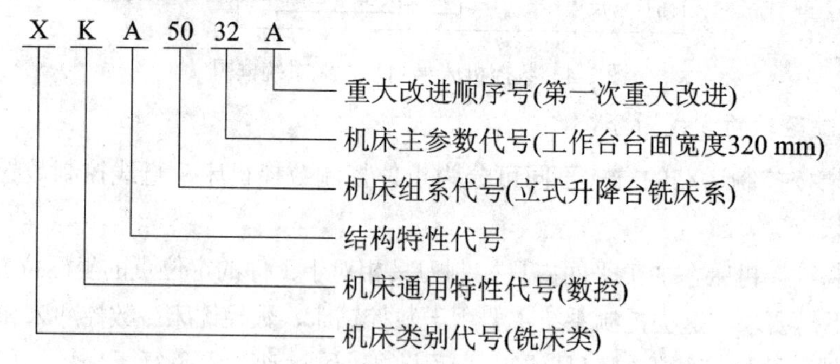

2) 数控铣床的结构组成

图1-5所示为XK5025型数控铣床的布局图。

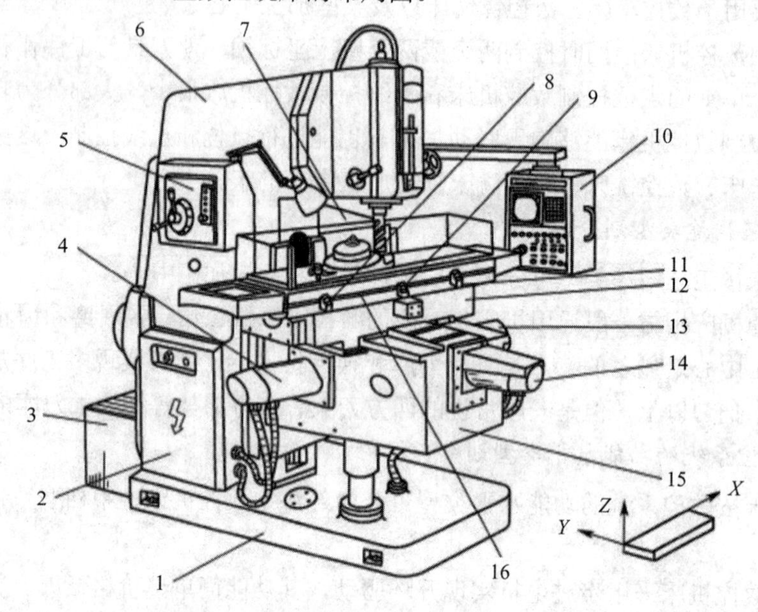

1—底座；2—强电柜；3—变压器箱；4—垂直升降(Z轴)进给伺服电机；5—主轴变速手柄和按钮板；6—床身；7—数控柜；8、11—保护开关(控制纵向行程硬限位)；9—挡铁(用于纵向参考点设定)；10—操纵台；12—横向溜板；13—纵向(X轴)进给伺服电机；14—横向(Y轴)进给伺服电机；15—升降台；16—纵向工作台

图1-5 XK5025型数控铣床布局图

数控铣床一般由机床本体、CNC装置(或称CNC单元)、输入/输出设备、伺服单元、驱动装置(或称执行机构)及电气控制装置、辅助装置、测量反馈装置等组成。

① 机床本体。由于数控机床切削用量大、连续加工发热量大等因素对加工精度有一定影响，加工中又是自动控制，不能像普通机床那样由人工进行调整、补偿，所以其设计要求比普通机床更严格，制造要求更精密。数控机床采用了许多新结构，以加强刚性、减小热变形、提高加工精度。

② CNC装置。CNC装置是数控系统的核心，主要包括微处理器CPU、存储器、局部总线、外围逻辑电路以及与数控系统的其他组成部分联系的各种接口等。数控机床的数控

系统完全由软件处理输入信息，可处理逻辑电路难以处理的复杂信息，使数字控制系统的性能大大提高。

③ 输入/输出设备。键盘、磁盘机等是数控机床的典型输入设备。除此以外，还可以用串行通信的方式输入。

④ 伺服单元。伺服单元是数控装置和机床本体的联系环节，它将来自数控装置的微弱指令信号放大成控制驱动装置的大功率信号。根据接收指令的不同，伺服单元有数字式和模拟式之分，而模拟式伺服单元按电源种类又可分为直流伺服单元和交流伺服单元。

⑤ 驱动装置。驱动装置把经放大的指令信号转变为机械运动，通过机械传动部件驱动机床主轴、刀架、工作台等精确定位或按规定的轨迹作严格的相对运动，最后加工出图纸所要求的零件。和伺服单元相对应，驱动装置有步进电机、直流伺服电机和交流伺服电机等。

伺服单元和驱动装置合称为伺服驱动系统，它是机床工作的动力装置，数控装置的指令要靠伺服驱动系统付诸实施。所以，伺服驱动系统是数控机床的重要组成部分。从某种意义上说，数控机床功能的强弱主要取决于数控装置，而数控机床性能的好坏主要取决于伺服驱动系统。

⑥ 辅助装置。液压、气动、冷却、润滑系统等都属于数控铣床的辅助装置，此外，也包括排屑和防护等部件装置。辅助装置虽然被排除在数控铣床的工作原理之外，但却同样是数控铣床的重要组成部件，辅助装置可以更好地帮助铣床工作，提高机床工作效率，降低机床零部件磨损，延长使用寿命。

5. 数控铣床的工作原理

如图 1-6 所示，数控铣床的工作原理是根据所需加工部件的图纸来进行加工程序设计的，通过输入装置，将图纸转化为可被计算机数控装置识别的程序命令进行输入。当计算机数控装置接收到外部操作命令时，就对数控铣床的各工作部件进行驱动，直接驱动机床进行加工零件的铣削工作。在加工的同时，机床将与零部件之间的工作信息通过反馈系统再次反馈给计算机数控装置，从而对铣削的精准度进行监控，由数控装置不断调整伺服驱动系统来进行更加精准的铣削。由此看来，尽管直接与加工零件相接触的只是机床部分，更简单地说是刀具部分，然而，进行工作的背后是一系列复杂的工作，随着机械自动化程度的不断提高，这些复杂的工作都由计算机来承担，实现了自动化控制的目的。

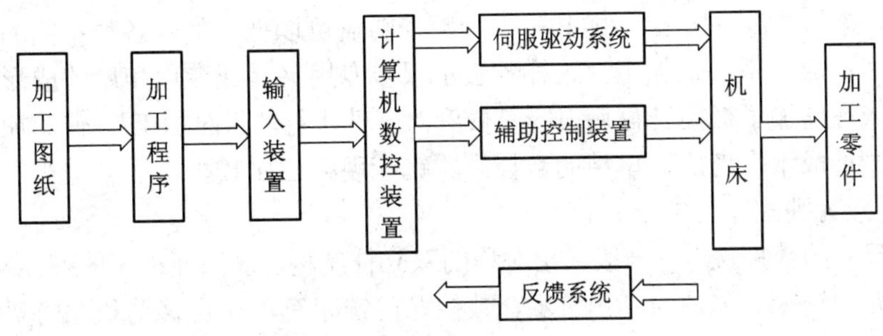

图 1-6　数控铣床的工作原理

6. 数控铣床的分类

1) 按主轴布置形式划分

按机床主轴的布置形式及机床的布局特点不同，数控铣床可分为数控立式铣床、数控卧式铣床和数控龙门铣床等。

数控立式铣床一般可进行三坐标联动加工，目前三坐标数控立式铣床占大多数。如图 1-7(a)所示，数控立式铣床主轴与机床工作台面垂直，工件装夹方便，加工时便于观察，但不便于排屑；一般采用固定式立柱结构，工作台不升降；主轴箱作上下运动，并通过立柱内的重锤平衡主轴箱的质量。为保证机床的刚性，主轴中心线距立柱导轨面的距离不能太大，因此，这种结构主要用于中小尺寸的数控铣床。此外，还有机床主轴可以绕 *X*、*Y*、*Z* 坐标轴中的一个或两个作数控回转运动的四坐标和五坐标数控立式铣床。通常，机床控制的坐标轴越多，尤其是要求联动的坐标轴越多，机床的功能、加工范围及可选择的加工对象也越多。但随之而来的就是机床结构更加复杂，对数控系统的要求更高，编程难度更大，设备的价格也更高。数控立式铣床也可以附加数控转盘，采用自动交换台，增加靠模装置来扩大它的功能、加工范围及加工对象，进一步提高其生产效率。

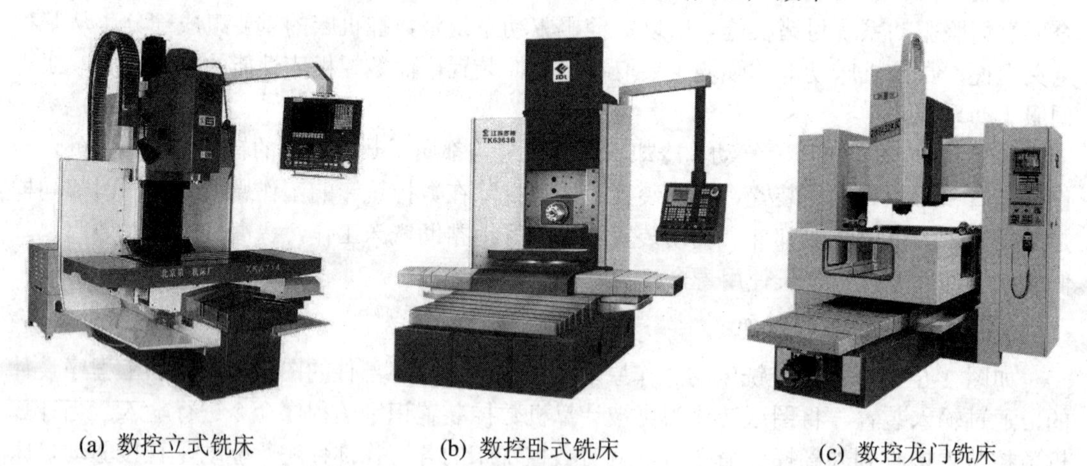

(a) 数控立式铣床　　(b) 数控卧式铣床　　(c) 数控龙门铣床

图 1-7　数控铣床的分类(按主轴布置形式划分)

数控卧式铣床与通用卧式铣床相同，其主轴轴线平行于水平面。如图 1-7(b)所示，数控卧式铣床的主轴与机床工作台面平行，加工时不便于观察，但排屑顺畅。为了扩大加工范围和扩充功能，一般配有数控回转工作台或万能数控转盘来实现四坐标、五坐标加工，这样不但工件侧面上的连续轮廓可以加工出来，而且可以实现在一次安装过程中，通过转盘改变工位，进行“四面加工”。尤其是万能数控转盘可以把工件上各种不同的角度或空间角度的加工面摆成水平面来加工，这样省去了很多专用夹具或专用角度的成形铣刀。虽然数控卧式铣床在增加了数控转盘后很容易做到对工件进行“四面加工”，使其加工范围更加广泛，但从制造成本上考虑，单纯的数控卧式铣床现在已比较少，而多是在配备自动换刀装置(ATC)后成为卧式加工中心。

对于大尺寸的数控铣床，一般采用对称的双立柱结构，以保证机床的整体刚性和强度，这就是数控龙门铣床。如图 1-7(c)所示，数控龙门铣床有工作台移动和龙门架移动两种形式；主要用于大、中等尺寸，大、中等质量的各种基础大件，板件、盘类件、壳体件和模具等多品种零件的加工；工件一次装夹后可自动高效、高精度地连续完成铣、钻、镗和铰等多种工序的加工，适用于航空、重机、机车、造船、机床、印刷、轻纺和模具等制造行业。

2) 按数控系统的功能划分

按数控系统的功能不同，数控铣床可分为经济型数控铣床、全功能数控铣床和高速数控铣床等。

经济型数控铣床一般采用经济型数控系统，如 SIEMENS802S 等采用开环控制，可以实现三坐标联动。如图 1-8(a)所示，经济型数控铣床成本较低、功能简单、加工精度不高，适用于一般复杂零件的加工，一般有工作台升降式和床身式两种类型。

全功能数控铣床采用半闭环控制或闭环控制，其数控系统功能丰富，一般可以实现四坐标以上的联动，加工适应性强，应用最广泛，如图 1-8(b)所示。

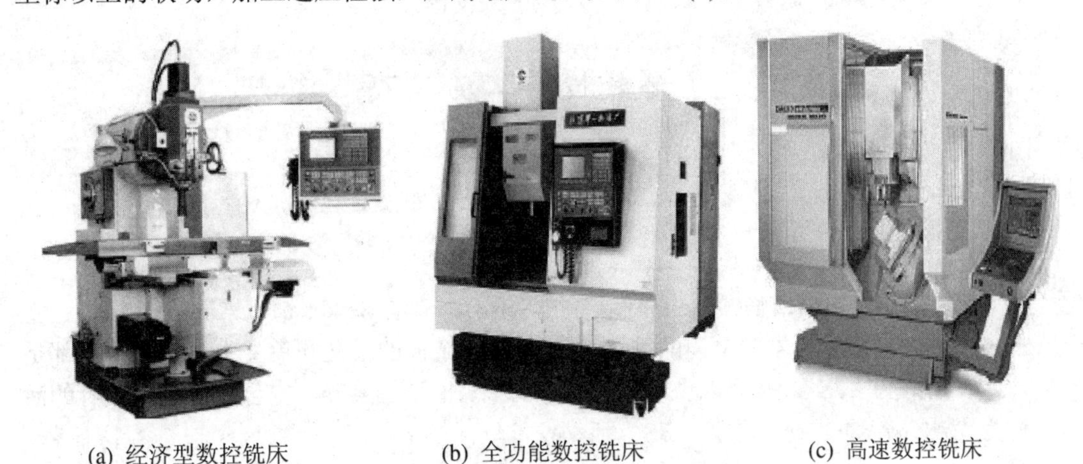

(a) 经济型数控铣床　(b) 全功能数控铣床　(c) 高速数控铣床

图 1-8　数控铣床的分类(按数控系统的功能划分)

高速铣削是数控加工的一个发展方向，其技术比较成熟，已逐渐得到广泛的应用。高速数控铣床采用全新的机床结构、功能部件和功能强大的数控系统，并配以加工性能优越的刀具系统，加工时主轴转速一般在 8000～40 000 r/min，切削进给速度可达 10～30 m/min，可以对大面积的曲面进行高效率、高质量的加工，如图 1-8(c)所示。但目前这种机床价格昂贵，使用成本较高。

7. 数控铣床的特点

1) 结构特点(与数控车床比较)

数控铣床的伺服系统能在多坐标方向同时协调动作并保持预定的相互关系，即要求机床能实现多坐标联动。在数控铣床的主轴套筒内一般都设有自动夹刀、退刀装置，能在数秒内完成装刀与卸刀。多坐标数控铣床的主轴还可以绕 X、Y 或 Z 轴作数控摆动，扩大了主轴自身的运动范围。

2) 加工特点(与数控车床比较)

数控铣床加工灵活、通用性强、加工精度高。在数控铣床上能完成钻孔、镗孔、铰孔、铣平面、铣斜面、铣槽、铣曲面(凸轮)、攻螺纹等加工。目前数控装置的脉冲当量一般为 0.001 m，高精度的数控系统可达 0.1 μm，一般情况下都能保证工件精度。另外，数控铣床的生产效率高，一般不需要使用专用夹具等专用工艺装备，在更换工件时，只需调用储存于数控装置中的加工程序、装夹工件和调整刀具数据即可，因而大大缩短了生产周期；其次，数控铣床具有铣床、镗床和钻床的功能，使工序高度集中。数控铣床能够减轻操作者的劳动强度。对零件的加工是按事先编好的加工程序自动完成的，操作者除了操作键盘、装卸工件和中间测量及观察机床运行外，不需要进行繁重的重复性手工操作，大大减轻了劳动强度。

【任务实施】

1. 划分小组，选出组长。
2. 通过任务书、多媒体教学等方式，初步认识数控设备。
3. 以小组为单位，熟悉实训基地内的数控铣床设备。

任务二　了解数控加工的“7S”管理

【知识链接】

1. “7S”管理的含义

“7S”是整理(Seiri)、整顿(Seiton)、清扫(Seiso)、清洁(Seiketsu)、素养(Shitsuke)、安全(Safety)和节约(Saving)这 7 个词的缩写。因为这 7 个词的日文和英文中第一个字母都是“S”，所以简称为“7S”。开展以整理、整顿、清扫、清洁、素养、安全和节约为内容的活动，称为“7S”管理(也有人称为“7S”活动)。

2. “7S”管理的内容

(1) 整理：把要与不要的人、事、物分开，再将不需要的人、事、物加以处理，这是开始改善生产现场的第一步。其要点是对生产现场的现实摆放和停滞的各种物品进行分类，区分什么是现场需要的，什么是现场不需要的。其次，对于现场不需要的物品，诸如用剩的材料、多余的半成品、切下的料头、切屑、垃圾、废品、多余的工具、报废的设备、工人的个人生活用品等，要坚决清理出生产现场，这项工作的重点在于坚决把现场不需要的东西清理掉。对于车间里各个工位或设备的前后、通道左右、厂房上下、工具箱内外，以及车间的各个死角，都要彻底搜寻和清理，达到现场无不用之物。坚决做好这一步是树立好作风的开始。整理的目的是：增加作业面积；使物流畅通，防止误用等。

(2) 整顿：把需要的人、事、物加以定量、定位。通过前一步整理后，对生产现场需要留下的物品进行科学合理的布置和摆放，以便用最快的速度取得所需之物，在最有效的规章、制度和最简捷的流程下完成作业。整顿的目的是：使工作场所整洁明了，减少取放物品的时间，提高工作效率，保持井井有条的工作秩序区。

(3) 清扫：把工作场所打扫干净，设备异常时马上修理，使之恢复正常。生产现场在生产过程中会产生灰尘、油污、铁屑、垃圾等，从而使现场变脏。脏的现场会使设备精度降低，故障多发，影响产品质量，使安全事故防不胜防；脏的现场更会影响人们的工作情绪，使人不愿久留。因此，必须通过清扫活动来清除那些脏物，创建一个明快、舒畅的工作环境。清扫的目的是：使员工保持一个良好的工作情绪，并保证稳定产品的品质，最终达到企业生产零故障和零损耗。

(4) 清洁：整理、整顿、清扫之后要认真维护，使现场保持完美和最佳状态。清洁是对前三项活动的坚持与深入，从而消除发生安全事故的根源。创造一个良好的工作环境，使职工能愉快地工作。清洁的目的是：使整理、整顿和清扫工作成为一种惯例和制度，是标准化的基础，也是一个企业形成企业文化的开始。

(5) 素养：即教养。努力提高人员的素养，养成严格遵守规章制度的习惯和作风，这是“7S”管理的核心。没有人员素质的提高，各项活动就不能顺利开展，开展了也坚持不下去。所以，抓“7S”管理，要始终着眼于提高人的素养。提高员工素养的目的是：通过提高素养让员工成为一个遵守规章制度并具有良好工作习惯的人。

(6) 安全：包括清除隐患，排除险情，预防事故的发生。安全管理的目的是：保障员工的人身安全；保证生产连续安全正常地进行，同时减少因安全事故而带来的经济损失。

(7) 节约：对时间、空间、能源等方面合理利用，以发挥它们的最大效能，从而创造一个高效率的、物尽其用的工作场所。实施生产活动时应该秉持三个观念：能用的东西尽可能利用；以自己就是主人的心态对待企业的资源；切勿随意丢弃，丢弃前要思考其剩余之使用价值。节约是对整理工作的补充和指导。在我国，由于资源相对不足，更应该在企业中秉持勤俭节约的原则。

3. “7S”实施具体措施

(1) 整理：将车间现场内需要和不需要的东西分类，丢弃或处理不需要的东西，管理需要的东西。例如：将报废的工夹具、量具等撤离现场，报备实训教师；将工作垃圾(废包装盒、废包装箱、废塑料袋)及生活垃圾及时清理到卫生间；将窗台、设备、工作台、周转箱内的个人生活用品(食品、餐饮具、包、化妆品、毛巾、卫生用品、书报、衣物、鞋)清离现场。

(2) 整顿：对整理之后留在现场的必要的物品分门别类地放置，并排列整齐。物品的保管要定点、定容、定量，有效标识，以便用最快的速度取得所需之物。例如：废品、废料应存放于指定废品区、废料区地点；操作者所加工的零部件必须有明显的标识，注明品名、操作者、生产日期；搬运周转工具应存放于指定地点，不得占用通道；工具(钳子、螺丝刀)、工位器具(周转箱、周转车、零件盒)、抹布、拖把、酒精等使用后要及时放回到原位。

(3) 清扫：将工作场所清扫干净，使生产现场始终处于无垃圾、无灰尘的整洁状态。例如：保持地面、设备、工作台、工位器具、窗台上无灰尘、无油污、无垃圾；及时处理掉落在地面上的部件、边角料；工作结束后及时将工作地点清理干净；维修人员在维修完设备后，协助操作者清理现场，并收好自己的工具；车间内周转的原料、部件、产品做好防尘、防潮措施，应罩上塑料袋或将其垫起；实训结束后要将垃圾桶全部清理干净。

(4) 清洁：将整理、整顿、清扫的做法制度化、规范化，并定期检查，进行考核。例如：各班组每天 14:50—15:10 进行简单的日整理活动；每周最后一个工作日 10:00—11:30 进行周整顿活动；实训结束的最后工作日 9:30—11:30 进行一次彻底的整理、整顿、清扫活动；检查相应的记录，作为考核各班组成绩的依据之一。

(5) 素养：提高学生文明礼貌水准，增强团队意识，养成按规定行事的良好工作习惯。例如：组织各班组成员学习实训规章制度；遵守实训规章制度，包括工作流程、劳动纪律、安全生产、设备管理、工位器具管理等；工作时间规范穿着工作服，注意自身形象；现场严禁随地吐痰和唾液，严禁随地乱扔纸巾、杂物；爱护公物以及公共环境。

(6) 安全：消除工作中的一切不安全因素，杜绝一切不安全现象。例如：在操作生产设备时，先检查设备是否正常工作；设备的各部件是否按要求固定稳定；工作环境是否符合生产要求；生产过程中严禁追逐打闹等。

(7) 节约：养成节省成本的意识，主动落实到人及物。例如：合理利用生产物料，物尽其用；合理安排时间，按时完成任务；合理利用空间，提高工作效率。

【任务实施】

1. 通过任务书、多媒体教学等方式，初步认识“7S”管理内涵。
2. 以小组为单位，对实训场所践行“7S”管理。

任务三　刀 具 安 装

【知识链接】

1. 数控铣床的开关机

1) 开机步骤

在操作机床之前必须检查机床是否正常，并使机床通电。

开机步骤如下：

(1) 打开机床后面的电源总开关。

(2) 按下操作面板上的 Power ON 键。

(3) 当 CRT 显示画面正常后，拧动急停按钮使之弹起。这样便成功开机。

注意：在机床通电后，CNC 单元尚未出现位置显示或报警画面之前，不要触碰 MDI 面板上的任何键。MDI 面板上的有些键专门用于维护和特殊操作。按 MDI 面板上的任何键，可能使 CNC 装置处于非正常状态。在这种状态下启动机床，有可能引起机床的误动作。

2) 关机步骤

关机步骤如下：

(1) 将各轴移到中间位置，关闭防护门。

(2) 按下急停按钮。

(3) 按下操作面板上的 Power OFF 键。

(4) 关掉电源总开关。

注意：在关闭机床前，尽量将 *X*、*Y*、*Z* 轴移动到机床的大致中间位置，以保持机床的重心平衡，同时也方便下次开机后返回参考点时，防止机床因移动速度过大而超程。

2. 数控铣床面板介绍

如图 1-9 所示，数控铣床的操作面板由控制系统操作面板(CRT/MDI 编辑面板)和机床操作面板(也称为用户操作面板)组成。面板上的功能开关和按键都有特定的含义。由于数控铣床配用的数控系统不同，其机床操作面板的形式也不相同，但其上各种开关、按键的功能及操作方法大同小异。现以 TOM850A 型数控铣床上的 FANUC-Oi MD 系统为例介绍数控铣床的操作。

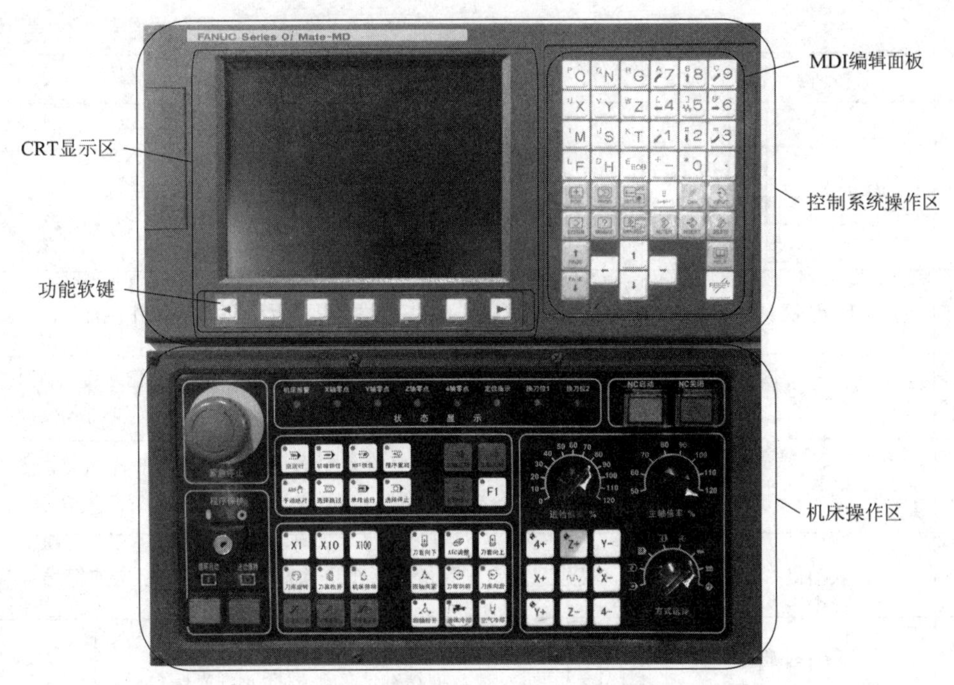

图 1-9　TOM850A 型数控铣床面板

1) 控制系统操作区

控制系统操作区包括 CRT 显示区和 MDI 编辑面板两部分。

CRT 显示区位于整个机床面板的左上方，包括显示区和屏幕相对应的功能软键。显示区主要用来显示相关坐标位置、程序、图形、参数、诊断、报警等信息。功能软键主要用来进行机床功能操作的选择。

MDI 编辑面板上的字母键和数字键等主要用于手动数据输入，以及程序、参数、机床指令的输入。MDI 编辑面板各按键功能见表 1-4。

表 1-4　MDI 编辑面板各按键功能

编号	按 键 名 称	功 能 说 明
1	复位键 RESET	按此键可以使 CNC 复位或者取消报警等
2	帮助键 HELP	当对 MDI 键的操作不明白时，按此键可以获得帮助
3	功能软键	功能软键位于显示区底端。根据不同的画面，功能软键有不同的功能。要显示一个更详细的屏幕，可以在按功能键后再按功能软键。最左侧带有向左箭头的软键 ◄ 为菜单返回键，最右侧带有向右箭头的软键 ► 为菜单继续键
4	地址键	按这些键可以输入字母

续表

编号	按键名称	功能说明
5	数字键	按这些键可以输入数字或者其他字符
6	EOB 键	EOB 为程序段结束符，结束一行程序的输入并换行
7	换挡键	在有些键上有两个字符，按“SHIFT”键可以输入键面左上角的字符
8	输入键	将输入缓冲区的数据输入参数页面或者输入一个外部的数控程序，这个键与软键中的“INPUT”键是等效的
9	取消键	取消键用于删除最后一个进入输入缓存区的字符或符号
10	程序编辑键 、、 (当编辑程序时按这些键)	：替换键，用输入的数据代替光标所在的数据； ：插入键，把缓冲区的数据插入到光标之后； ：删除键，删除光标所在的数据，或者删除一个程序或者删除全部数控程序
11	功能键	这些键用于切换各种功能显示画面： ：按此键以显示位置页面； ：按此键以显示程序页面； ：按此键以显示补正/设置页面，包括坐标系、刀具补偿和参数设置页面； ：按此键以显示系统页面，可进行 CNC 系统参数和诊断参数设定，通常禁止操作人员修改； ：按此键以显示信息页面； ：按此键以显示用户宏页面或显示图形页面
12	光标移动键	可将光标向上、下、左、右移动
13	翻页键	将屏幕显示的页面往前或往后翻页

2) 机床操作区

FANUC-Oi MD 数控系统的控制面板通常在 CRT 显示区的下方。机床操作面板主要进行机床调整、机床运动控制、机床动作控制等，一般有急停、操作方式选择、轴向选择、切削进给速度调整、快速移动速度调整、主轴的启停、程序调试功能及其他 M、S、T 功能等，见表 1-5。

表 1-5　控制面板常用按键功能

编号	按键名称	功 能 说 明
1	系统电源开关	绿色 NC 启动键，机床系统电源开； 红色 NC 关闭键，机床系统电源关
2	急停按键	紧急情况下按下此键，机床将停止一切运动
3	循环启动按钮	在 MDI 或者 AUTO 模式下按下此键，机床自动执行当前程序
4	进给保持按钮	程序自动运行过程中按下进给保持按钮，暂停执行程序。在进给保持状态下，可以进行步进和手动换刀、重装夹刀具、测量工件尺寸等手动操作。手动操作完毕后按循环启动按钮，刀尖点先返回中断点处停止，再按一次循环启动按钮，程序从中断处继续执行。若在进给保持状态下未进行过手动操作，只需按一次循环启动按钮即可
5	空运行开关键	在 AUTO 模式下，此键为 ON 时(指示灯亮)，程序以快速方式运行；此键为 OFF 时(指示灯灭)，程序以给定的 F 指令的进给速度运行
6	机床锁定开关键	在 AUTO 模式下，此键为 ON 时(指示灯亮)，系统连续执行程序，但机床所有的轴被锁定，无法移动
7	辅助功能开关键	在 AUTO 模式下，此键为 ON 时(指示灯亮)，机床辅助功能指令无效
8	程序重启键	程序再启动
9	手动绝对输入键	手动移动机床时，坐标位置正常显示
10	程序跳段开关键	程序段跳读方式，跳过或不执行带有“ / ”符号的程序段
11	单段执行开关键	按一次循环启动按钮，执行一条程序段
12	选择停止开关键	按下该键，程序中的 M01 有效，否则 M01 无效
13	机床照明开关键	可控制打开或关闭机床照明灯
14	手动主轴正转键	可控制主轴正转
15	手动主轴反转键	可控制主轴反转
16	手动主轴停止键	可控制主轴停转

续表

编号	按键名称	功 能 说 明
17	倍率选择键 X1、X10、X100	用于单步倍率选择
18	*Z* 坐标轴地址及方向键 Z+、Z−	可控制 *Z* 坐标轴地址及方向
19	*Y* 坐标轴地址及方向键 Y+、Y−	可控制 *Y* 坐标轴地址及方向
20	*X* 坐标轴地址及方向键 X−、X+	可控制 *X* 坐标轴地址及方向
21	快速移动键	快移速度可由“倍率选择键”调控
22	进给倍率选择旋钮 0 10 20 30 40 50 60 70 80 90 100 110 120 进给倍率 %	以给定的 F 指令进给时，可在 0%～150%的范围内修改进给率。JOG 方式时，亦可用其改变 JOG 速率
23	主轴倍率选择旋钮 50 60 70 80 90 100 110 120 主轴倍率 %	自动或者手动操作主轴时，转动此旋钮可以调整主轴的转速
24	机床工作模式选择旋钮 方式选择	：AUTO 自动运行方式； ：EDIT 程序编辑方式； ：MDI 半自动方式或手动数据输入方式； ：DNC 数据(包括程序)传输方式； ：HANDLE 手轮进给方式； ：JOG 点动进给方式； ：INC 增量进给方式； ：REF 返回参考点方式

3. 返回参考点操作

CNC 机床有一个确定的机床位置的基准点，这个点称为参考点。通常机床开机以后，要做的第一件事情就是使机床返回到参考点位置，以建立机床坐标系。如果没有返回参考点就操作机床，机床的运动将不可预料。行程检查功能、程序自动运行功能在执行返回参考点操作之前不能使用。机床的误动作有可能造成刀具、机床本身和工件的损坏，甚至伤害到操作者。所以，机床接通电源后必须正确地使机床返回参考点。机床返回参考点有手动返回参考点和自动返回参考点两种方式，一般情况下都是使用手动返回参考点方式。

手动返回参考点就是用操作面板上的开关或者按钮将机床各轴移动到参考点位置。具体操作如下：

(1) 将机床工作模式旋转到返回参考点模式 ⊕。

(2) 选择较小的快速进给倍率。

(3) 按机床控制面板上的 Z+ 键，使 Z 轴回到参考点(此时“Z 轴零点”指示灯亮)。参考点指示灯如图 1-10 所示。

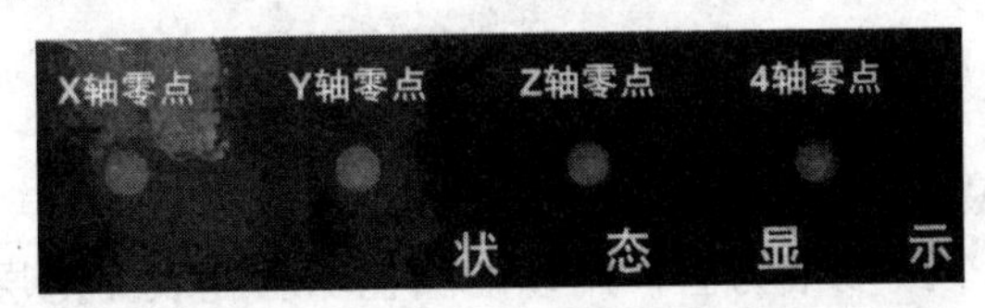

图 1-10 参考点指示灯

(4) 按 X+ 键和 Y+ 键，两轴可以同时回到参考点(此时“X 轴零点”和“Y 轴零点”指示灯亮)。

X、*Y*、*Z* 三个坐标轴的参考点指示灯亮起时，说明三轴分别回到了机床参考点。

注意：

(1) 以下几种情况必须返回参考点：每次开机后；超程解除以后；按急停按钮后；机械锁定解除后。

(2) 为了安全起见，一般情况下数控铣床返回参考点时，必须先使 *Z* 轴回到机床参考点后才可以使 *X*、*Y* 轴返回参考点。

(3) 返回参考点前，先按“POS”坐标位置显示键，在“综合坐标”页面中查看各轴是否有足够的回零距离(回零距离应大于 40 mm，视机床厂家设定)。如果回零距离不够，可用“手动”或“手轮移动”方式反向移动相应的轴到足够的距离。

自动返回参考点就是用程序指令将刀具移动到参考点。例如，执行程序：

G91 G28 Z0; (*Z* 轴返回参考点)

X0 Y0; (*X*、*Y* 轴返回参考点)

4. 刀具的安装

1) 数控铣床常用刀具

数控铣床上使用的刀具主要有铣削用刀具和孔加工用刀具两大类。

(1) 铣削用刀具。铣削用刀具一般分为以下几种：

① 面铣刀：遇到较大平面铣削时，为了提高生产效率和加工表面粗糙度可选用，如图 1-11(a)所示。

② 立铣刀：主要用于铣削面轮廓、槽面、台阶等，如图 1-11(b)所示。

③ 键槽铣刀：主要用于铣削槽面、键槽等，如图 1-11(c)所示。为保证槽的尺寸精度，一般选用两刃键槽铣刀。

④ 成形铣刀：切削刃廓形根据工件廓形设计的铣刀，在涡轮机叶片加工中应用较为普遍，如图 1-11(d)所示。

(a) 面铣刀

(b) 立铣刀

(c) 键槽铣刀

(d) 成形铣刀

图 1-11　数控铣削用刀具

(2) 孔加工用刀具。孔加工用刀具一般分为以下几种：

① 麻花钻：应用最广的孔加工刀具，如图 1-12(a)所示。

② 铰刀：具有一个或多个刀齿，用以切除已加工孔表面薄层金属的旋转刀具，如图 1-12(b)所示。该刀具可为直刃或螺旋刃。

③ 丝锥：一种加工内螺纹的刀具，按照形状可以分为螺旋丝锥和直刃丝锥，按照使用环境可以分为手用丝锥和机用丝锥，按照规格可以分为公制、美制和英制丝锥。丝锥是加工螺纹的最主要工具，如图 1-12(c)所示。

(a) 麻花钻

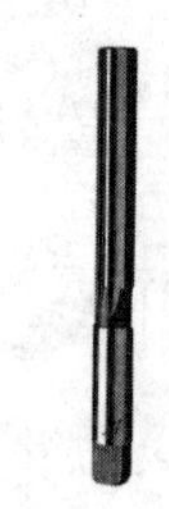

(b) 铰刀

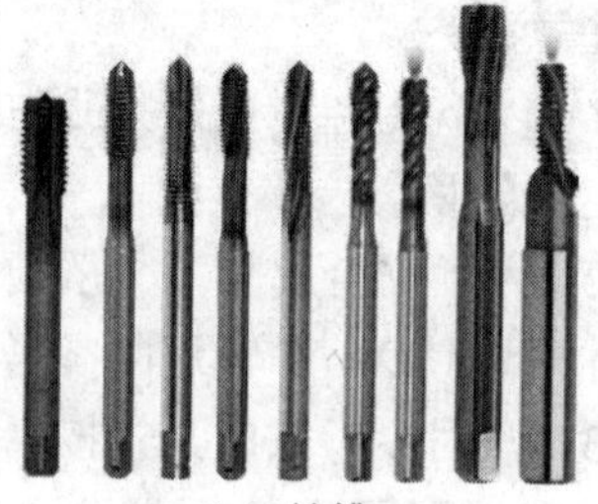

(c) 丝锥

图 1-12　孔加工用刀具

2) 常用刀柄

数控铣床上用的立铣刀或钻头等刀具，大多都是采用弹簧夹套的装夹方式安装在刀柄上的。刀柄由主柄部、弹簧夹套、锁紧螺母组成，如图 1-13 所示。

图 1-13　刀柄的结构

常用刀柄有以下几种：

① 莫氏锥度刀柄：适用于莫氏锥度刀杆的钻头、铣刀等，如图 1-14(a)所示。

② 侧固式刀柄：采用侧向夹紧，适用于切削力大的加工，但一种尺寸的刀具需对应配

备一种刀柄，规格较多，如图 1-14(b)所示。

③ ER 弹簧夹套刀柄：采用 ER 型卡簧，夹紧力不大，适用于夹持直径在 16 mm 以下的铣刀，如图 1-14(c)所示。

④ 钻夹头式刀柄：用于装夹直径在 13 mm 以下的中心钻、直柄麻花钻等，如图 1-14(d)所示。

(a) 莫氏锥度刀柄

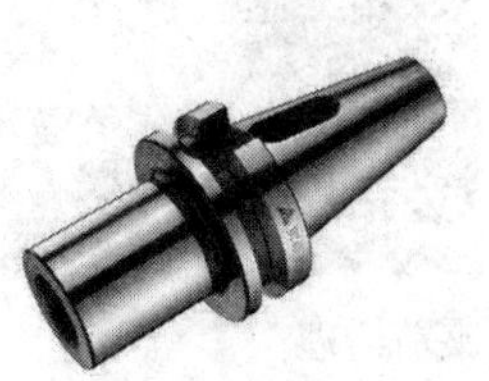

(b) 侧固式刀柄

(c) ER 弹簧夹套刀柄

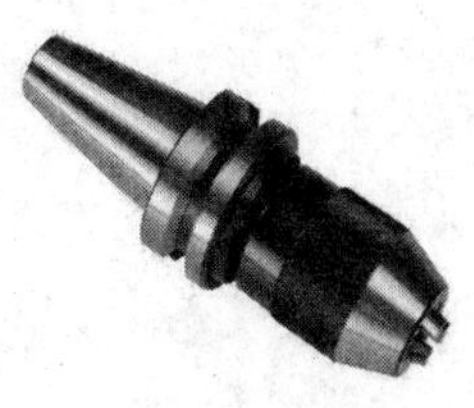

(d) 钻夹头式刀柄

图 1-14　刀柄类型

3) 铣刀的装夹

铣刀使用时处于悬臂状态，在铣削加工过程中，有时可能出现立铣刀从刀夹中逐渐伸出，甚至完全掉落，致使刀具损毁、工件报废的现象。其原因一般是刀夹内孔与立铣刀刀柄外径之间存在油膜，造成夹紧力不足。立铣刀出厂时通常都涂有防锈油，如果切削时使用非水溶性切削油，弹簧夹套内孔也会附着一层雾状油膜，当刀柄和弹簧夹套上都存在油膜时，弹簧夹套很难牢固夹紧刀柄，在加工中立铣刀就容易松动掉落。所以在立铣刀装夹前，应先将立铣刀柄部和弹簧夹套内孔用清洗液清洗干净，擦干后再进行装夹。

铣刀的装夹顺序如下：

(1) 检查刀具直径，确认刀具大小，以防用错刀，如图 1-15 所示。

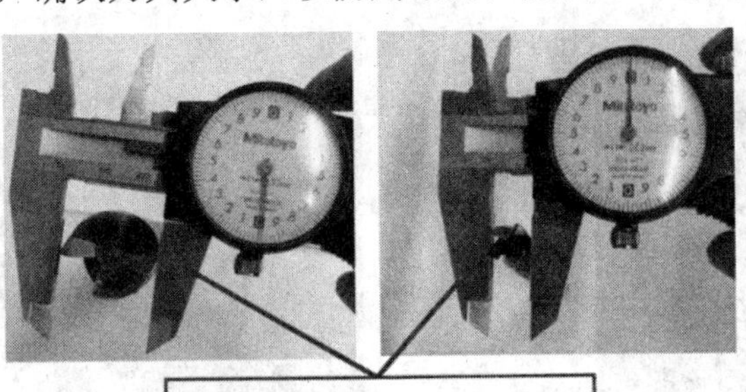

图 1-15　装夹前测量

(2) 检查刀刃、刀尖锋利度、R 角，确定刀具不同加工工艺的用处(精、中、粗加工)，合理利用刀具，节约成本，如图 1-16 所示。

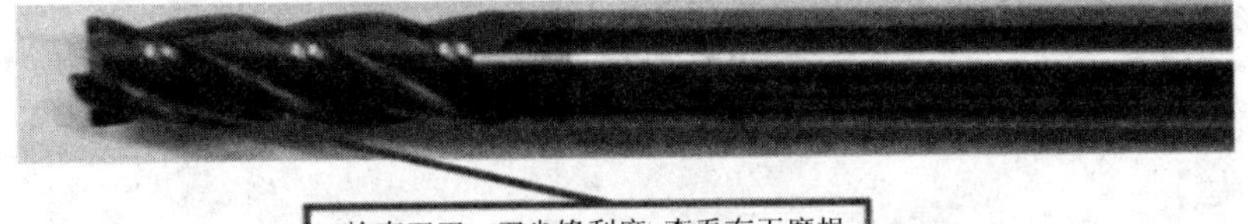

图 1-16　检查刀具

(3) 选择对应刀具大小的弹簧夹套，用气枪把夹套和刀柄都吹干净，如图 1-17 所示。

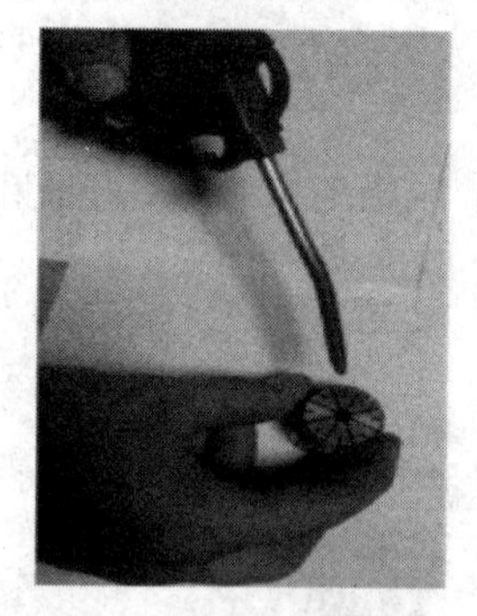

图 1-17　装夹前清理

(4) 把弹簧夹套装夹在锁紧螺母里，而不是装在刀柄中，如图 1-18 所示。

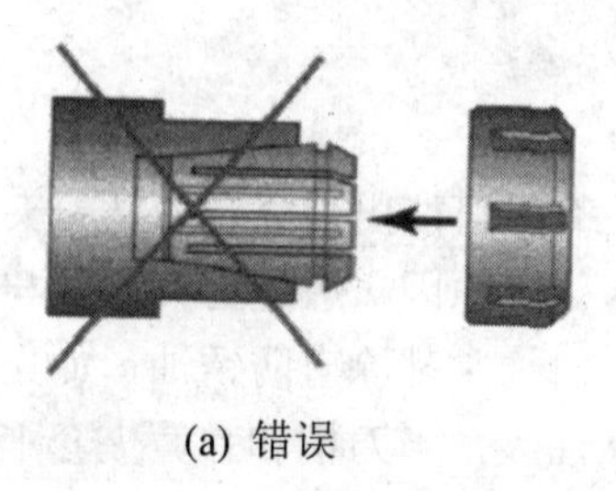

(a) 错误

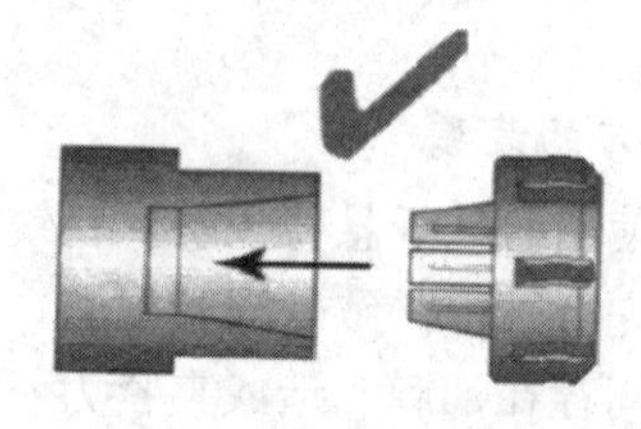

(b) 正确

图 1-18　弹簧夹套装夹

(5) 将刀具放进弹簧夹套里，再次根据加工需求确认刀长，如图 1-19 所示。

(6) 将前面做的刀具整体放到锁刀座上，并用扳手将夹紧螺母拧紧使刀具夹紧，如图 1-20 所示。

图 1-19　刀具装夹

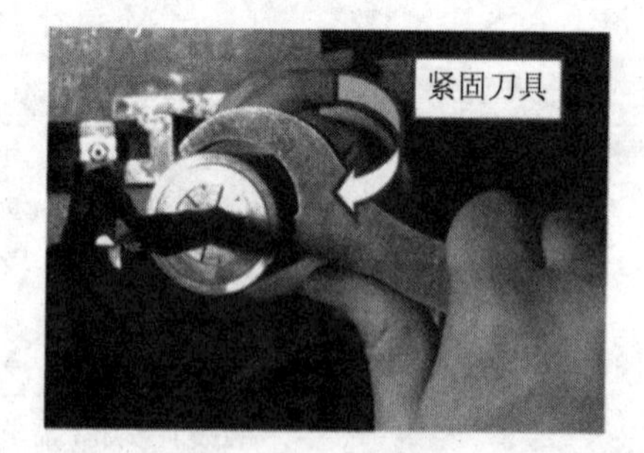

图 1-20　夹紧螺母

注意：当立铣刀的直径较大时，即使刀柄和刀夹都很清洁，还是可能发生掉刀事故，这时应选用带削平缺口的刀柄和相应的侧面锁紧方式。立铣刀夹紧后可能出现的另一问题是加工中立铣刀在刀夹端口处折断，其原因一般是因为刀夹使用时间过长，刀夹端口部已磨损成锥形。

(7) 将刀柄安装到机床的主轴上。

【任务实施】

1. 通过任务书、多媒体教学以及教师演示等方式，初步认识刀具的安装过程。
2. 以小组为单位，进行操作练习。

任务四　工件安装及对刀找正

【知识链接】

1. 数控铣床常用夹具

1) 夹具的分类

夹具按使用范围，可分为通用铣夹具、专用铣夹具和组合铣夹具三类；按工件在铣床上加工的运动特点，可分为直线进给夹具、圆周进给夹具、沿曲线进给夹具(如仿形装置)三类。夹具还可按自动化程度和夹紧动力源的不同(如气动、电动、液压)以及装夹工件数量的多少(如单件、双件、多件)等进行分类。其中，最常用的分类方法是按通用夹具、专用夹具、可调夹具和组合夹具进行分类。

2) 常用通用夹具的结构

铣床常用的通用夹具是机用平口虎钳，主要用于装夹长方形工件，也可用于装夹圆柱形工件。机用平口虎钳装夹的最大优点是快捷，但夹持范围不大。依据本任务中工件的形状，可采用此类型夹具装夹工件。

机用平口虎钳的结构如图 1-21 所示。机用平口虎钳通过虎钳体固定在机床上。固定钳口和钳口铁起垂直定位作用，虎钳体上的导轨平面起水平定位作用。活动座、螺母、丝杆(及方头)和紧固螺钉可作为夹紧元件。回转底座和定位键分别起角度分度和夹具定位作用。固定钳口上的钳口铁上平面和侧平面也可作为对刀部位，但需用对刀规和塞尺配合使用。

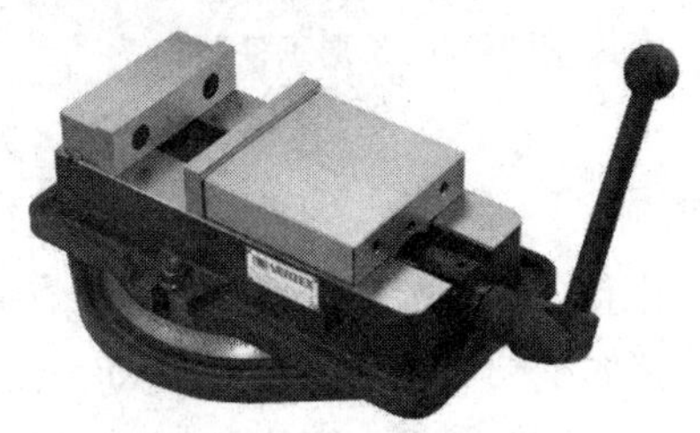

图 1-21　机用平口虎钳

3) 安装工件时的注意事项

安装工件时需注意以下几点：

(1) 在工作台上安装机用平口虎钳时，要保持其位置正确。

(2) 夹持工件时的位置要适当，不应该装夹在机用平口虎钳的一端，如图 1-22 所示。

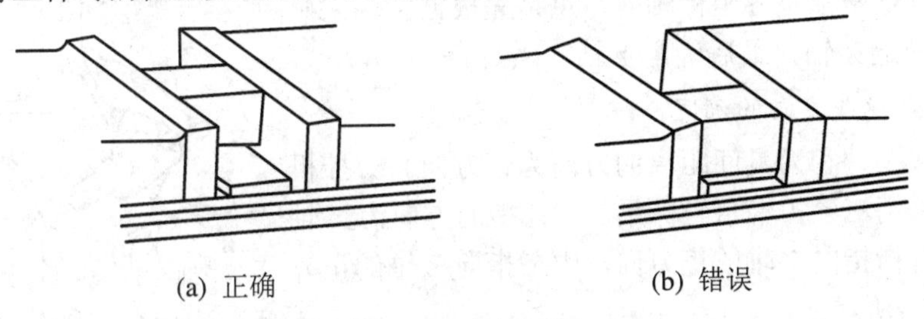

(a) 正确　　(b) 错误

图 1-22　夹持工件

(3) 安装工件时要考虑铣削时的稳定性，如图 1-23 所示。

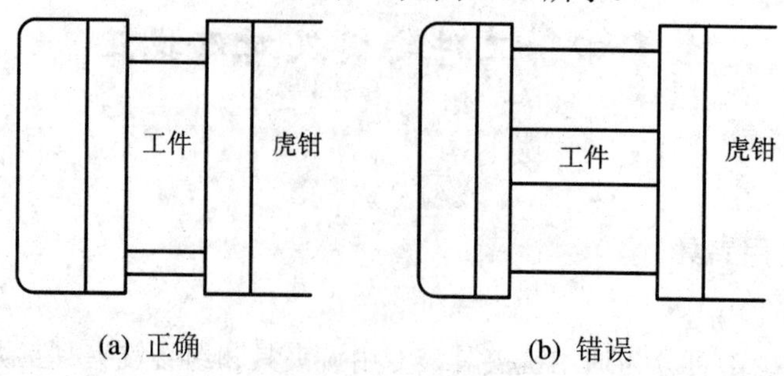

图 1-23　夹持工件

(4) 铣削长形工件时，可使用两个夹具把工件夹紧，如图 1-24 所示。

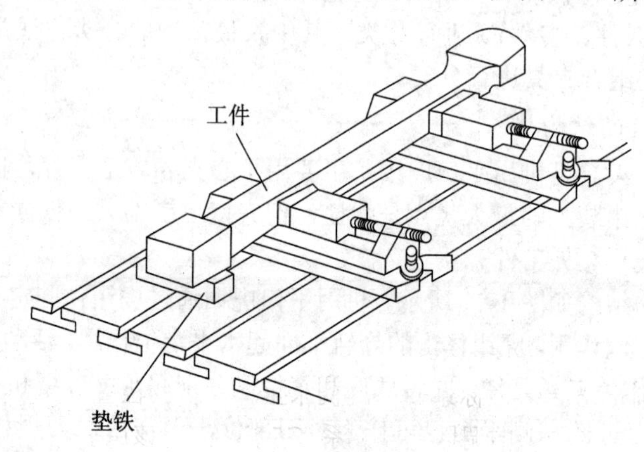

图 1-24　长形工件装夹

2. 数控铣床机床坐标系

1) 数控机床坐标系确定原则

确定数控机床坐标系时，采用刀具相对静止、工件运动的原则。由于机床的结构不同，有的是刀具运动、工件固定，有的是刀具固定、工件运动，采用该原则可使编程人员在不知运动方式的情况下，就可以依据零件图纸，确定加工过程。

2) 机床坐标系(MCS)的确定方法

规定机床传递主切削力的主轴轴线为 *Z* 坐标，如果机床有几个主轴，则选一垂直于装夹平面的主轴作为主要主轴。*X* 轴坐标一般是水平的，平行于装夹平面。

注意：确定坐标系各坐标轴时，总是先根据主轴来确定 *Z* 轴，再确定 *X* 轴，最后确定 *Y* 轴。

3) 机床坐标系方向的确定

规定增大工件和刀具间距离的方向为正方向。数控机床的坐标系采用右手笛卡尔坐标系，大拇指的方向为 *X* 轴的正方向，食指指向 *Y* 轴的正方向，中指指向 *Z* 轴的正方向，如图 1-25 所示。

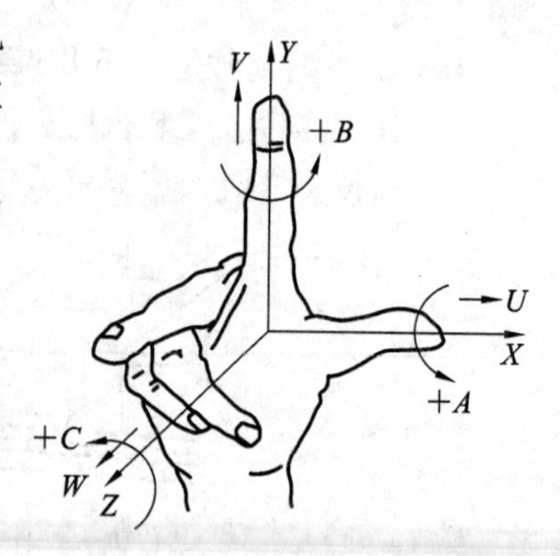

图 1-25　右手笛卡尔坐标系

4) 机床原点与机床参考点

(1) 机床原点：在机床上设置的一个固定点，即机床坐标系的原点。它在机床装配、调试时就已确定下来，是数控机床进行加工运动的基准参考点。在数控铣床上，机床原点一般取在 *X*、*Y*、*Z* 坐标的正方向极限位置上。

(2) 机床参考点：用于对机床运动进行检测和控制的固定位置点。机床参考点的位置是由机床制造厂家在每个进给轴上用限位开关精确调整好的，坐标值已输入数控系统中。因此，参考点对机床原点的坐标是一个已知数。通常在数控铣床上机床原点和机床参考点是重合的。

3. 工件坐标系

工件坐标系原点也称编程坐标系原点，该点是指工件装夹完成后，将旋转工件上的某一点作为编程或工件加工的原点。

工件坐标系原点的选择原则如下：

(1) 工件坐标系原点应选在零件图的尺寸基准上，以便于坐标值的计算，减少错误。

(2) 工件坐标系原点应尽量选在精度较高的工件表面上。

(3) *Z* 轴方向一般取在工件的上表面。

(4) 当工件对称时，一般以工件的对称中心作为 *XY* 平面的原点。

(5) 当工件不对称时，一般取工件中的一个垂直交角处。

4. 对刀方法

对刀的目的是确定出工件坐标系原点在机床坐标系中的位置，即将对刀后的数据输入到 G54-G59 坐标系中，在程序中调用该坐标系。G54-G59 是该原点在机床坐标系的坐标值，它储存在机床内，无论停电、关机或者换班后，它都能保持不变。同时，通过对刀可以确定加工刀具和基准刀具的刀补，即通过对刀确定出加工刀具与基准刀具在 *Z* 轴方向上的长度差，从而确定其长度补偿值。

根据工件表面是否已经被加工，可将对刀分为试切法对刀和借助仪器或量具对刀两种方法。

1) 试切法对刀

试切法对刀适用于尚需加工的毛坯表面或加工精度要求较低的场合。具体操作步骤如下：

(1) 启动主轴。将机床工作模式选择旋钮旋至 MDI 半自动方式，按下数控操作面板上的程序按钮，输入“M03 S800”，然后按下循环启动按钮，主轴开始正转。

(2) 将机床工作模式选择旋钮旋至 JOG 点动进给方式，然后通过操作按钮 Z+、Y+、X+ 等，将刀具移动到工件附近，并在 *X* 轴方向上使刀具离开工件一段距离，*Z* 轴方向上使刀具移动到工件表面以下。

(3) 将机床工作模式选择旋钮旋至 HANDLE 手轮进给方式，将刀具慢慢移向工件的左表面，当刀具稍稍切到工件时，停止 *X* 方向的移动。此时，按下数控操作面板上的位置功能键 POS，显示出机床的机械坐标值，并记录该数值。

(4) 将刀具离开工件左边一定距离后抬刀，移至工件的右侧再下刀，在工件的右表面再进行一次试切，并记录下该处的机械坐标值。将两处的机械坐标值相加再除以 2，就得到该工件的中心坐标的机械坐标值，将所得的值输入到G54的“X”坐标中即可，如图1-26所示。

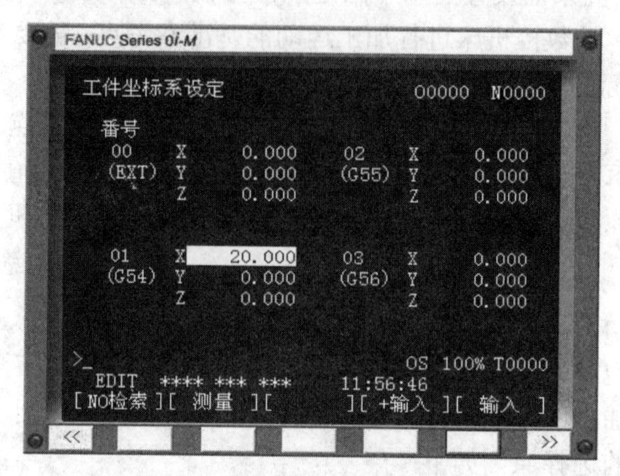

图1-26　工件坐标系设定界面

也可通过测量得到*X*的坐标值。当刀具在工件左边试切后，将相对坐标值中的*X*值归零，然后再在工件右边试切一次。此时，得到*X*轴的相对坐标值，将该值除以2，就得到了工件在*X*轴上的中点相对坐标值。然后，抬起刀具，将其移向工件中点，当到达工件该相对坐标值时，停止移动。将光标移动到G54的“X”坐标上，输入“X+”分中值，按下“测量”软键，*X*的机械坐标值就输入到G54的“X”中。

(5) 用同样的方法分别试切工件的前后表面，得到工件的*Y*坐标值。

(6) *X*、*Y*轴对好后，再对*Z*轴。将刀具移向工件上表面，在工件上表面上试切一下，此时，*Z*轴方向不动，读取*Z*向的机械坐标值，将其输入到G54的“Z”坐标中。或者输入“Z0”，然后按下“测量”软键。

以上坐标系建立在工件的中心。但在实际加工时，通常为了便于编程和检查尺寸，坐标系建立在某个特定的位置会更加合理。此时，用中心先对好位置，再移到指定的偏心位置，并把此处的机械坐标值输入到G54中，即可完成坐标系的建立。为避免出错，最好将中心位置的相对坐标系设置为零，然后再进行移动。

如果工件坐标系设置在工件的某个角上，则在*X*、*Y*方向对刀时，只需试切相应的一个表面即可。但此时应注意在输入相应的机械坐标值时，要加上或减去刀具的半径值。

2) 借助仪器或量具对刀

在实际加工中，一些较精密零件的加工精度往往控制在几十微米甚至几微米之内，试切对刀法不能满足精度要求；另外，有的工件表面已经进行了精加工，不能对工件表面进行切削，试切对刀不能满足其要求。因此，常借助仪器和量具进行对刀。

(1) 使用光电式寻边器对刀。光电式寻边器如图1-27所示。其工作原理：将光电式寻边器安装到刀柄上，并装到主轴上，然后利用手轮控制，使光电式寻边器以较慢的速度移向工件的测量表面，当顶端上的圆球接触到工件的某一对刀表面时，整个机床、寻边器和工件之间便形成一条闭合的电路，寻边器上的指示灯发

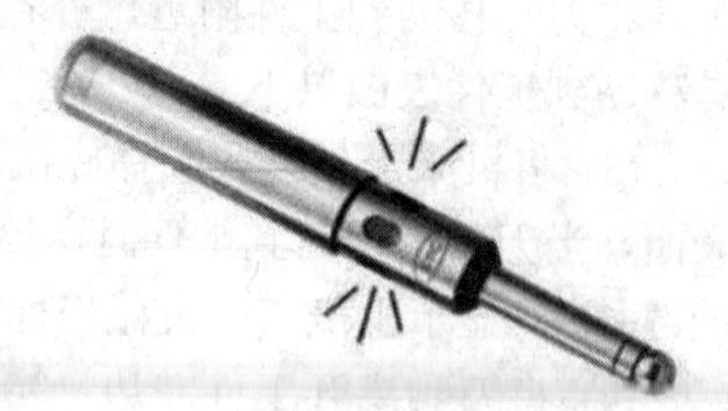

图1-27　光电式寻边器

光，并发出声音。其具体操作步骤、数值记录和录入与试切法对刀的原理相同，所不同的是这种对刀方法对工件没有破坏作用，并且利用了光电信号，提高了对刀精度。光电式寻边器对刀不可应用在绝缘材料上。

(2) 使用机械式偏心寻边器对刀。机械式偏心寻边器如图 1-28 所示。其结构分为上、下两段，中间有孔，内有弹簧，通过弹簧拉力将上、下两段紧密结合到一起。工作原理：将寻边器安装到刀柄上，并装到主轴上，让主轴以 400～600 r/min 的转速转动，此时，在离心力作用下，寻边器上、下两部分是偏心的，当用寻边器的下部分去碰工件的某个表面时，在接触力的作用下，寻边器的上、下两部分将逐渐趋向于同心，同心时的坐标值即为对刀值。具体操作步骤、数值记录和录入与试切对刀法的相同。

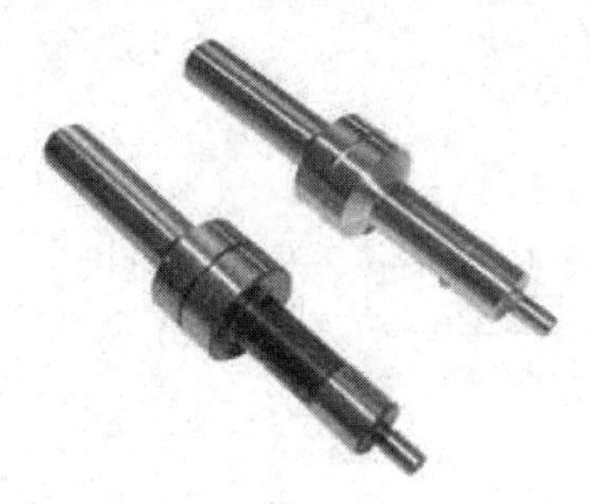

图 1-28　机械式偏心寻边器

上述两种方法只适用于 *X* 和 *Y* 向的对刀，*Z* 向可采用对刀块对刀。仪器的灵敏度在 0.005 mm 之内，因而，对刀精度可以控制在 0.005 mm 之内。使用机械式偏心寻边器时，主轴转速不宜过高。转速过高，离心力变大，会使寻边器内的弹簧拉长而损坏。

(3) 使用对刀块或 *Z* 轴设定器进行 *Z* 向对刀。*X* 和 *Y* 向可采用以上方法对刀，*Z* 向可采用对刀块对刀或 *Z* 轴设定器对刀。对刀块通常是高度为 100 mm 的长方体，用热变形系数较小、耐磨、耐蚀的材料制成；*Z* 轴设定器又分为光电式和指针式两种，如图 1-29 所示。

(a) 光电式

(b) 指针式

图 1-29　*Z* 轴设定器

利用对刀块进行 *Z* 向对刀时，主轴不转，当刀具移到对刀块附近时，改用手轮控制，沿 *Z* 轴一点点向下移动。每次移动后，将对刀块移向刀具和工件之间，如果对刀块能够在刀具和工件之间轻松穿过，则说明间隙太大；如果不能穿过，则说明间隙过小。反复调试，直到对刀块在刀具和工件之间能够穿过，且感觉对刀块与刀具及工件有一定摩擦阻力时(说明间隙合适)，读出 *Z* 轴的机械坐标值，将该值减去 100 后，输入“Z”坐标中，*Z* 向对刀完成。*Z* 轴设定器对刀方法和对刀块一样，精度更高。

除以上方法外，还可利用塞尺对刀。对于圆柱形坯料，有的还可借助百分表对刀。

【任务实施】

1．通过任务书、多媒体教学以及教师演示等方式，初步认识工件安装及对刀找正过程。

2．以小组为单位，进行操作与巩固练习。

任务五　手工程序输入(EDIT)及校验

【知识链接】

1．程序的管理操作

1) 程序的创建

选择 EDIT 程序编辑方式 ，然后按下程序按钮 ，屏幕将显示程序内容页面。输入以字母 O 开头后接 4 位数字的程序编号(如 O0010)，按插入键 ，即可创建由该程序编号命名的程序。

2) 程序的录入

当创建程序完成后，系统自动进入程序录入状态，此时可按字母、数字键，然后按插入键 ，即可将程序插入到当前光标中。当输入完一段程序后，按 EOB 键 ，再按插入键 ，则之后输入的内容自动换行。如输入有误，则在未按插入键 之前，可以按取消键 ，删除错误输入。

3) 程序的修改

(1) 插入字符。按翻页键 、 可翻页，按方位键 ↑、↓、←、→ 可移动光标。如需插入程序字，可将光标移到所需位置，点击 MDI 键盘上的数字/字母键，将代码输入到缓冲区内，按插入键 ，把缓冲区的内容插入到光标所在代码后面。

(2) 删除字符。先将光标移到所需删除字符的位置，按删除键 ，删除光标所在的代码。

(3) 字符替换。先将光标移到所需替换字符的位置，将替换成的字符通过 MDI 键盘输入到缓冲区内，按替换键 ，用缓冲区的内容替代光标所在处的代码。

(4) 字符查找。输入需要搜索的字母或代码(代码可以是一个字母或一个完整的代码，例如“N0010”“M”等)，然后按 CURSOR 的向下键 ↓ ，开始在当前数控程序中光标所在位置后搜索。如果此数控程序中有所搜索的代码，则光标停留在找到的代码处；如果此数控程序中光标所在位置后没有所搜索的代码，则光标停留在原处。

4) 程序的删除

(1) 删除单个程序。选择 EDIT 程序编辑方式 ，然后按下程序按钮 ，屏幕将显示程序内容页面；利用软件 LIB 察看已有程序列表，利用 MDI 键盘键入要删除的程序编号(如 O0010)，按删除键 ，程序即被删除。

(2) 删除全部数控程序。利用 MDI 键盘输入“0-9999”，按删除键 ，全部数控程序即被删除。

5) 打开或切换不同的程序

选择 EDIT 程序编辑方式 [⊘]，然后按下程序按钮 [PROG]，键入要打开或切换的程序号，再按 CURSOR 的向下键 [↓]，或“搜索”软键，即可打开或切换。

2. 程序的校验操作

程序的校验操作如下：

(1) 打开要加工的程序。

(2) 检查刀具半径，将补偿值设置为 0，按下机床锁住按钮(校验结束需返回参考点)或在机床坐标系(EXT)里的 Z 轴输入相应的值以抬高刀具运行高度(校验结束重新置零)。

(3) 切换至 AUTO 自动运行方式，选择图形描绘功能。

(4) 按下循环启动按钮，程序校验开始，查看工件轮廓。

(5) 将补偿值设置为实际值，再次在图形描绘功能下运行程序，检查程序准确性。如果程序正确，校验完成后，光标将返回到程序头，并且显示窗口下方的提示栏显示提示信息，说明没有发现错误。

【任务实施】

1．通过任务书、多媒体教学以及教师演示等方式，初步认识数控铣床程序校验过程。

2．以小组为单位，使用加工参考程序(见表 1-6)，进行程序编制与校验的巩固练习。

表 1-6 加工参考程序

程　　序	说　　明
O1000 ;	程序名
N00 G90 G80 G40 G21 G17 ;	安全语句
N05 G00 G54 X0. Y-60. S1000 M03 ;	定义工件坐标系、进刀位置，主轴转
N10 Z100. ;	定义安全平面
N15 Z5. ;	快速下刀
N20 G01 Z-4. F30. ;	工进下刀至加工深度
N25 G01 G41 X0. Y-35. D01 F120. ;	建立刀具半径左补偿
N30 G01 X-45. Y-35. ;	直线插补
N35 G01 X-45. Y35. ;	直线插补
N40 G01 X45. Y35. ;	直线插补
N45 G01 X45. Y-35. ;	直线插补
N50 G01 X0. Y-35. ;	直线插补
N55 G01 G40 X0. Y-60. ;	取消刀具补偿
N60 G00 Z100. ;	刀具快速回退到安全平面
N65 M5 ;	主轴停止
N70 G91 G28 Y0.;	工作台回退到近身侧
N75 M30 ;	程序结束

◇◇◇◇◇◇◇◇◇ 五、项目评价 ◇◇◇◇◇◇◇◇◇

1. 操作过程评价

请考评员认真填写“现场工作任务考核评价记录表”。

现场工作任务考核评价记录表

姓　名：____________　　　　学　号：____________

班　级：____________　　　　工件编号：____________

序号	考核内容	考核方法	考核评定			考核记录
			优秀(5分)	合格(2分)	不合格(0分)	
1	熟悉实训基地内的数控铣床设备	(1) 会正确识别数控加工机床的型号	□	□	□	
		(2) 会正确识别数控铣床的主要结构	□	□	□	
		(3) 会正确阐述数控铣床的工作原理	□	□	□	
总分：　　分						
2	生产场所“7S”	(1) 工、量、刃具的放置是否依规定摆放整齐	□	□	□	
		(2) 会正确使用工、量具	□	□	□	
		(3) 会保持工作场地的干净整洁	□	□	□	
		(4) 有团队精神，遵守车间生产的规章制度	□	□	□	
		(5) 作业人员有较强的安全意识，能及时报告并消除有安全隐患的因素	□	□	□	
		(6) 作业人员有较强的节约意识	□	□	□	
		(7) 会对数控铣床正确进行日常维护和保养	□	□	□	
总分：　　分						
3	刀具安装	(1) 刀具安装顺序正确	□	□	□	
		(2) 拆装姿势和力度规范	□	□	□	
		(3) 刀具装夹位置正确	□	□	□	
总分：　　分						

续表

序号	考核内容	考 核 方 法	考 核 评 定			考核记录
			优秀 (5 分)	合格 (2 分)	不合格 (0 分)	
4	工件安装及对刀找正	(1) 机床操作规范、熟练	□	□	□	
		(2) 工件装夹正确、规范	□	□	□	
		(3) 会熟练操作控制面板	□	□	□	
		(4) 会正确选择工件坐标系	□	□	□	
		(5) 熟悉对刀步骤	□	□	□	
		(6) 在规定时间内完成对刀流程	□	□	□	
		(7) 操作过程中行为、纪律表现	□	□	□	
		(8) 安全文明生产	□	□	□	
		(9) 设备维护保养正确	□	□	□	
总分：　　　分						
5	手工程序输入(EDIT)及校验	(1) 熟悉手工程序输入的过程	□	□	□	
		(2) 熟悉手工程序校验的过程	□	□	□	
总分：　　　分						

加工总时间：________________

总　　分：________________

考评员签字：________________

日　　期：________________

2. 自我评价

学生对自己进行自我评价，并填写下表。

自 我 评 价

项　　目	发现的问题及现象	产生的原因	解决方法
刀具选择及加工参数			
机床操作			
安全生产及文明生产			

【知识拓展】

数控技术的发展趋势

数控技术主要是指将工业制造业中机器、机床技术以及所有生产加工过程以数字化性质为依据进行的智能化技术控制。这项基础性技术在运用过程中将工业制造技术、现代化控制技术、现代化网络技术、先进的计算机技术、机电技术以及传感技术等专业科学技术融为一体，其技术程度的好坏直接决定着国家工业经济发展水平，由此可见数控技术在现代化工业制造中的重要性。

数控技术发展到现在，一方面形成了规模化的数控产业基地，另一方面我国数控技术已经基本掌握现代化数控技术，并且部分数控技术已经形成了初具规模的产业化状态。在经过长达半个多世纪的研究探索中，我国数控技术已经有了明显的改变和提高，并且广泛被社会大众所熟知和利用，知识产权的重要性在数控技术中也有了一定程度的渗透。数控新技术和新产品的开发研制不仅可以保障我国综合经济实力和综合竞争能力的提升，还能稳固中国在国际上的地位。

当前我国数控技术的最新进展表现在两个方面。首先，向生产效率高且精准度强方向发展。由于我们对数控技术的要求越来越高，因此数控技术中的效率和精准度成为衡量数控技术的重要指标，其作为影响着数控产品质量好坏与否的根本因素，受到制造业越来越高的重视。在实际发展数控技术高效率、高精准度的过程中，我们已经拥有较为先进科学的方式来实现这一目的，比如在伺服系统中变传统技术为全数字化先进技术，以科学的数控技术增强其精准度。工业制造业也会随着数控技术的高效率、高精准度而有更强的发展。其次，向现代化计算机方向发展。互联网和网络这些现代化科技已经广泛应用在当今社会，计算机也被普遍作用于数控技术的开发研究中，利用先进的计算机技术可以加速数控技术的发展，将计算机中的 NC 切入到 PC 中，形成相对独立的计算机系统，较强且能单独运用在数控技术中的可靠安全性的计算机系统有助于实现更强大的数控技术。

数控技术的发展趋势主要表现在以下几个方面：

1. 发展越来越趋向于开放性

数控技术要想得到长远发展，开放性的发展趋势是必然的。这种发展趋势在对数控技术展现其灵活性、通用性和强大的适应性上有着重要作用，使得数控技术在促进自身智能化和现代化的基础上随着社会经济的进步不断调整适应时代需求。数控技术开放性的系统和结构能够更好地实现其自动化技术，通过多个平台上的相互交流达到提高数控技术的目的。

2. 发展越来越趋向于智能性

数控技术智能化发展趋势随着计算机的广泛应用也有了全新的呈现。数控技术的智能化发展主要是指通过人工智能化的控制对数控技术在各个行业的运用进行全面监督管理。

一方面通过在数控技术中加入先进的全自动化适应控制系统，实现数控技术中的各项参数检测自动化，在提高生产制造工作效率的同时还能保障产品质量；一方面加入自动诊断模式和自动识别技术，使得数控机器可以依靠声控技术独立完成指令，完善了数控技术智能化系统。

3. 发展越来越趋向于信息化

由于信息化和网络化这些新特点在当今社会不断呈现，数控技术发展也在向着信息化和网络化靠近。信息化和网络化的发展趋势可以实现不同区域数控机床的联网功能，通过远程控制或者不需要人控制就能完成数控机床和数控技术的工作，这在更新自身发展模式的同时还有效地满足了行业对数控技术信息化的需求。

4. 发展越来越趋向于数字化

科学技术的发展促进了数控技术未来发展趋势呈现数字化表现形式。通过通信技术和无线科技技术将各个行业的数控技术结合起来，形成完整的数字化技术系统，利用这些先进的技术和信息对生产制造中的机器进行有效管理和控制，增强了数控技术的安全性，保证了数控技术在各个行业中的最大使用率。

【拓展训练】

如图 1-30 所示，运用所学知识，使用加工参考程序(见表 1-7)，进行程序校验的巩固练习。

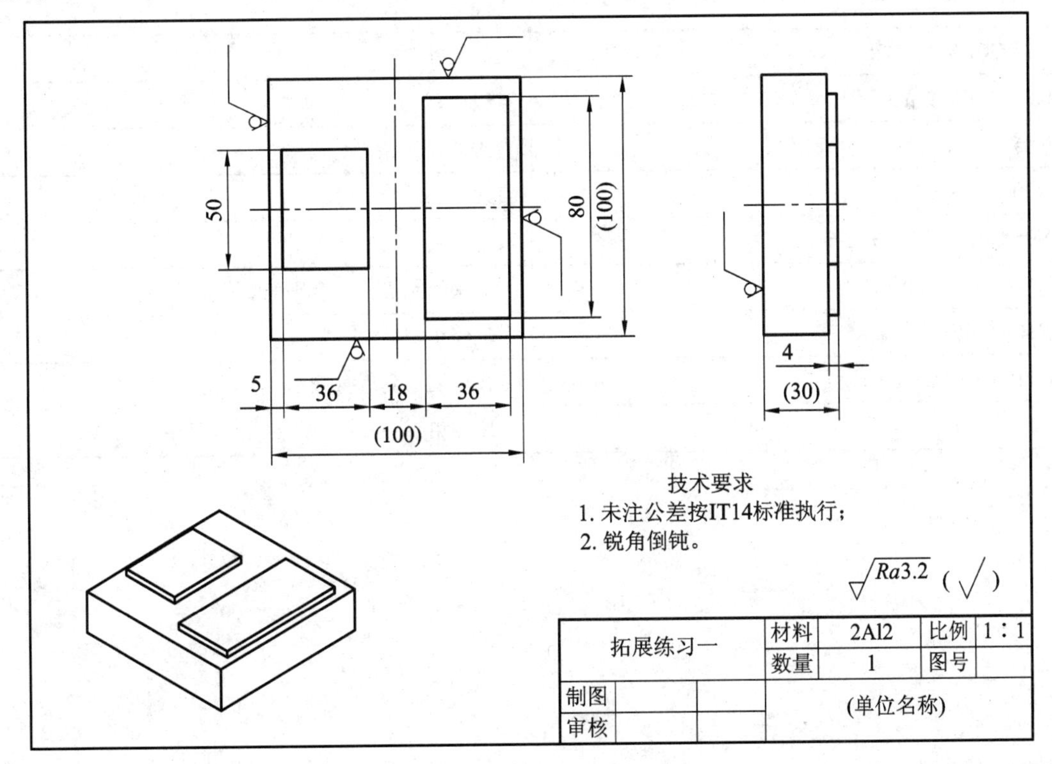

图 1-30　双矩形凸台零件图

表 1-7　拓展练习一的加工参考程序

程　　序	说　　明
O1100 ;	程序名
N00 G90 G80 G40 G21 G17 ;	安全语句
N05 G00 G54 X27. Y-60. S1000 M03 ;	定义工件坐标系、进刀位置，主轴转
N10 Z100. ;	定义安全平面
N15 Z5. ;	快速下刀
N20 G01 Z-4. F30. ;	工进下刀至加工深度
N25 G01 G41 X27. Y-40. D01 F120. ;	建立刀具半径左补偿
N30 G01 X9. Y-40. ;	直线插补
N35 G01 X9. Y40. ;	直线插补
N40 G01 X45. Y40. ;	直线插补
N45 G01 X45. Y-40. ;	直线插补
N50 G01 X27. Y-40. ;	直线插补
N55 G01 G40 X27. Y-60. ;	取消刀具补偿
N60 G01 X-27. Y-60. F300 ;	直线插补
N65 G01 G41 X-27. Y-25. D01 F120. ;	建立刀具半径左补偿
N70 G01 X-45. Y-25. ;	直线插补
N75 G01 X-45. Y25. ;	直线插补
N80 G01 X-9. Y25. ;	直线插补
N85 G01 X-9. Y-25.;	直线插补
N90 G01 X-27. Y-25. ;	直线插补
N95 G01 G40 X-27. Y-60. ;	取消刀具补偿
N100 G00 Z100. ;	刀具快速回退到安全平面
N105 M05 ;	主轴停止
N110 G91 G28 Y0. ;	工作台回退到近身侧
N115 M30 ;	程序结束

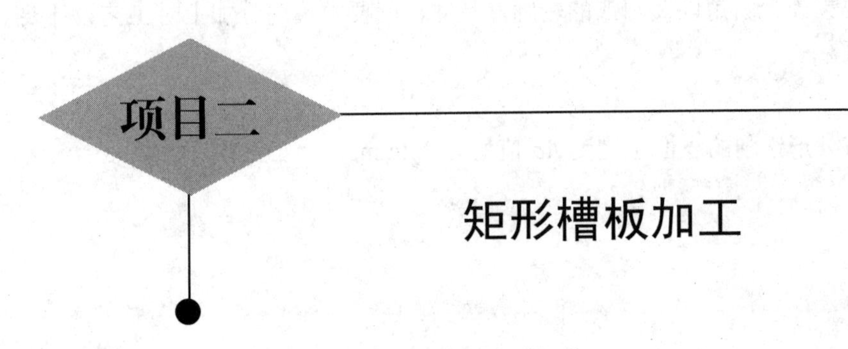

项目二 矩形槽板加工

◇◇◇◇◇◇◇◇◇ 一、项目导入与分析 ◇◇◇◇◇◇◇◇◇

本项目是典型的矩形槽板简单零件的加工，如图 2-1 所示。

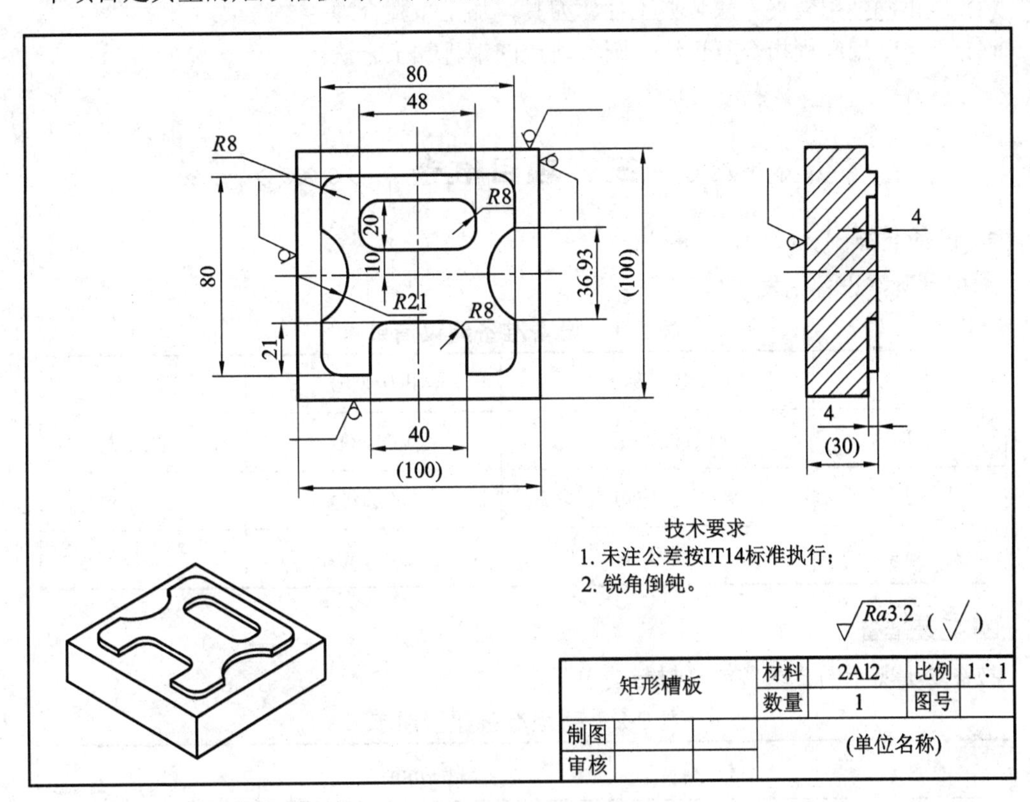

图 2-1　矩形槽板零件图

1. 零件形状

如图 2-1 所示的矩形槽板零件，主要加工轮廓由圆弧和直线组成。该零件的加工内容主要有平面、轮廓、凸台、型腔。需要粗铣上表面外轮廓以及内槽等加工工序。

2. 尺寸精度

该零件的加工要素为带圆角以及圆弧的轮廓，尺寸精度要求不高。加工时工艺设计要合理安排并操作正确。

3. 表面粗糙度

本项目零件所有外形铣削的表面粗糙度 *Ra* 值均为 3.2 μm。

4. 技术要求

锐角倒钝。

◇◇◇◇◇◇◇◇◇ 二、项目目标 ◇◇◇◇◇◇◇◇◇

(1) 理解数控加工工艺的概念，掌握数控加工工艺的主要内容。

(2) 明确数控加工中加工工艺的作用，以及制订的加工工艺的优劣对数控加工的重大影响。

(3) 能正确使用装夹方法装夹工件、刀具，加工步骤合理。

(4) 熟悉常用编程指令及直线、圆弧轨迹的编程加工方法。

◇◇◇◇◇◇◇◇◇ 三、项目准备 ◇◇◇◇◇◇◇◇◇

1. 设备准备

本项目所需设备见表 2-1。

表 2-1　设备准备建议清单

序　号	名　称	机床型号	数　量
1	数控铣床	VDL600	1 台/2 人
2	机用虎钳	相应型号	1 台/工位
3	锁刀座	LD-BT40A	2 只/车间

2. 毛坯准备

按图 2-1 所示的要求备料，材料清单见表 2-2。

表 2-2　毛坯准备建议清单

序　号	材　料	规格/mm	数　量
1	2Al2	100 × 100 × 50	1 件/人

3. 工、量、刃具准备

本项目工、量、刃具准备清单见表 2-3。

表 2-3　工、量、刃具准备建议清单

类 别	序号	名　称	规格或型号	精度/mm	数　量
工具	1	机用虎钳扳手	配套		1个/工位
	2	卸刀扳手	ER32		2个
	3	等高垫铁	根据机用平口钳和工件自定		1副
	4	锉刀、油石			自定
量具	1	外径千分尺	50～75、75～100	0.01	各1把
	2	游标卡尺	0～150	0.02	1把
	3	深度千分尺	0～50	0.01	1把
	4	*R* 规	*R*1～*R*25		1个
	5	杠杆百分表	0～0.8	0.01	1个
	6	磁力表座		0.01	1个
	7	机械偏摆式寻边器			
	8	*Z* 轴设定器	ZDI-50	0.01	1个
刃具	1	平面铣刀刀片	SENN1203-AFTN1		6片
	2	中心钻	A2.5		1个
	3	立铣刀	ϕ10、ϕ16		各1支

◇◇◇◇◇◇◇◇◇　四、项目实施　◇◇◇◇◇◇◇◇◇

【工作任务分解】

任务一　制订加工工艺方案。
任务二　初识数控编程。
任务三　工件加工。

任务一　制订加工工艺方案

【知识链接】

1. 数控铣削加工工艺概述

数控铣削加工的工艺性分析是编程前的重要工艺准备工作之一，关系到机械加工的效果和成败，不容忽视。由于数控机床是按照程序来工作的，因此对零件加工中所有的要求都要体现在加工程序中，例如加工路线、加工顺序、加工余量、切削用量、刀具的尺寸及是否需要切削液等都要预先确定好并编入程序中。

1) 数控铣床的主要加工对象

(1) 平面类零件。加工面平行或垂直于水平面，或加工面与水平面的夹角为定角的零件，称为平面类零件(如图 2-2 所示)。其特点是各个加工面是平面，或可以展开成平面。目前在数控铣床上加工的绝大多数零件属于平面类零件，平面类零件是数控铣削加工中最简单的一类零件，一般只需要用三坐标数控铣床的两轴联动或三轴联动即可加工。在加工过程中，加工面与刀具为面接触，粗、精加工都可采用端铣刀或牛鼻刀。

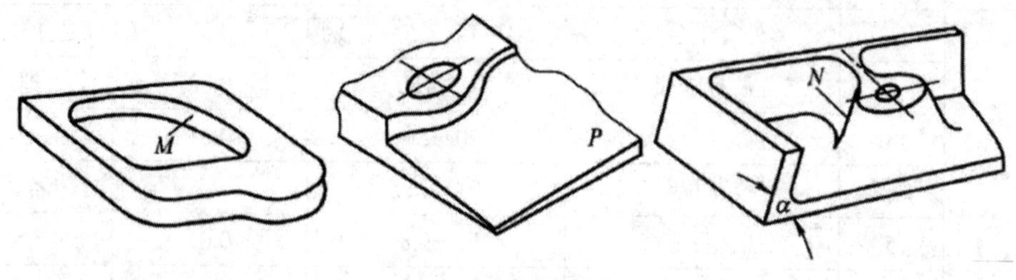

图 2-2　平面类零件

(2) 变斜角类零件。加工面与水平面的夹角呈连续变化的零件，称为变斜角类零件。如图 2-3 所示为一种变斜角类零件，该零件共分为三段，从第②肋到第⑤肋的斜角由 3°10′均匀变到 2°32′，从第⑤肋到第⑨肋再均匀变为 1°20′，从第⑨肋到第⑫肋均匀变为 0°。变斜角类零件的变斜角加工面不能展开为平面，但在加工中，加工面与铣刀圆周接触的瞬间为一条线。最好采用四坐标或五坐标数控铣床摆角加工，在没有上述机床时，可采用三坐标数控铣床，进行两轴半近似加工。

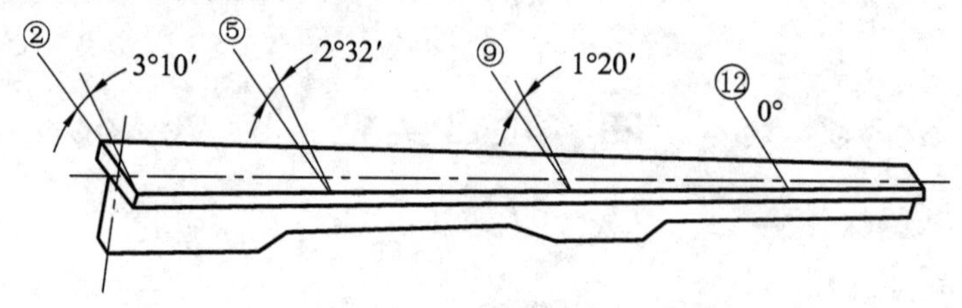

图 2-3　变斜角类零件

(3) 曲面类零件。加工表面为空间曲面的零件，称为曲面类零件(如图 2-4 所示)。曲面类零件的加工面不能展开为平面。加工时，加工面与铣刀始终为点接触。表面精加工多采用球头铣刀进行。常用两轴半联动数控铣床来加工精度要求不高的曲面；精度要求高的曲面类零件一般采用三轴联动数控铣床进行加工；当曲面较复杂、通道较狭窄、会伤及毗邻表面及需刀具摆动时，要采用四轴联动、五轴联动数控铣床进行加工。

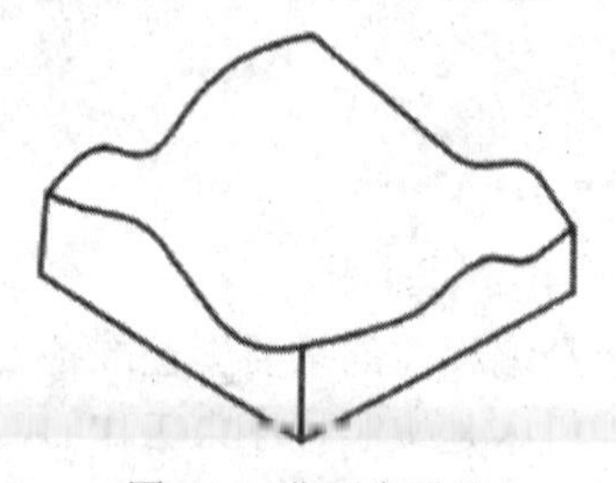
图 2-4　曲面类零件

(4) 孔类零件。孔类零件有多组不同类型的孔，一般有通孔、盲孔、螺纹孔、台阶孔、深孔等。在数控铣床上加工的孔类零件，一般是孔的位置要求较高的零件，如圆周分布孔、行列均布孔等，如图 2-5 所示。其加工方法一般为钻孔、扩孔、铰孔、镗孔、锪孔、攻螺纹等。

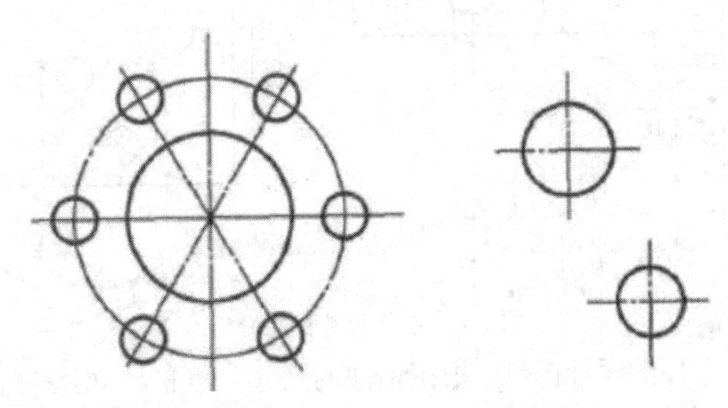

图 2-5　孔类零件

2) 数控铣削加工内容的选择

(1) 可以采用数控铣削的加工内容有：工件上的曲线轮廓内、外形，特别是由数学表达式给出的非圆曲线与列表曲线等曲线轮廓；已给出数学模型的空间曲线；形状复杂，尺寸繁多，划线与检测困难的部位；用通用铣床加工时难以观察、测量和控制进给的内、外凹槽；以尺寸协调的高精度孔或面；能在一次安装中顺带铣出来的简单表面或形状；采用数控铣削能成倍提高生产率，大大减轻体力劳动的一般加工内容。

(2) 不宜采用数控铣削的加工内容有：需要进行长时间占机和进行人工调整的粗加工内容，如以毛坯粗基准定位划线找正的加工；必须按专用工装协调的加工内容(如标准样件、协调平板等)；毛坯上的加工余量不太充分或不太稳定的部位；简单的粗加工面；必须用细长铣刀加工的部位，一般指狭长深槽或高筋板小转接圆弧部位。

2. 数控铣削加工工艺的制订

1) 零件的结构工艺性分析

(1) 彻底读懂图样。

首先要认真分析与研究整台产品的用途、性能和工作条件，了解零件在产品中的位置、装配关系及其作用，弄清各项技术要求对装配质量和使用性能的影响，找出主要的和关键的技术要求，然后对零件图样进行分析。

(2) 检查零件图的完整性和正确性。

① 加工程序是以准确的坐标点来编制的，构成零件轮廓的几何元素(点、线、面)的条件(如相切、相交、垂直和平行等)是数控编程的重要依据。手工编程时，要依据这些条件计算每一个节点的坐标。因此，在分析零件图样时，各图形几何要素间的相互关系(如相切、相交、垂直、平行和同心等)应明确，各种几何要素的条件要充分，应无引起矛盾的多余尺寸或影响工序安排的封闭尺寸等。务必要分析几何元素的给定条件是否充分，发现问题后及时与设计人员协商解决。

② 零件图上尺寸标注方法应适应数控加工的特点，如图 2-6 所示，在数控加工零件图上，最好以坐标及链式标注尺寸。

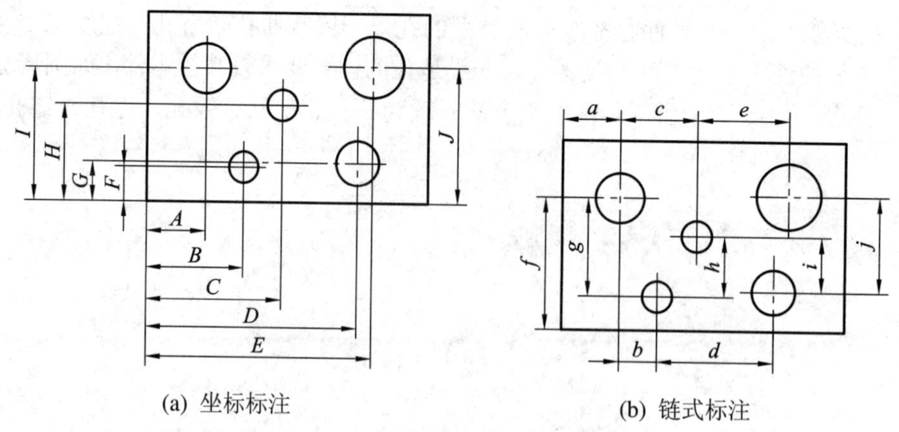

(a) 坐标标注

(b) 链式标注

图 2-6　零件尺寸标注分析

③ 分析被加工零件的设计图纸，根据标注的尺寸公差和形位公差等相关信息，将加工表面区分为重要表面和次要表面，并找出其设计基准，进而遵循基准选择的原则，确定加工零件的定位基准、分析零件的毛坯是否便于定位和装夹、夹紧方式和夹紧点的选取是否会有碍刀具的运动、夹紧变形是否对加工质量有影响等，为工件定位、安装和夹具设计提供重要依据。

(3) 透彻分析零件的加工工艺性。

① 分析零件的变形情况，保证获得要求的加工精度。

过薄的底板或肋板，在加工时由于产生的切削拉力及薄板的弹力退让极易产生切削面的振动，使薄板厚度尺寸公差难以保证，其表面粗糙度也增大。零件在数控铣削加工时的变形不仅影响加工质量，而且当变形较大时，将使加工不能继续下去。

预防措施：对于大面积的薄板零件，需要改进装夹方式，采用合适的加工顺序和刀具；采用适当的热处理方法，如对钢件进行调质处理，对铸铝件进行退火处理；采用二次装夹使粗、精加工分开及对称去除余量等措施来减小或消除变形的影响。

② 尽量统一零件轮廓内圆弧的有关尺寸。

轮廓内圆弧半径 R 的大小决定着刀具直径的大小，所以 R 不应太小(见图 2-7)。一般地，当 $R < 0.2H$(H 为被加工轮廓面的最大高度)时，可以判定零件上该部位的工艺性不好。在一个零件上，凹圆弧半径的数值一致性问题对数控铣削的工艺性而言显得相当重要。零件的外形、内腔最好采用统一的几何类型或尺寸，这样可以减少换刀次数。一般来说，即使不能寻求完全统一，也要力求将数值相近的圆弧半径分组靠拢，达到局部统一，以尽量减少铣刀规格和换刀次数，并避免因频繁换刀而增加了零件加工面上的接刀阶差，降低表面质量。

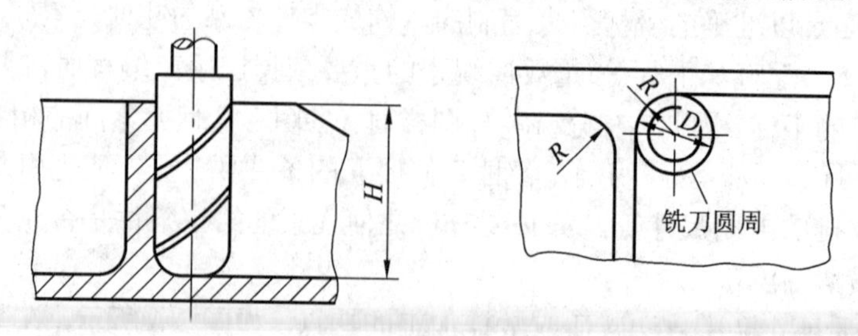

图 2-7　肋板高度与内孔转接圆弧对零件铣削工艺性的影响

转接圆弧半径的大小对铣削工艺性也会有相应的影响。转接圆弧半径大，可以采用较大直径铣刀加工，效率高，且加工表面质量也较好，因此工艺性较好。铣削面的槽底面圆角半径或底板与肋板相交处的圆角半径 r 越大，铣刀端刃铣削平面的能力越差，效率也越低。当 r 达到一定程度时甚至必须用球头铣刀加工，这是应当避免的。当铣削的底面面积较大，底部圆弧 r 也较大时，应用两把 r 不同的铣刀分两次进行切削。零件铣削槽底平面时，槽底面圆角半径或底板与肋板相交处的圆角半径 r 不要过大(见图 2-8)。因为铣刀与铣削平面接触的最大直径 $d = D - 2r$(D 为铣刀直径)，当 D 越大而 r 越小时，铣刀端刃铣削平面的面积越大，加工平面的能力越强，铣削工艺性当然也越好。

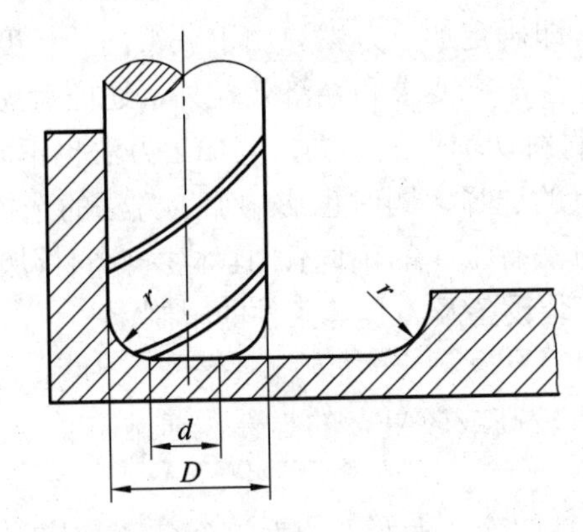

图 2-8　零件底面与肋板的转接圆弧对零件铣削工艺性的影响

③ 研究分析零件的精度。要保证零件的精度(尺寸、形状、位置)及表面质量。根据精度、表面质量来决定是采用粗铣还是精铣，以及是否要进行多次进给加工。

④ 研究分析零件的刚性。

如果零件的厚度太单薄，会引起加工变形。当加工薄壁零件时，面积较大的零件加工后易产生变形，很难保证精度，尤其是铝合金板。

⑤ 研究分析零件的定位基准。

有些零件需要在加工中重新安装，而数控铣削不能使用“试切法”来接刀，这是因为零件重新安装后会产生定位误差而导致接不好刀。这时，最好采用统一基准定位，因此零件上应有合适的孔作为定位基准孔。如果零件上没有定位基准孔，也可以专门设置工艺孔，将其作为定位基准孔。

⑥ 研究分析零件的毛坯和材料。

毛坯应有充分的加工余量，稳定的加工质量。毛坯主要指锻、铸件。锻件在锻造时欠压量与允许的错模量会造成余量不均匀，铸件在铸造时也会因砂型误差、收缩量及金属液体的流动性差不能充满型腔等造成余量不均匀。另外，锻造、铸造后，毛坯的挠曲与扭曲变形量的不同也会造成加工余量不充分、不稳定。因此，除板料外，不管是锻件、铸件还是型材，只要准备采用数控铣削加工，其加工面均应有较充分、均匀的余量。

分析毛坯的装夹适应性，主要考虑毛坯在加工时定位和夹紧的可靠性与方便性，以便在一次安装中加工出较多表面。对于不便装夹的毛坯，可考虑在毛坯上另外增加装夹余量或工艺凸耳来定位与夹紧，也可以制出工艺孔或另外准备工艺凸耳来特制工艺孔作为定位基准孔。

分析毛坯的余量大小及均匀性，主要考虑在加工中要不要分层铣削，分几层铣削；也要分析加工中与加工后的变形程度，考虑是否采取预防性措施与补救措施。

2) 零件的加工工艺性分析

(1) 表面加工方法的选择。

零件结构形状是多种多样的，铣削对象一般由平面、平面轮廓、孔、槽、曲面等表面组成。表面加工方法的选择，就是为零件上每一个有质量要求的表面选择一套合理的加工方法。

在选择时，一般先根据表面的精度和粗糙度要求选定最终加工方法，然后再确定精加工前准备工序的加工方法，即确定加工方案。由于获得同一精度和粗糙度的加工方法往往有几种，在选择时除了考虑生产率要求和经济效益外，还应考虑下列因素：工件材料的性质(如钢与铜、铝与较硬的材料切削性能不同，其加工方法也不同)、工件的结构和尺寸(结构和尺寸决定着装夹和刀具的选择，同时也影响加工方法的选择)、生产类型(如单件或批量生产同一零件，其加工方法有很大的不同)、具体生产条件(加工方法的选择受现有加工设备的功能和技术参数、工装设备及刀具等条件的限制)。

(2) 加工阶段的划分。

对于那些加工质量要求较高或较复杂的零件，通常将整个工艺路线划分为以下几个阶段：

粗加工阶段：主要任务是切除各表面上的大部分余量，使毛坯在形状上接近零件成品，其主要目的是提高生产率。

半精加工阶段：主要是使零件表面达到一定的精度，留有一定的精加工余量，并为主要表面的精加工做准备，同时完成次要表面的加工，如扩孔、攻丝、铣键槽等。

精加工阶段：保证各主要表面达到图样上的尺寸精度和表面粗糙度要求，目的是全面保证加工质量。

光整加工阶段：对于表面粗糙度要求很细(*Ra* 为 0.2 μm 以下)和尺寸精度(IT6 级以上)要求很高的表面，还需要进行光整加工。这个阶段的主要目的是提高尺寸精度，减少表面粗糙度，一般不能用于提高形状精度和位置精度。常用的加工方法有金刚镗、研磨、珩磨、超精加工、镜面磨、抛光及无屑加工等。

(3) 加工顺序的安排。

① 铣削加工顺序的安排。

基面先行：零件上用来作定位装夹的精基准的表面应优先加工出来，这样定位越精确，装夹误差就越小。如箱体零件总是先加工定位用的平面和两个定位孔，再以平面和定位孔为精基准面装夹定位，然后加工其他孔系和平面。

先粗后精：按粗加工、半精加工、精加工、光整加工的顺序依次进行。

先主后次：先加工零件上的主要表面、装配基面，能及早发现毛坯中可能出现的缺陷；次要表面的加工可穿插进行，放在主要加工表面加工到一定程度后，精加工之前进行。

先面后孔：在铣削对象中的如箱体、平面轮廓尺寸较大、支架类零件，一般先加工平面，再加工孔和其他尺寸。一方面，用加工过的平面定位，稳定可靠；另一方面，在加工过的平面上加工孔，钻孔时孔的轴线不易偏斜，可提高孔的加工精度。

② 热处理工序的安排。

热处理可以提高材料的力学性能，改善金属的切削性能以及消除残余应力。在制订工艺路线时，应根据零件的技术要求和材料的性质，合理安排热处理工序。

退火或正火：其目的是消除组织的不均匀性，细化晶粒，改善金属的加工性能。对高碳钢零件用退火降低其硬度，对低碳钢零件用正火提高其硬度，以获得适中的、较好的可切削性，同时能消除毛坯制造中的应力。退火与正火一般安排在机械加工之前进行。

时效处理：以消除内应力、减少工件变形为目的。为了消除残余应力，在工艺过程中需安排时效处理。对于一般铸件，常在粗加工前或粗加工后安排一次时效处理；对于要求较高的零件，在半精加工后尚需再安排一次时效处理；对于一些刚性较差、精度要求特别高的重要零件(如精密丝杠、主轴等)，常在每个加工阶段之间都安排一次时效处理。

调质：对零件淬火后再高温回火，能消除内应力、改善加工性能并能获得较好的综合力学性能。调质一般安排在粗加工之后进行。对一些性能要求不高的零件，调质也常作为最终的热处理工序。

淬火、渗碳淬火和渗氮：主要目的是提高零件的硬度和耐磨性，常安排在精加工(磨削)之前进行，其中渗氮由于热处理温度较低，零件变形很小，也可以安排在精加工之后进行。

③ 辅助工序的安排。

检验工序是主要的辅助工序，除每道工序由操作者自行检验外，在粗加工之后，精加工之前，零件转换车间时，以及重要工序之后和全部加工完毕、零件进库之前，一般都要安排检验工序。

除检验外，其他辅助工序还有表面强化和去毛刺、倒棱、清洗、防锈等。正确地安排辅助工序是十分重要的。如果安排不当或遗漏，将会给后续工序和装配带来困难，甚至影响产品的质量，所以必须给予重视。

(4) 工序的划分。

工序的安排应根据零件的结构和毛坯状况、定位和夹紧的需要来考虑，重点是保证定位夹紧工件的刚性和精度不被破坏。工序的划分可以采用两种不同原则，即工序集中原则和工序分散原则。

工序集中原则：将零件的加工集中在少数几道工序中完成，每道工序加工的内容多，工艺路线短。其主要特点是：可以采用高效机床和工艺装备，生产率高；减少了设备数量以及操作工人的人数和占地面积，节省人力、物力；减少了工件安装次数，有利于保证表面间的位置精度；采用的工装设备结构复杂，调整维修较困难，生产准备工作量大。

工序分散原则：将零件的加工分散到很多道工序内完成，每道工序加工的内容少，工艺路线很长。其主要特点是：设备和工艺装备比较简单，便于调整，容易适应产品的变换；对工人的技术要求较低；可以采用最合理的切削用量，减少机动时间；所需设备和工艺装备的数目多，操作工人多，占地面积大。

在数控机床上特别是在加工中心上加工零件，由于其工艺特点，工序十分集中，许多零件只需在一次装卡中就能完成全部工序。但是零件的粗加工，特别是铸、锻毛坯零件的基准平面、定位面等的加工应在普通机床上完成粗加工之后再装卡到数控机床上进行加工，这样可以发挥数控机床的特点，保持数控机床的精度，延长数控机床的使用寿命，降低数控机床的使用成本。在数控机床上加工零件时，工序划分方法有以下几种：

① 刀具集中分序法：按所用刀具划分工序，即先用同一把刀加工完零件上所有可以完成的部位，再用第二把刀、第三把刀加工完它们可以完成的其他部位。这种分序法可以减少换刀次数，压缩空程时间，减少不必要的定位误差。

② 粗、精加工分序法：根据零件的形状、尺寸精度等因素，按照粗、精加工分开的原则进行分序。对单个零件或一批零件先进行粗加工、半精加工，再进行精加工。粗、精加工之间，最好隔一段时间(以使粗加工后零件的变形得到充分恢复)再进行精加工，以提高零件的加工精度。

③ 加工部位分序法：先加工平面、定位面，再加工孔；先加工简单的几何形状，再加工复杂的几何形状；先加工精度比较低的部位，再加工精度要求较高的部位。

总之，在数控机床上加工零件，其加工工序的划分要视加工零件的具体情况具体分析。要注意工序间的衔接，上道工序的加工不能影响下道工序的定位与夹紧，中间穿插普通机床加工工序的也要综合考虑。先进行内形、内腔的加工工序，后进行外形加工工序；以相同定位、夹紧方式，或用同一把刀具加工的工序，最好连接进行，以减少重复定位次数、换刀次数与挪动压紧元件次数；在同一次安装中进行的多道工序，应先安排对刚性破坏较小的工序进行加工。

3) 数控铣削加工工艺制订

完成零件图分析和工艺分析后，各道数控加工工序的内容就已经基本确定了，接下来便可着手工艺的制订。其主要任务是进一步把本工序的加工内容、加工用量、工艺装备、定位夹紧方式以及刀具的运动轨迹等都具体确定下来，为编制加工程序做好详细的准备。其主要内容有：装夹方案的确定、刀具的选择、切削用量的选择、走刀路线的确定。

(1) 装夹方案的确定。

① 定位基准的选择。

选择定位基准时，应注意减少装夹次数，尽量做到在一次安装中能把零件上所有要加工的表面都加工出来。一般选择零件上不需要数控铣削的平面或孔作为定位基准。对薄板零件，选择的定位基准应有利于提高工件的刚性，以减少切削变形。定位基准应尽量与设计基准重合，以减少定位误差对尺寸精度的影响。

② 夹具的选择。

数控铣床可以加工形状复杂的零件，而数控铣床的工件装夹方法与普通铣床的工件装夹方法一样，所使用的夹具往往并不复杂，只要求有简单的定位、夹紧机构即可，但要将加工部位敞开，不能因装夹工件而影响进给和切削加工。当生产类型为批量较小或单件试制时，若零件复杂，应采用组合夹具；若零件结构简单，可采用通用夹具，如虎钳、压板等。当生产类型为中批量或批量生产时，一般用专用夹具，其定位效率较高，且稳定可靠。当生产类型为大批量时，可考虑采用多工位夹具、机动夹具，如液压、气压夹具。

(2) 刀具的选择。

① 刀具的刚性要好。

为提高生产率而采用大切削用量时，需要刚性好的刀具，因为刚性差的刀具在大切削用量时很容易引起共振，从而加剧刀具磨损甚至直接损毁刀具。用刚性差的刀具在大切削力的作用下会产生变形而形成“让刀”现象，使加工的型面出现斜面。当被加工表面各处余量不一样时，用普通铣床可多次进给解决问题，而数控铣床则要改变程序或调整刀具补偿值，但采用刚性好的刀具就可一次加工，不必改变程序或调整刀具补偿值。

② 刀具的耐用度要高。

因为数控铣床靠程序控制精度，刀具若磨损很快，则尺寸精度、型面精度很难保证，故要用耐用度高的刀具。此外，刀具参数、几何角度、排屑性能等因素也要综合考虑。

(3) 切削用量的选择。

合理地选择切削用量，对零件的表面质量、精度、加工效率有很大的影响。在实际加工中，必须有丰富的实践经验才能够准确掌握好切削用量的选择。因此，在编程时只能根据一般情况，大致选择切削用量。在实际加工中，再根据具体加工情况进行调整。

① 背吃刀量(端铣)或侧吃刀量(圆周铣削)的确定(见图 2-9)。

背吃刀量 a_p 为平行于铣刀轴线测量的切削层尺寸，单位为 mm。端铣时，a_p 为切削层的深度；而圆周铣削时，a_p 为被加工表面的宽度。

侧吃刀量 a_e 为垂直于铣刀轴线测量的切削层尺寸，单位为 mm。端铣时，a_e 为被加工表面的宽度；而圆周铣削时，a_e 为切削层的深度。

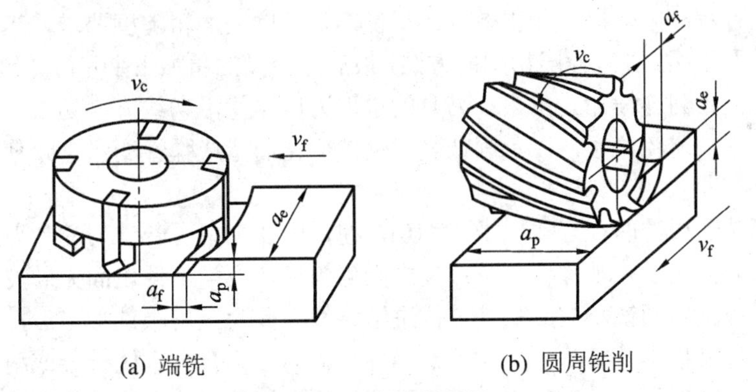

(a) 端铣　　(b) 圆周铣削

图 2-9　铣削切削用量

背吃刀量或侧吃刀量的选取主要由机床功率和刚性以及刀具刚性的要求决定。

当工件表面粗糙度 Ra 值要求为 12.5～25 μm 时，如果圆周铣削的加工余量小于 5 mm，端铣的加工余量小于 6 mm，则粗铣一次进给就可以达到要求。但在余量较大、工艺系统刚性较差或机床动力不足时，可分两次进给完成。

当工件表面粗糙度 Ra 值要求为 3.2～12.5 μm 时，可分粗铣和半精铣两步进行。粗铣时背吃刀量或侧吃刀量选取同前。粗铣后留 0.5～1.0 mm 余量，在半精铣时切除。

当工件表面粗糙度 Ra 值要求为 0.8～3.2 μm 时，可分粗铣、半精铣、精铣三步进行。半精铣时背吃刀量或侧吃刀量取 1.5～2 mm；精铣时侧吃刀量取 0.3～0.5 mm，面铣刀背吃刀量取 0.5～1 mm。

② 进给量 f_z 和进给速度 v_f 的选择。

铣削加工的进给量 f_z 是指刀具转一周，工件与刀具沿进给运动方向的相对位移，单位为mm/齿；进给速度 v_f 是指单位时间内工件与铣刀沿进给方向的相对位移，单位为mm/min。进给速度 v_f 与铣刀转速 n、铣刀齿数 Z 及每齿进给量 f_z 的关系为

$$v_f = f_z Z n$$

每齿进给量 f_z 的选取主要取决于工件材料的力学性能、刀具材料、工件表面粗糙度等因素。工件材料的强度和硬度越高，f_z 越小；反之则 f_z 越大。工件表面粗糙度要求越高，f_z 就越小。每齿进给量的确定可参考选取。工件刚性差或刀具强度低时，应取小值。

③ 切削速度 v_c。

v_c 是指刀具切削刃上的某一点相对于待加工表面在主运动方向上的瞬时速度。

铣削的切削速度与刀具耐用度 T、每齿进给量 f_z、背吃刀量 a_p、侧吃刀量 a_e 以及铣刀齿数 Z 成反比，而与铣刀直径 d 成正比。其原因为 f_z、a_p、a_e 和 Z 增大时，刀刃负荷增加，而且同时工作齿数也增多，使切削热增加，刀具磨损加快，从而限制了切削速度的提高。为提高刀具耐用度，允许使用较低的切削速度。但是加大铣刀直径 d 可改善散热条件，提高切削速度。

(4) 走刀路线的确定。

走刀路线是刀具在整个加工工序中的运动轨迹，即刀具从对刀点(或机床原点)开始运动，直至返回该点并结束程序所经过的路径，它不但反映了工步的内容，也反映出工步的顺序。工步的划分与安排一般随走刀路线来确定。

走刀路线确定要点：在保证加工质量的前提下，应寻求最短走刀路线，以减少整个加工过程中的空行程时间，提高加工效率；保证零件轮廓表面粗糙度要求，当零件的加工余量较大时，可采用多次进给分层切削的方法，最后留少量的精加工余量(一般0.2～0.5 mm)，安排在最后一次走刀连续加工出来；刀具的进退刀应尽量沿切线方向切入和切出，并且在轮廓切削过程中要避免停顿，以免因切削力突然变化而造成弹性变形，致使在零件轮廓上留下刀具的刻痕。

铣削有顺铣和逆铣两种方式(见图 2-10)。在铣削加工中，若铣刀的走刀方向与在切削点的切削分力方向相反，则称为顺铣；反之则称为逆铣。当工件表面无硬皮，机床进给机构无间隙时，应选用顺铣，按照顺铣安排进给路线。因为采用顺铣加工后，零件已加工表面质量好，刀齿磨损小。精铣时，尤其是零件材料为铝镁合金、钛合金或耐热合金时，应尽量采用顺铣。当工件表面有硬皮，机床进给机构有间隙时，应选用逆铣，按照逆铣安排进给路线。因为逆铣时，刀齿是从已加工表面切入，不会崩刀；机床进给机构的间隙不会引起振动和爬行。

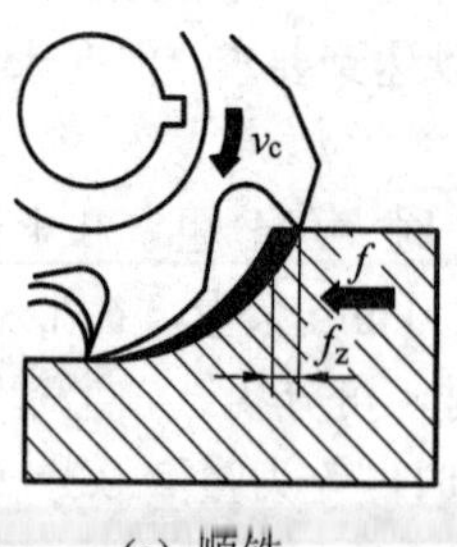

(a) 顺铣

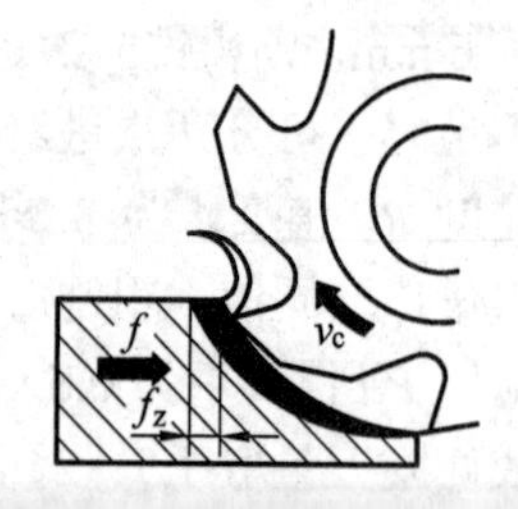

(b) 逆铣

图 2-10　顺铣与逆铣

① 铣削外轮廓的进给路线。

铣削平面零件外轮廓时，一般采用立铣刀侧刃切削。刀具切入工件时，应避免沿零件外轮廓的法向切入，而应沿切削起始点的延伸线逐渐切入工件，保证零件曲线的平滑过渡。同理，在切离工件时，也应避免在切削终点处直接抬刀，要沿着切削终点延伸线逐渐切离工件，如图 2-11 所示。

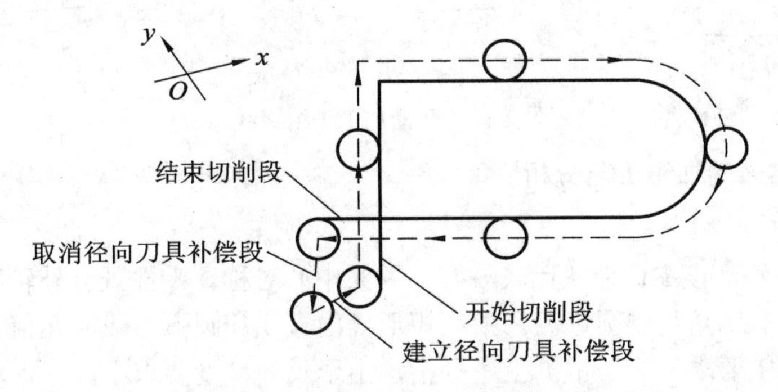

图 2-11　铣削外轮廓零件的进给路线

当用圆弧插补方式铣削外整圆时(见图 2-12)，要安排刀具从切向进入圆周铣削加工，当整圆加工完毕后，不要在切点处直接退刀，而应让刀具沿切线方向多运动一段距离，以免取消刀补时，刀具与工件表面相碰，造成工件报废。

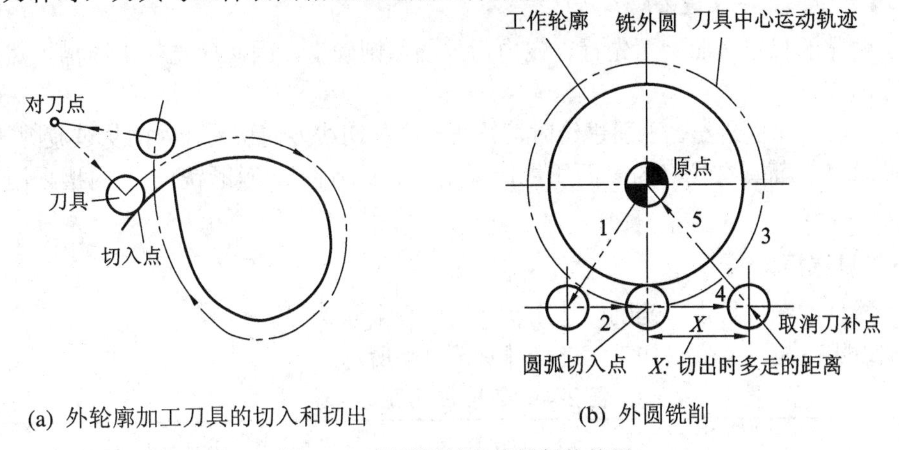

(a) 外轮廓加工刀具的切入和切出　　(b) 外圆铣削

图 2-12　圆弧插补方式铣削外整圆

② 铣削内槽的进给路线。

所谓内槽，是指以封闭曲线为边界的平底凹槽。内槽一般用平底立铣刀或端铣刀加工，刀具圆角半径应符合内槽的图纸要求。图 2-13 所示为加工内槽的三种进给路线。图 2-13(a)和图 2-13(b)分别为用行切法和环切法加工内槽。这两种进给路线的共同点是都能切净内腔中的全部面积，不留死角，不伤轮廓，同时尽量减少重复进给的搭接量。不同点是行切法的进给路线比环切法的短，但行切法将在每两次进给的起点与终点间留下残留面积，而达不到所要求的表面粗糙度；用环切法获得的表面粗糙度要好于行切法，但环切法需要逐次向外扩展轮廓线，刀位点计算稍微复杂一些。采用图 2-13(c)所示的进给路线，即先用行切法切去中间部分余量，再用环切法环切一刀光整轮廓表面，既能使总的进给路线较短，又能获得较好的表面粗糙度。

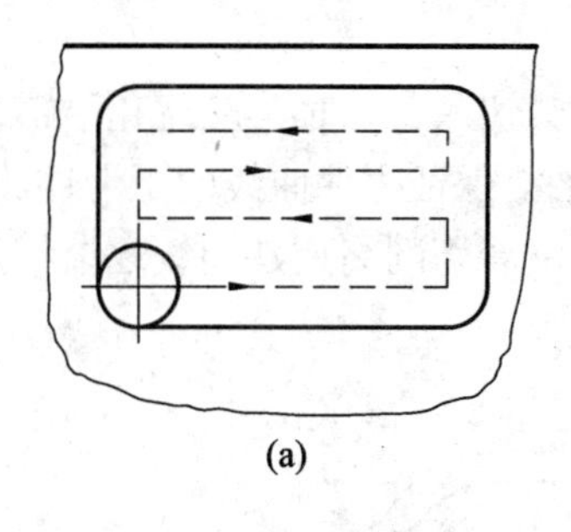

(a)

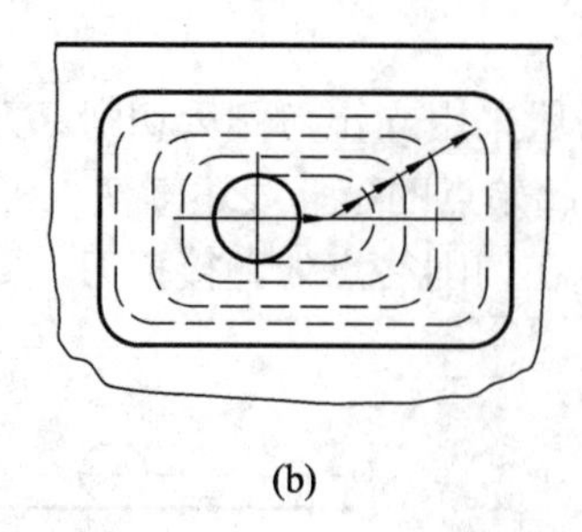

(b)

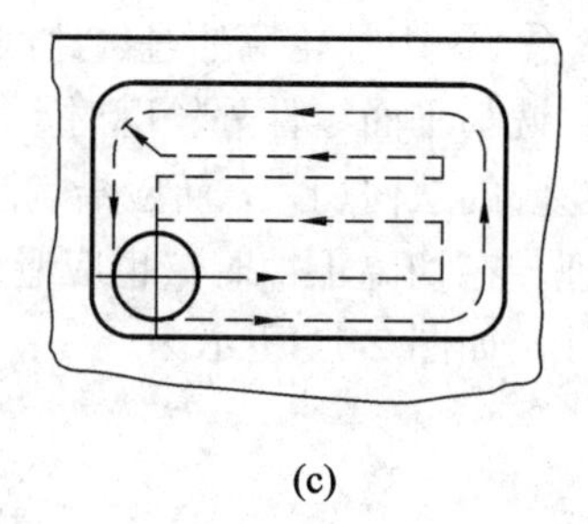

(c)

图 2-13 凹槽加工进给路线

3. 本项目零件的加工工艺分析

1) 图样分析

如图 2-1 所示，该零件形状比较规则，并为中心对称。零件既有外轮廓，又有内槽，在轮廓棱边处均有倒角和倒圆过渡。中间矩形槽由直线和圆弧组成，几何元素之间关系描述清楚完整，加工要求一般。根据上述分析，由于尺寸精度要求不高，本项目零件的外轮廓及内槽应采用粗加工。

2) 确定装夹方案

根据零件的结构特点，采用平口虎钳夹紧工件，防止铣削时振动。

3) 确定加工顺序及进给路线

加工顺序的拟定按照基面先行、先内后外的原则确定，因此应先加工内槽，然后加工外轮廓表面。

进给路线为平面进给。平面进给时，外凸轮廓从切线方向切入，内槽从过渡圆弧切入。为使外凸轮廓表面具有较好的表面质量，采用顺时针方向铣削(顺铣)，对内槽采用逆时针方向铣削(逆铣)。

4. 刀具选择

根据零件的结构特点，铣削时选用$\phi 10$ 硬质合金立铣刀。

依据以上分析，本项目加工工艺安排如表 2-4 所示。

表 2-4 数控加工工艺卡片

工步	加工内容	刀具			切削深度 a_p/mm	切削速度 v_c/(m/min)	主轴转速 S/(r/min)	进给速度 v_f/(mm/min)
		刀号	名称	直径/mm				
	平口钳装夹工件并找正							
1	铣矩形槽	T1	立铣刀	$\phi 10$	4	30	1000	120
2	铣外轮廓	T1	立铣刀	$\phi 10$	4	30	1000	120
3	手轮残量去除	T1	立铣刀	$\phi 10$	4	30	1000	120

【任务实施】

1. 通过任务书、多媒体教学以及教师演示等方式，了解数控加工工艺的制订原则与流程。
2. 以小组为单位，讨论并制订本项目工件的加工工艺方案卡片。

任务二 初识数控编程

【知识链接】

1. 数控编程分类

1) 手工编程

手工编程是指数控编程的步骤(即分析零件图、工艺处理、数学处理、编写程序单、程序输入、程序检验)均由手工完成。其优点是不需要计算机、编程软件等辅助设备，只需要有合格的编程人员即可完成，编程快速及时；缺点是手工编程工作量大，容易出错，且很难校对，不能进行复杂曲面编程。手工编程比较适合批量大、形状简单、计算方便、程序段不多的零件。

2) 自动编程

自动编程需要编程人员扎实掌握基础知识(包括数控编程及数控机床相关知识)，具备丰富的工艺经验，并将之融入程序。编程人员必须经过大量的编程和加工操作练习，并会熟练运用 CAD/CAM 软件。

2. 数控程序的组成

数控程序一般由程序名、程序内容以及程序结束三部分组成。

1) 程序名

为了区分存储器中的程序，数控机床里的每一个程序都要有一个程序编号，一般以字母“O”+数字、或字母和数字的组合、或有限字符三种方式组成。数字的最多允许位数由说明书规定，常见的是四位(0001～9999)，数字前面的 O 一般不可以省略，0 可以省略。FANUC 系统通常以字母“O”开头，如：O0003。这种形式的程序名也称为程序号。程序名位于程序的开头。

2) 程序内容

程序内容部分是整个程序的核心，由许多程序段组成，程序段之间以程序段结束符“;”相隔。程序内容用以指定加工顺序、刀具运动轨迹及机床的各种辅助动作。

就像一篇文章由许多句子组成一样，一个程序由许多程序段组成，每条程序段相当于一个句子，由一个或许多指令字构成。指令字是组成程序段的基本单元，通常由一个地址(用字母表示)和数值组成，正号或负号可以放在数值的前面，例如程序字 G01。

所谓程序段格式，是指程序段的书写规则。数控历史上曾经用过固定顺序格式和分隔符(HT 或 TAB)程序段格式，这两种程序段格式除在线切割机床中还能见到外，现已很少使用。目前国内外都广泛采用字地址可变程序段格式，又称为字地址格式。在这种格式中，程序段的长短是不固定的，指令字的个数也是可变的，绝大多数数控系统允许指令字的顺序是任意排列的，故属于可变程序段格式。但是，在大多数场合，为了书写、输入、检查和校对的方便，指令字在程序段中习惯按一定的顺序排列。例如：

O0001；　　　　　　　　　　　　　　程序号

N05 G00 U50. W60.；　　　　　　　程序段

N10 G01 U100. W150. F150. M03 S300；

⋮

N200 M30；　　　　　　　　　　　　程序结束符

常用文字码及其含义见表 2-5。

表 2-5　常用文字码及其含义

功　能	文　字　码	含　　义
程序号	O：ISO/：EIA	表示程序名代号(1～9999)
程序段号	N	表示程序段代号(1～9999)
准备功能	G	确定移动方式等准备功能
坐标字	X、Y、Z A、B、C U、V、W	坐标轴移动指令(±99 999.999 mm)
	R	圆弧半径(±99 999.999 mm)
	I、J、K	圆弧圆心坐标(±99 999.999 mm)
进给功能	F	表示进给速度(1～1000 mm/min)
主轴转速功能	S	表示主轴转速(0～9999 r/min)
刀具功能	T	表示刀具号(0～99)
辅助功能	M	冷却液开、关控制等辅助功能(0～99)
偏移号	D、H	表示偏移代号(0～99)
暂停	P、X	表示暂停时间(0～99 999.999 s)
子程序号及子程序调用次数	P	子程序的标定及子程序重复调用次数设定(1～9999)
宏程序变量	P、Q、R	变量代号

数控机床程序段格式如下：

N_　G_　X_　Y_　Z_　...　F_　S_　T_　M_；

一个程序段以程序段号开始(也可省略)，以程序结束代码结束。程序段中各字的先后顺序要求并不严格，不需要的字以及与上一程序段相同的继续使用的字可以省略。数控机床程序段各指令字含义如下：

① 程序段号。程序段号由地址 N 和后面的若干数字(通常为四位，数字前面的零可省略不写)表示，如 N10、N300 等。顺序号的主要作用是便于程序的检索和校核，及作为跳转指令的目标位置。由于程序的执行次序与程序段顺序号无关，只与程序段输入的顺序有关，因此顺序号可以只在需要的部分设置，其余顺序号可省略。

② 准备功能。准备功能又称 G 功能。准备功能 G 代码用来规定刀具和工件的相对运动轨迹、机床坐标系、坐标平面、刀具补偿、坐标偏置等多种加工操作，由表示准备功能的地址符 G 和数字组成，如 G01、G02 分别代表直线插补和圆弧插补。

G 代码根据功能不同分成若干组。G 代码已经标准化，FANUC 系统数控铣床常用的 G 功能代码见表 2-6。

表 2-6　常用的 G 功能代码

G 代码	组	功　能	附注	G 代码	组	功　能	附注
G00	01	定位(快速移动)	模态	G65	00	宏程序调用	非模态
G01		直线插补	模态	G66	12	宏程序模态调用	模态
G02		顺时针方向圆弧插补	模态	G67		宏程序模态调用取消	模态
G03		逆时针方向圆弧插补	模态	G68	16	坐标旋转	模态
G04	00	停刀，准确停止	非模态	G69		坐标旋转取消	模态
G17	02	*XY* 平面选择	模态	G73	09	啄式钻孔循环(断屑)	模态
G18		*XZ* 平面选择	模态	G74		左旋攻螺纹循环	模态
G19		*YZ* 平面选择	模态	G76		精镗循环	模态
G28	00	机床返回参考点	非模态	G80		取消固定循环	模态
G40	07	取消刀具半径补偿	模态	G81		钻孔循环	模态
G41		刀具半径左补偿	模态	G82		台阶钻孔循环	模态
G42		刀具半径右补偿	模态	G83		深孔钻削循环	模态
G43	08	刀具长度正补偿	模态	G84		右旋攻螺纹循环	模态
G44		刀具长度负补偿	模态	G85		镗孔循环	模态
G49		取消刀具长度补偿	模态	G86		镗孔循环	模态
G50	11	比例缩放取消	模态	G87		背镗循环	模态
G51		比例缩放有效	模态	G88		镗孔循环	模态
G50.1	22	可编程镜像取消	模态	G89		镗孔循环	模态
G51.1		可编程镜像有效	模态	G90	03	绝对值编程	模态
G52	00	局部坐标系设定	非模态	G91		增量值编程	模态
G53	00	选择机床坐标系	非模态	G92	00	设置工件坐标系	非模态
G54	14	工件坐标系 1 选择	模态	G94	05	每分钟进给	模态
G55		工件坐标系 2 选择	模态	G95		每转进给	模态
G56		工件坐标系 3 选择	模态	G98	10	固定循环返回初始点	模态
G57		工件坐标系 4 选择	模态	G99		固定循环返回 *R* 点	模态
G58		工件坐标系 5 选择	模态				
G59		工件坐标系 6 选择	模态				

模态指令也称续效指令，该指令一旦出现直到被同组指令替代之前一直有效。非模态指令只在本程序段有效。

③ 坐标字。坐标字由坐标地址及数字组成，且按一定的顺序进行排列，各组数字必须以具有作为地址码的地址符(如 X、Y 等)开头。数控系统一般对坐标值的小数点有严格的要

求(有的系统可以用参数进行设置)。如“26 mm”编程时应写成“26.”，否则有的系统会将“26”视为“26 μm”。

④ 进给功能。进给功能由进给地址符及数字组成，数字表示所给定的进给速度。如“F120.”表示进给速度为 120 mm/min，其小数点与 X、Y、Z 后的小数点表示同样的含义。

⑤ 主轴转速功能。主轴转速功能由主轴地址符 S 及数字组成，数字表示主轴转速，单位为 r/min。如“S1000”表示主轴转速为 1000 r/min。

⑥ 刀具功能。刀具功能由地址符 T 和数字组成，用以指定刀具的刀号。如“T01”表示选择 1 号刀具。

⑦ 辅助功能。辅助功能代码用于指定数控机床辅助装置的接通和关断，如主轴转/停、切削液开/关、卡盘夹紧/松开、刀具更换等动作。辅助功能由辅助操作地址符和两位数字组成，如“M03”表示主轴正转。常用的 M 功能代码见表 2-7。

表 2-7　常用的 M 功能代码

代　码	功　能	说　　明
M00	程序暂停	当执行有 M00 指令的程序段后，主轴进给将停止，重新按下“循环启动”键后，继续执行后面的程序段
M01	程序选择停止	功能与 M00 相同，但只有当机床操作面板上的“选择停止”键处于“ON”状态时，M01 才执行，否则跳过执行
M02	程序结束	放在程序的最后一段，执行该指令后，主轴停、切削液关、自动运行停，机床处于复位状态
M30	程序结束	放在程序的最后一段，除了执行 M02 的内容外，还返回到程序的第一段，准备下一个工件的加工
M03	主轴正转	用于主轴顺时针方向转动
M04	主轴反转	用于主轴逆时针方向转动
M05	主轴停止	用于主轴停止转动
M06	换刀	用于加工中心的自动换刀
M07	气冷开	用于打开压缩空气冷却(由机床厂家设定)
M08	切削液开	用于切削液开
M09	切削液关	用于切削液关
M98	调用子程序	用于子程序
M99	子程序结束	用于子程序结束并返回主程序

⑧ 程序段结束符号。程序段结束符号在程序段最后一个有用符号之后，表示程序段结束。结束符号应根据不同数控系统的编程手册规定而定，本书以 FANUC 系统为例，用“;”作为结束符号。

3) 程序结束

一般以“M02”或“M30”指令作为主程序的结束标志。虽然“M02”与“M30”允许与其他程序字合用一个程序段，但最好还是将其单列一段，如“N80 M30;”。

3. 坐标系编程指令

(1) 工件坐标系设定指令 G92，其格式为

G92 X_ Y_ Z_;　　(X、Y、Z 为当前刀位点在工件坐标系中的坐标)

G92 指令是通过设定刀具起点相对于要建立的工件坐标原点的位置建立坐标系。此坐标系一旦建立起来，后序的绝对值指令坐标位置都是此工件坐标系中的坐标值。

例如：

G92 X20 Y10 Z10;

其确立的加工原点在距离刀具起始点 $X=-20$、$Y=-10$、$Z=-10$ 的位置上，如图 2-14 所示。

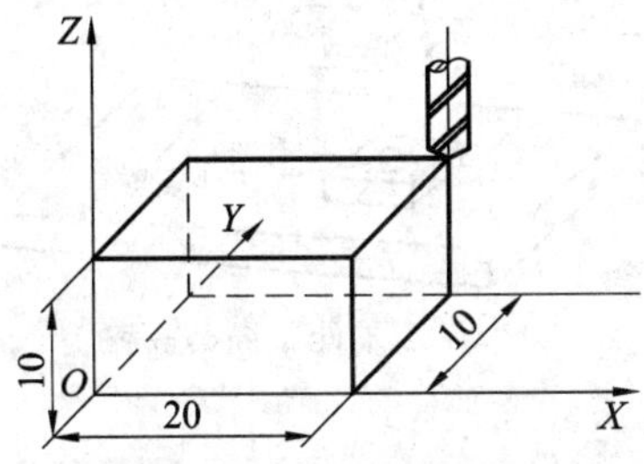

图 2-14　G92 图例

(2) 绝对值编程指令 G90 与增量值编程指令 G91，其格式为

G90 G00/G01 X_ Y_ Z_;

G91 G00/G01 X_ Y_ Z_;

注意：铣床编程中增量编程不能用 U、W，如果用，就表示为 U 轴、W 轴。

例如：刀具由原点按顺序向 1、2、3 点移动时用 G90、G91 指令编程，如图 2-15 所示。

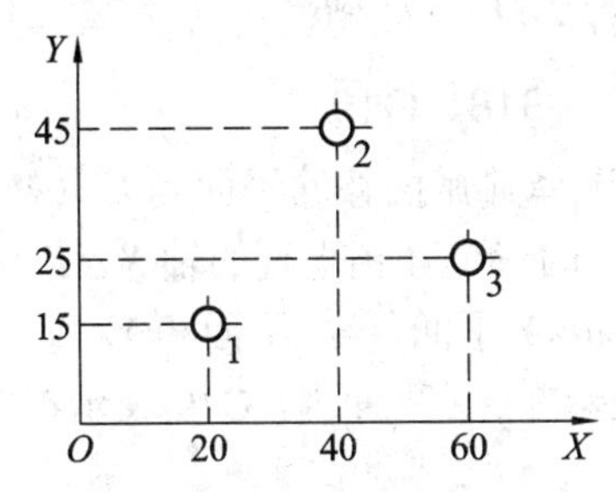

图 2-15　G90 及 G91 图例

```
N00 G92 X0. Y0.;
N05 G90 G01 X20. Y15.;
N10 X40. Y45.;
N15 X60. Y25.;
N20 X0. Y0.;
N25 M30;
```

```
N00 G91 G01 X20. Y15.;
N05 X20. Y30.;
N10 X20.Y-20.;
N15 X-60. Y-25.;
N20 M30;
```

注意：铣床中 *X* 轴不再是直径。

(3) 工件坐标系设定指令 G54～G59，其格式为

G54 X_ Y_ Z_;　　(X、Y、Z 为工件坐标系中的坐标)

当用绝对尺寸编程时，必须先建立一坐标系，用来确定绝对坐标原点(又称编程原点或序原点)，或者说要确定刀具起始点在坐标系中的坐标值，这个坐标系就是工件坐标系，如图 2-16 所示。

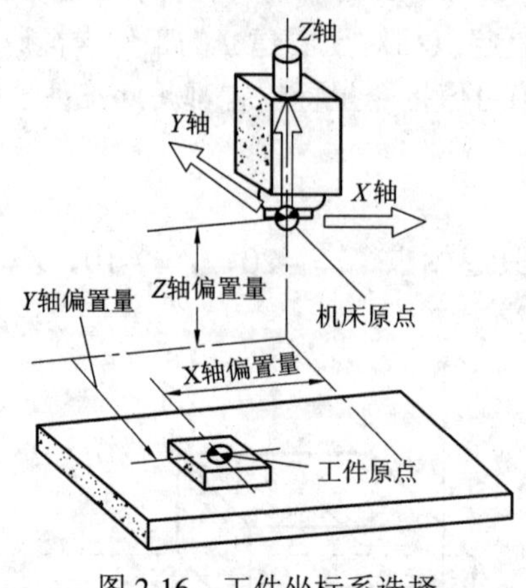

图 2-16　工件坐标系选择

说明：

① G54～G59 是系统预置的六个坐标系，可根据需要选用。

② 该指令执行后，所有坐标值指定的坐标尺寸都是选定的工件加工坐标系中的位置。1～6 号工件加工坐标系是通过 CRT/MDI 方式设置的。

③ G54～G59 预置建立的工件坐标原点在机床坐标系中的坐标值可用 MDI 方式输入，系统自动记忆。

④ 使用该组指令前，须先回参考点。

⑤ G54～G59 为模态指令，可相互注销。

4. 坐标平面选择指令 G17、G18、G19

坐标平面选择指令是用来选择圆弧插补的平面和刀具补偿平面的。右手笛卡尔直角坐标系的三个互相垂直的轴 *X*、*Y*、*Z*，两两组合分别构成三个平面，即 *XY* 平面、*XZ* 平面和 *YZ* 平面，G17 表示在 *XY* 平面内，G18 表示在 *XZ* 平面内，G19 表示在 *YZ* 平面内，如图 2-17 所示。

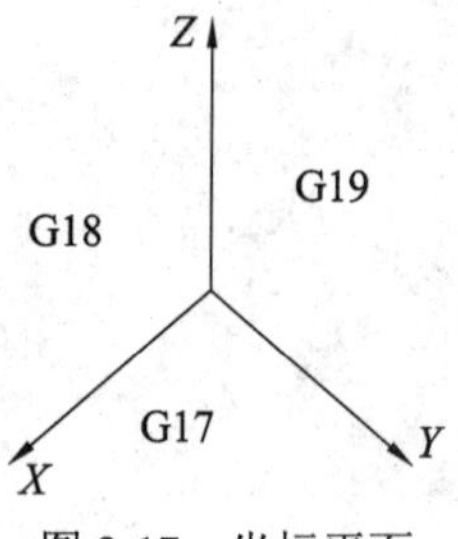

图 2-17　坐标平面

由于数控铣床多数时候在 *XY* 平面内加工，数控系统默认 G17 指令，故 G17 指令一般可省略。

5. 直线插补编程指令

(1) 快速点定位指令 G00，其格式为

G00 X_ Y_ Z_;　(X、Y、Z 为快速定位终点，在 G90 时为终点在工件坐标系中的坐标，在 G91 时为终点相对于起点的位移量)

说明：

① G00 一般用于加工前快速定位或加工后快速退刀。

② G00 指令的运动轨迹不一定是一条直线，而是三条或两条直线的组合。如果忽略这一点，就容易发生碰撞。为避免干涉，通常的做法是：不轻易三轴联动，一般先移动一

个轴，再在其他两轴构成的面内联动。如：进刀时，先在安全高度 Z 上移动(联动)*X*、*Y* 轴，再下移 Z 轴到工件附近；退刀时，先抬 Z 轴，再移动 *X*、*Y* 轴。

(2) 直线插补指令 G01，其格式为

G01 X_ Y_ Z_ F_;　　(X、Y、Z 为终点坐标，F 为进给速度，在 G90 时为终点在工件坐标系中的坐标，在 G91 时为终点相对于起点的位移量)

说明：

① G01 指令刀具从当前位置以联动的方式，按程序段中 F 指令规定的合成进给速度，按合成的直线轨迹移动到程序段所指定的终点。可使机床沿 *X*、*Y*、*Z* 方向执行单轴运动，或在各坐标平面内执行任意斜率的直线运动，也可使机床三轴联动，沿指定的空间直线运动。实际进给速度等于指令速度 F 与进给速度修调倍率的乘积。

② G01 和 F 都是模态代码，如果后续的程序段不改变加工的线型和进给速度，则可以不再书写这些代码。

③ G01 可由 G00、G02、G03 功能注销。

6. 圆弧插补编程指令 G02、G03

圆弧进给指令有 G02(顺时针圆弧插补)和 G03(逆时针圆弧插补)，其格式为

G17 G02 (G03) G90 (G91) X_ Y_ I_ J_ F_;

或　G17 G02 (G03) G90 (G91) X_ Y_ R_ F_;

G18 G02 (G03) G90 (G91) X_ Z_ I_ K_ F_;

或　G18 G02 (G03) G90 (G91) X_ Z_ R_ F_;

G19 G02 (G03) G90 (G91) Y_ Z_ J_ K_ F_;

或　G19 G02 (G03) G90 (G91) Y_ Z_ R_ F_;

说明：

① X、Y、Z 指圆弧终点坐标；I、J、K 表示圆弧圆心的坐标，它是圆心相对于圆弧起点在 *X*、*Y*、*Z* 轴方向上的增量值，也可以看作圆心相对于圆弧起点为原点的坐标值，还可理解为圆心坐标值 – 圆弧起点坐标值(与 G90、G91 无关)，有正负号(与坐标轴方向一致为正)。

当圆弧起点指向圆心的连线在 *X* 轴上的投影矢量与 *X* 轴方向一致时，I 取正值，相反取负值。

当圆弧起点指向圆心的连线在 *Y* 轴上的投影矢量与 *Y* 轴方向一致时，J 取正值，相反取负值。

当圆弧起点指向圆心的连线在 *Z* 轴上的投影矢量与 *Z* 轴方向一致时，K 取正值，相反取负值。

整圆不能用 R 编程，只能用 I、J、K 来编程。

② R 是圆弧半径。当圆弧所对应的圆心角 α 为 0°～180°时，R 取正值；当圆弧所对应的圆心角 α 为 180°～360° 时，R 取负值。

③ 圆弧插补只能在某平面内进行。G17 代码进行 *XY* 平面的指定，省略时就被默认为是 G17。当在 *ZX*(G18)和 *YZ*(G19)平面上编程时，平面指定代码不能省略。

圆弧插补顺逆的判断方法如下：

顺时针或逆时针是从垂直于圆弧加工平面的第三轴的正方向看到的回转方向。先判断这段圆弧在哪个平面上，再用右手笛卡尔直角坐标系判断和平面垂直的轴是哪个轴，最后从垂直轴的正方向往负方向看去，若是顺时针走刀就用 G02，逆时针走刀就用 G03，如图 2-18 所示。

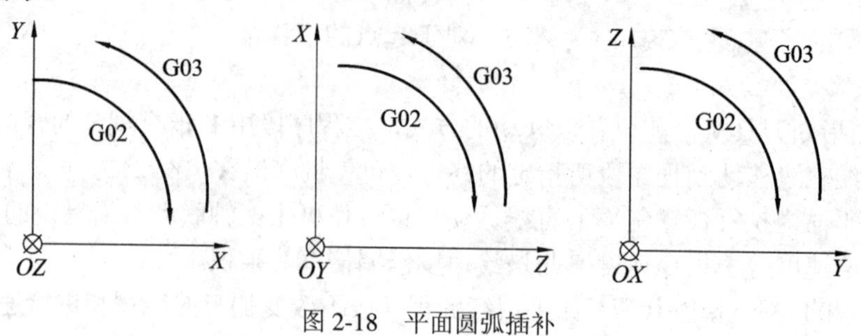

图 2-18 平面圆弧插补

【任务实施】

1. 通过任务书、多媒体教学以及教师演示等方式,学会使用直线、圆弧插补指令进行编程。
2. 以小组为单位，使用加工参考程序(见表 2-8)，进行程序编制与校验的巩固练习。

表 2-8 加工参考程序

程　序	说　明
O1001;	程序名
N00 G90 G80 G40 G21 G17;	安全语句
N05 G00 G90 G54 X0. Y20. S1000 M03;	定义工件坐标系、进刀位置，主轴转
N10 Z100.;	定义安全平面
N15 Z5.;	快速下刀
N20 G01 Z-4. F30.;	工进下刀至加工深度
N25 G01 G41 Y30. D01 F120.;	建立刀具半径左补偿
N30 G01 X-16.;	直线插补
N35 G03 X-24. Y22. R8.;	圆弧插补
N40 G01 Y18.;	直线插补
N45 G03 X-16. Y10. R8.;	圆弧插补
N50 G01 X16.;	直线插补
N55 G03 X24. Y18. R8.;	圆弧插补
N60 G01 Y22.;	直线插补
N65 G03 X16. Y30. R8.;	圆弧插补
N70 G01 X0.;	直线插补
N75 G01 G40 Y20.;	取消刀具补偿
N80 G01 Z5 F300;	抬刀
N85 G01 Y-60.;	定义外轮廓下刀位置

续表

程　序	说　明
N90 G01 Z-4. F30.;	工进下刀至加工深度
N95 G01 G41 D01 Y-19. F120.;	建立刀具半径左补偿
N100 G01 X-12.;	直线插补
N105 G03 X-20. Y-27. R8.;	圆弧插补
N110 G01 Y-40.;	直线插补
N115 G01 X-32.;	直线插补
N120 G02 X-40. Y-32. R8.;	圆弧插补
N125 G01 Y-18.47;	直线插补
N130 G03 Y18.47 R21.;	圆弧插补
N135 G01 Y32.;	直线插补
N140 G02 X-32. Y40. R8.;	圆弧插补
N145 G01 X32.;	直线插补
N150 G02 X40. Y32. R8.;	圆弧插补
N155 G01 Y18.47;	直线插补
N160 G03 Y-18.47 R21.;	圆弧插补
N165 G01 Y-32.;	直线插补
N170 G02 X32. Y-40. R8.;	圆弧插补
N175 G01 X20.;	直线插补
N180 G01 Y-27.;	直线插补
N185 G03 X12. Y-19. R8.;	圆弧插补
N190 G01 X0.;	直线插补
N195 G01 G40 Y-60.;	取消刀具补偿
N200 G00 Z100.;	刀具快速回退到安全平面
N205 M05;	主轴停止
N210 G91 G28 Y0.;	工作台回退到近身侧
N215 M30;	程序结束

任务三　工 件 加 工

【知识链接】

1. 工件装夹与校正

机床通电并手动返回参考点动作后(绝对式编码器不必返回参考点)，要求校正平口钳的平行度。使用磁性表座把杠杆百分表吸在主轴端部，校正平口钳固定钳口与机床工作台 X 轴方向的平行度，要求在固定钳口全长上控制在 0.02 mm 内，如图 2-19 所示。

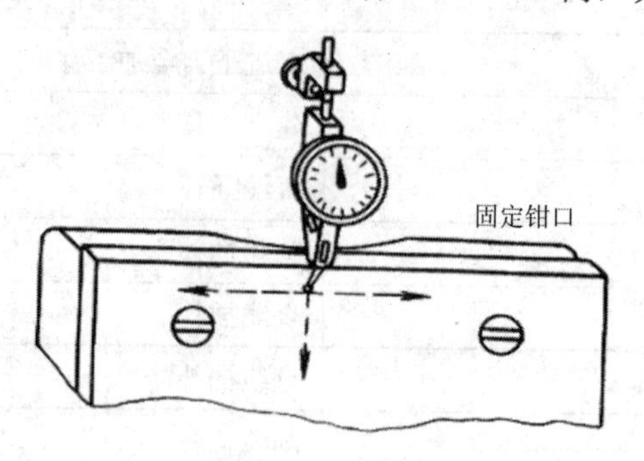

图 2-19　机用平口钳的校正

在紧贴两钳口处放上高度适当的两块等高平行垫块，要求装夹后的工件上表面高出平口钳钳口 7 mm 以上(实际加工深度为 5 mm)，保证刀具与夹具不发生干涉，利用木锤或铜棒敲击工件找正，使平行垫块不能移动后夹紧工件。

2. 工件零点设置

根据工件图样分析，工件零点设置在工件上表面的中心。

首先要确定工件 X 轴和 Y 轴方向的零点，其次要确定 Z 轴方向的零点。

3. 程序校验和动态模拟

可采用计算机模拟仿真软件检查程序的正确性。这种模拟仿真可大大提高教学效率和机床的使用效率，检验程序的正确性，并可检查刀具和工件的干涉，避免撞刀等事故。大部分机床都带有自身的图形模拟功能，这时可在机床上直接模拟，查看刀具的加工轨迹是否和图形一致，这些模拟可通过程序校验、空运行(切记正式加工时，空运行一定要关掉)等方式来完成。

4. 加工操作和质量保证

在零件的数控加工中，尺寸精度是利用刀具半径补偿功能来保证的，常采用试切法，即半精加工试切→测量→调整刀具半径补偿值→精加工。以 $\phi10$ 的立铣刀为例，刀具半径补偿值的确定见表 2-9。

表 2-9　刀具半径补偿值的确定

序号	加工过程	刀具直径/mm	刀具半径补偿值/mm	备　注
1	粗加工	$\phi10$	5.3	单边留 0.3 mm 余量
2	半精加工	$\phi10$	5.1	单边留 0.1 mm 余量
3	精加工	$\phi10$	?	根据测量随时调整

注：表中“？”代表不定值。

【任务实施】

1. 通过任务书、多媒体教学以及教师演示等方式，了解零件加工的过程。
2. 以小组为单位，进行铣削加工，控制轮廓尺寸及公差。

◇◇◇◇◇◇◇◇◇ 五、项目评价 ◇◇◇◇◇◇◇◇◇

1. 操作过程评价

请考评员认真填写“现场工作任务考核评价记录表”。

现场工作任务考核评价记录表

姓　名：__________　　　　学　　号：__________

班　级：__________　　　　工件编号：__________

序号	考核内容	考核方法	考核评定			考核记录
			优秀(5分)	合格(2分)	不合格(0分)	
1	生产场所“7S”	(1) 工、量、刃具的放置是否依规定摆放整齐	□	□	□	
		(2) 会正确使用工、量具	□	□	□	
		(3) 会保持工作场地的干净整洁	□	□	□	
		(4) 有团队精神，遵守车间生产的规章制度	□	□	□	
		(5) 作业人员有较强的安全意识，能及时报告并消除有安全隐患的因素	□	□	□	
		(6) 作业人员有较强的节约意识	□	□	□	
		(7) 会对数控铣床正确进行日常维护和保养	□	□	□	
					总分：	分
2	刀具安装	(1) 刀具安装顺序正确	□	□	□	
		(2) 拆装姿势和力度规范	□	□	□	
		(3) 刀具装夹位置正确	□	□	□	
					总分：	分
3	工件安装及对刀找正	(1) 机床操作规范、熟练	□	□	□	
		(2) 工件装夹正确、规范	□	□	□	
		(3) 会熟练操作控制面板	□	□	□	
		(4) 会正确选择工件坐标系	□	□	□	
		(5) 熟悉对刀步骤	□	□	□	
		(6) 在规定时间内完成对刀流程	□	□	□	
		(7) 操作过程中行为、纪律表现	□	□	□	
		(8) 安全文明生产	□	□	□	
		(9) 设备维护保养正确	□	□	□	
					总分：	分

续表

序号	考核内容	考核方法	考核评定			考核记录
			优秀 (5分)	合格 (2分)	不合格 (0分)	
4	手工程序输入(EDIT)及校验	(1) 知道基本指令的功能	□	□	□	
		(2) 熟悉手工程序输入的过程	□	□	□	
		(3) 熟悉手工程序校验的过程	□	□	□	
					总分：	分
5	制订加工工艺方案	(1) 知道基本指令的功能	□	□	□	
		(2) 会正确制订切削加工工艺卡片	□	□	□	
		(3) 会合理选择切削用量	□	□	□	
		(4) 会正确选择工件坐标系	□	□	□	
		(5) 所编写的程序正确、简单、规范	□	□	□	
					总分：	分
6	工件加工	(1) 机床操作规范、熟练	□	□	□	
		(2) 刀具选择与装夹正确、规范	□	□	□	
		(3) 工件装夹、找正正确、规范	□	□	□	
		(4) 正确选择工件坐标系，对刀正确、规范	□	□	□	
		(5) 切削加工工艺制订正确	□	□	□	
		(6) 正确输入和校验加工程序	□	□	□	
		(7) 操作过程中行为、纪律表现	□	□	□	
		(8) 安全文明生产	□	□	□	
		(9) 设备维护保养正确	□	□	□	
					总分：	分

加工总时间：____________

总　　分：____________

考评员签字：____________

日　　期：____________

2. 自我评价

学生对自己进行自我评价，并填写下表。

自 我 评 价

项　目	发现的问题及现象	产生的原因	解决方法
工艺编制			

续表

项　　目	发现的问题及现象	产生的原因	解决方法
程序编制			
刀具选择及加工参数			
机床操作加工			
零件质量			
安全生产及文明生产			

【知识拓展】

刀具半径补偿指令 G41、G42、G40

数控机床在实际加工过程中是通过控制刀具中心轨迹来实现切削加工任务的。在编程过程中，为了避免复杂的数值计算，一般按零件的实际轮廓来编写数控程序，但刀具具有一定的半径尺寸，因此，采用刀具半径补偿功能来解决这一问题。

1. 刀具半径补偿的含义及过程

用铣刀铣削工件的轮廓时，由于刀具总有一定的半径(如铣刀半径或线切割机的钼丝半径等)，刀具中心的运动轨迹与所需加工零件的实际轮廓并不重合。如在图 2-20 中，粗实线为所需加工的零件轮廓，点画线为刀具中心轨迹。由图 2-20 可见，在进行内轮廓加工时，刀具中心偏离零件的内轮廓表面一个刀具半径值。

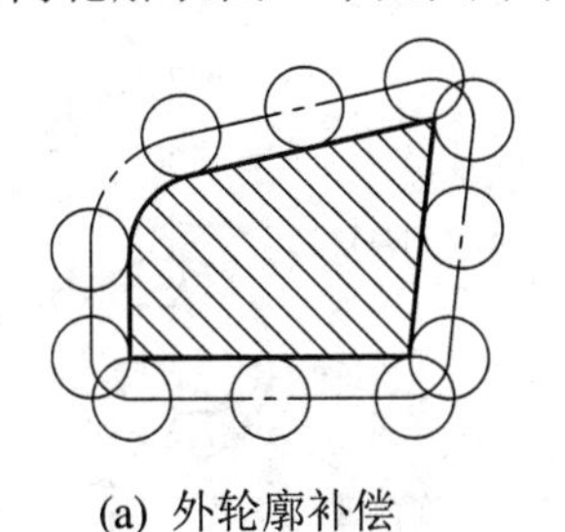

(a) 外轮廓补偿　　(b) 内轮廓补偿

图 2-20　内外轮廓加工

在进行外轮廓加工时，刀具中心又偏离零件的外轮廓表面一个刀具半径值。这种偏移，称为刀具半径补偿。若用人工计算刀具中心轨迹编程，计算相当复杂，且刀具直径变化时必须重新计算，修改程序。当数控系统具备刀具半径补偿功能时，数控编程只需按工件轮廓进行，数控系统自动计算刀具中心轨迹，使刀具偏离工件轮廓一个半径值，即进行刀具半径补偿。

刀具补偿过程分为刀补的建立、刀补进行、刀补的取消。如图 2-21 所示，1 至 2 阶段是建立刀具补偿阶段，2～7 五个阶段是维持刀具补偿状态阶段，7 至 8 阶段是撤销刀具补偿阶段。

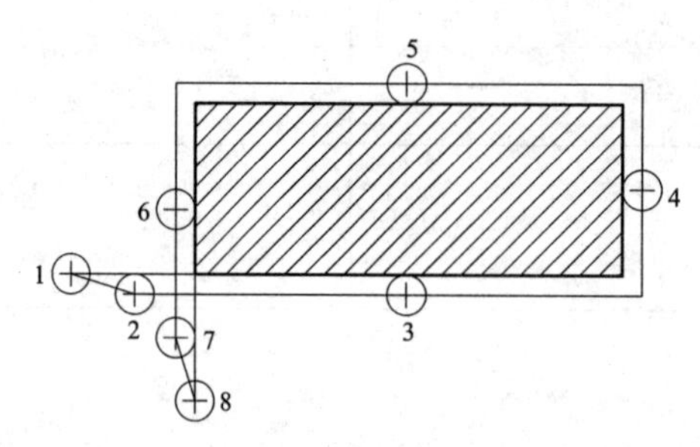

图 2-21　刀具补偿阶段

2. 刀具半径补偿指令

刀具半径补偿指令有 G41(刀具半径补偿左偏置)、G42(刀具半径补偿右偏置)、G40(取消刀具半径补偿)，其格式为

G41/G42 G01/G00 X_ Y_ D_ F_;

G40 G01/G00 X_ Y_;

说明：

① X、Y、Z 表示刀具移至终点时，轮廓曲线(编程轨迹)上点的坐标值(注意：投影到补偿平面上的刀具轨迹受到补偿)。

② D 为 G41/G42 的参数，即刀补号码，它代表了刀补表中对应的半径补偿值。G40、G41、G42 都是模态代码，可相互注销。

③ 刀具半径补偿平面的切换必须在补偿取消方式下进行。

④ 刀具半径补偿的建立与取消只能用 G00 或 G01 指令，不能用 G02 或 G03 指令。

刀具补偿方向的判断方法如下：

G41：左刀补(在刀具前进方向左侧补偿)，如图 2-22(a)所示；G42：右刀补(在刀具前进方向右侧补偿)，如图 2-22(b)所示。

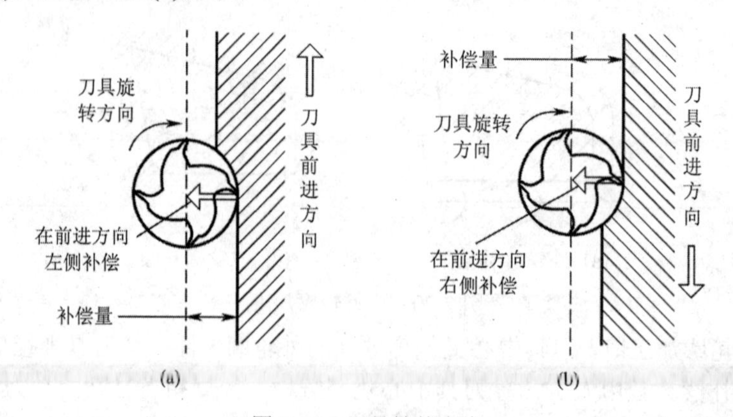

图 2-22　刀具补偿方向

【拓展训练】

运用所学知识，编写图 2-23 所示零件的加工程序(加工参考程序见表 2-10)并校验。

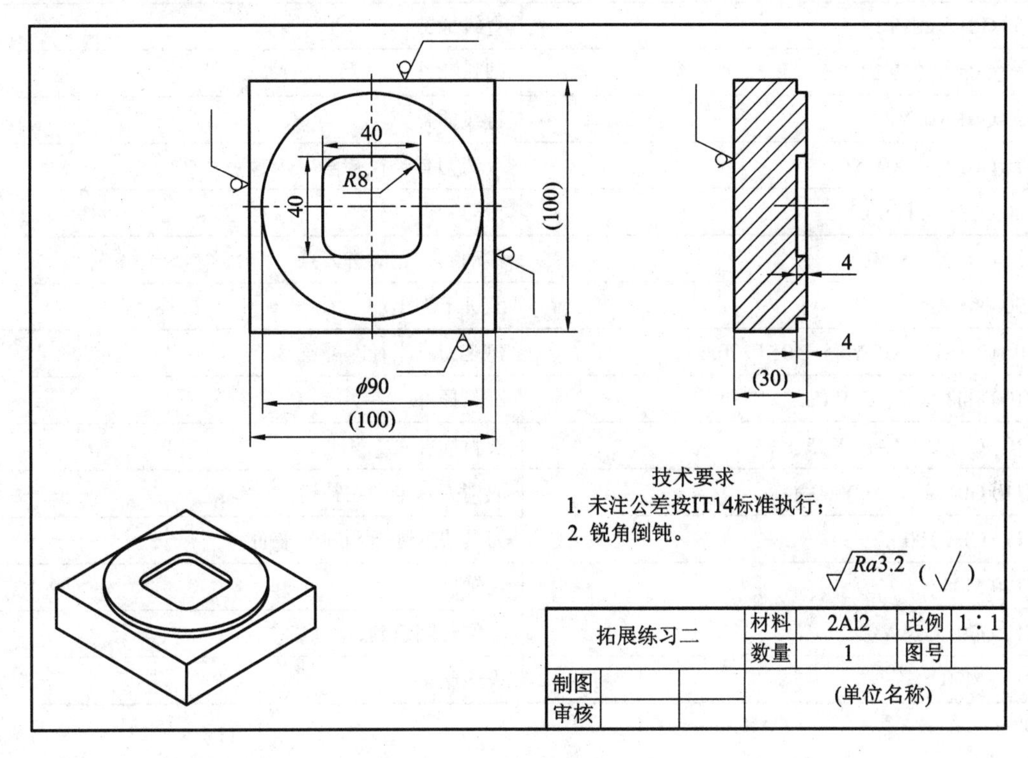

图 2-23　铜钱零件图

表 2-10　拓展练习二的加工参考程序

程　　序	说　　明
O1102 ;	程序名
N00 G90 G80 G40 G21 G17 ;	安全语句
N05 G00 G54 X0. Y0. S1000 M03 ;	定义工件坐标系、进刀位置，主轴转
N10 Z100. ;	定义安全平面
N15 Z5. ;	快速下刀
N20 G01 Z-4. F30. ;	工进下刀至加工深度
N25 G01 G41 X0. Y20. D01 F120. ;	建立刀具半径左补偿
N30 G01 X-12. Y20. ;	直线插补
N35 G03 X-20. Y12. R8. ;	圆弧插补
N40 G01 X-20. Y-12. ;	直线插补
N45 G03 X-12. Y-20. R8. ;	圆弧插补
N50 G01 X12. Y-20. ;	直线插补

续表

程　　序	说　　明
N55 G03 X20. Y-12. R8. ;	圆弧插补
N60 G01 X20. Y12. ;	直线插补
N65 G03 X12. Y20. R8. ;	圆弧插补
N70 G01 X0. Y20. ;	直线插补
N75 G01 G40 X0. Y0. ;	取消刀具半径补偿
N80 G01 Z5. F300. ;	抬刀
N85 G01 X0. Y-60. ;	移动到外轮廓进刀点
N90 G01 Z-4. F30. ;	工进下刀至加工深度
N95 G01 G41 X0. Y-45. D01 F120. ;	建立刀具半径左补偿
N100 G02 X0. Y45. R45.. ;	圆弧插补
N105 G02 X0. Y-45. R45. ;	圆弧插补
N110 G01 G40 X0. Y-60. ;	取消刀具半径左补偿
N115 G0 Z100. ;	刀具快速回退到安全平面
N120 M05 ;	主轴停止
N125 G91 G28 Y0. ;	工作台回退到近身侧
N130 M30 ;	程序结束

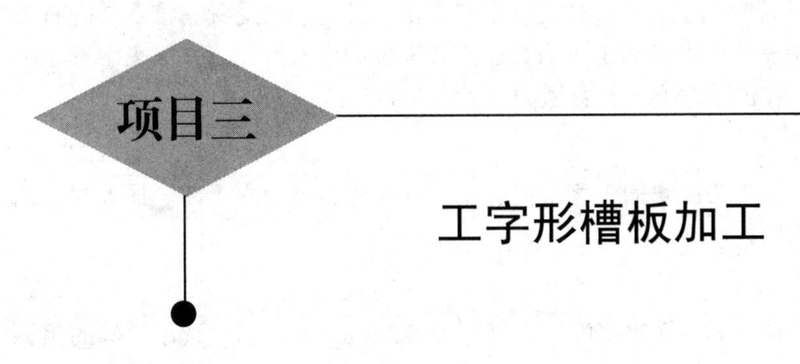

项目三

工字形槽板加工

◇◇◇◇◇◇◇◇◇ 一、项目导入与分析 ◇◇◇◇◇◇◇◇◇

本项目是工字形槽板的加工，如图 3-1 所示。依据零件图进行加工，分析零件图样的技术特点，要求能够采用圆弧插补指令和直线插补指令编写程序，同时选用合适的数控刀具，合理安排走刀路线，选择正确的加工策略，并按要求规范操作数控机床完成零件的工艺编制、程序编制以及加工。

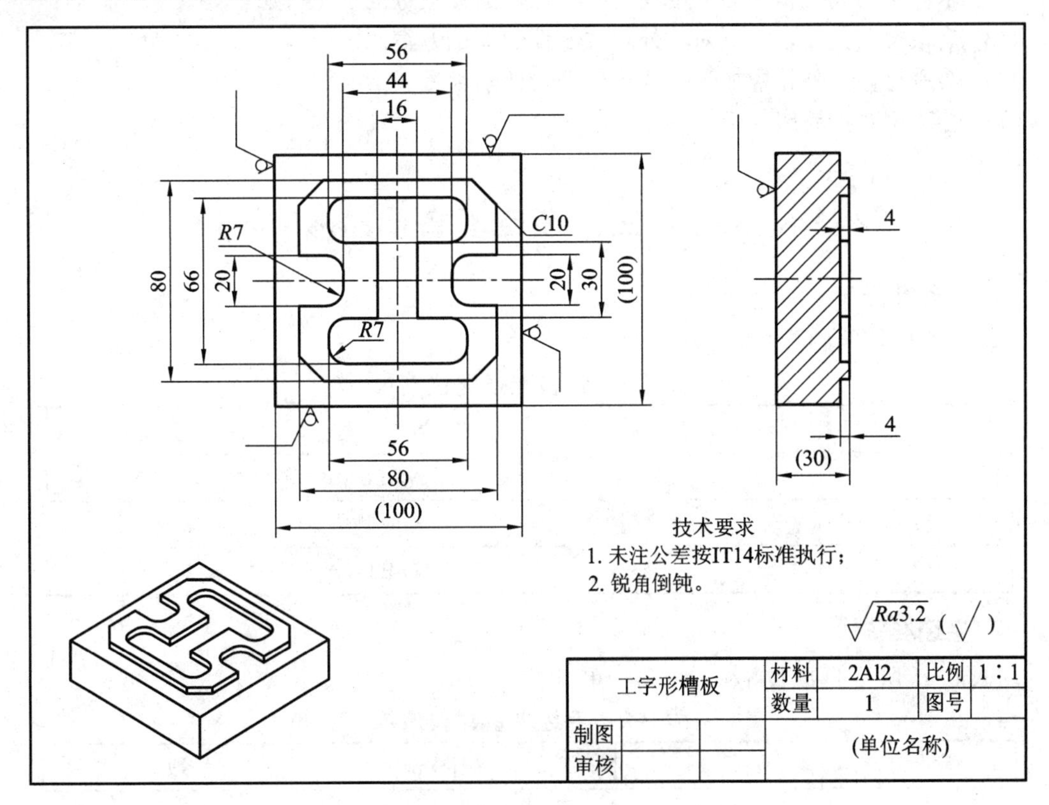

图 3-1 工字形槽板零件图

1. 零件形状

图 3-1 为典型的二维铣削加工零件，其几何形状规则，并为中心对称。该零件既有外轮廓，又有内轮廓，在轮廓棱边处有倒角或倒圆过渡。零件的内、外轮廓都呈工字形状，适合数控铣床铣削加工。在加工时要选择合适的下刀点和设计进退刀路线，防止过切。

2. 尺寸精度

该零件的主要加工要素为带圆角的工字形内外轮廓，尺寸精度要求不高。加工时工艺设计要合理安排并操作正确。

3. 表面粗糙度

本项目零件所有外形铣削的表面粗糙度 *Ra* 值均为 3.2 μm，可以通过选用正确的粗、精加工路线及合理的切削用量等措施来保证这一粗糙度要求。

4. 技术要求

锐角倒钝。

◇◇◇◇◇◇◇◇◇ 二、项目目标 ◇◇◇◇◇◇◇◇◇

(1) 掌握简单图形铣削程序的编制方法。

(2) 掌握常用编程指令的应用及直线轨迹、圆弧轨迹的加工方法。

(3) 会根据工艺要求编制内、外轮廓零件的加工方案。

(4) 会进行内、外轮廓加工，选择合理的切削用量。

(5) 会应用数控铣床加工简单零件。

◇◇◇◇◇◇◇◇◇ 三、项目准备 ◇◇◇◇◇◇◇◇◇

1. 设备准备

本项目所需设备见表 3-1。

表 3-1 设备准备建议清单

序 号	名 称	机床型号	数 量
1	数控铣床	VDL600	1 台/2 人
2	机用虎钳	相应型号	1 台/工位
3	锁刀座	LD-BT40A	2 只/车间

2. 毛坯准备

按图 3-1 所示的要求备料，材料清单见表 3-2。

表 3-2 毛坯准备建议清单

序 号	材 料	规格/mm	数 量
1	2A12	100 × 100 × 50	1 件/人

3. 工、量、刃具准备

本项目工、量、刃具准备清单见表3-3。

表3-3　工、量、刃具准备建议清单

类 别	序　号	名　称	规格或型号	精度/mm	数　量
工具	1	机用虎钳扳手	配套		1个/工位
	2	卸刀扳手	ER32		2个
	3	等高垫铁	根据机用平口钳和工件自定		1副
	4	锉刀、油石			自定
量具	1	外径千分尺	50～75、75～100	0.01	各1把
	2	游标卡尺	0～150	0.02	1把
	3	深度千分尺	0～50	0.01	1把
	4	R规	R1～R25		1个
	5	杠杆百分表	0～0.8	0.01	1个
	6	磁力表座			1个
	7	机械偏摆式寻边器			
	8	Z轴设定器	ZDI-50	0.01	1个
刃具	1	平面铣刀刀片	SENN1203-AFTN1		6片
	2	中心钻	A2.5		1个
	3	立铣刀	ϕ10、ϕ16		各1支

◇◇◇◇◇◇◇◇◇　四、项目实施　◇◇◇◇◇◇◇◇◇

【工作任务分解】

任务一　制订加工工艺方案。
任务二　编写加工程序。
任务三　工件加工。

任务一　制订加工工艺方案

【知识链接】

1. 铣削内轮廓的进给路线

铣削内轮廓零件的路线分为Z方向和X、Y方向，铣削内轮廓零件与铣削外轮廓零件的情况不同，不能从切线方向切入、切出。开始切削段可用圆弧切入，结束切削段可用圆弧切出，以最大程度减少切入、切出接刀痕，如图 3-2 所示。若要求不高，也可用斜线切入、切出，如图 3-3 所示。圆弧的大小和斜线的长短视内轮廓零件的尺寸大小而定。

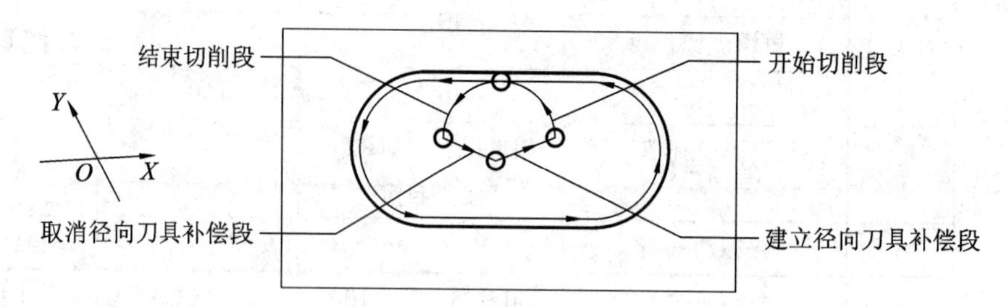

图 3-2　铣削内轮廓零件的圆弧切入、切出进给路线

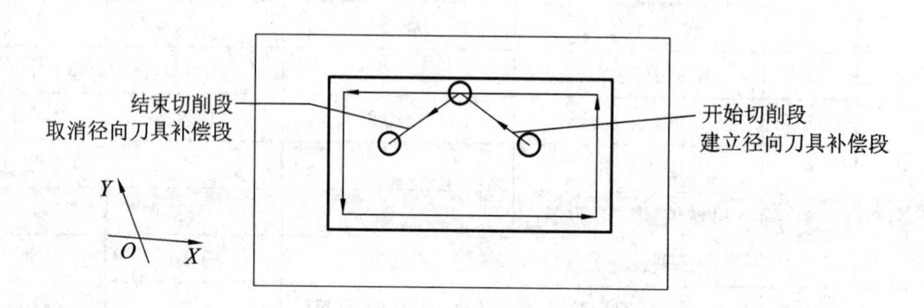

图 3-3　铣削内轮廓零件的斜线切入、切出进给路线

当用圆弧插补铣削内圆弧时也要遵循从切向切入、切出的原则，最好安排从圆弧过渡到圆弧的加工路线提高内孔表面的加工精度和质量。

2. 立铣刀及选用

铣刀的底部有刀刃，因此被称为立铣刀。它是一种带柄铣刀，有直柄和锥柄两种，适于铣削端面、斜面、沟槽和台阶面等。

1) 立铣刀的结构

立铣刀的结构如图 3-4 所示，主要由刀刃、刀柄以及颈部三部分组成。外径是立铣刀切削刃的直径，刃长指刀刃的长度，切削刃的数量一般情况下采用 2、3、4、5、6、8。

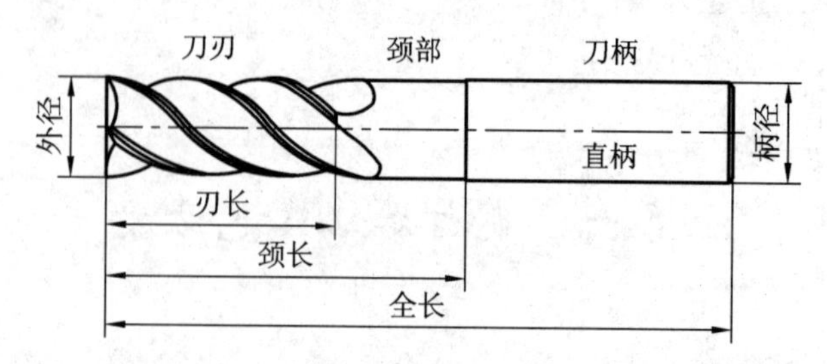

图 3-4　立铣刀的结构

立铣刀切削刃结构如图 3-5 所示，圆周刃前角是圆周刃的前刀面与刀尖及中心的连线形成的角度，它是影响立铣刀切削性能的重要因素。圆周刃后角也称圆周刃第一后角，是

与圆周刃前角同样重要的要素。圆周刃第二后角保证立铣刀切削时工件与立铣刀之间有充分的间隙。容屑槽也称排屑槽，是容纳切屑的地方。如果容屑槽小，切削中会被切屑塞满。螺旋角是螺旋切削刃与轴线的夹角。底刃倒锥是指在底刃面，从刀尖向中心有微微的中凹，这个角度为底刃间隙角。

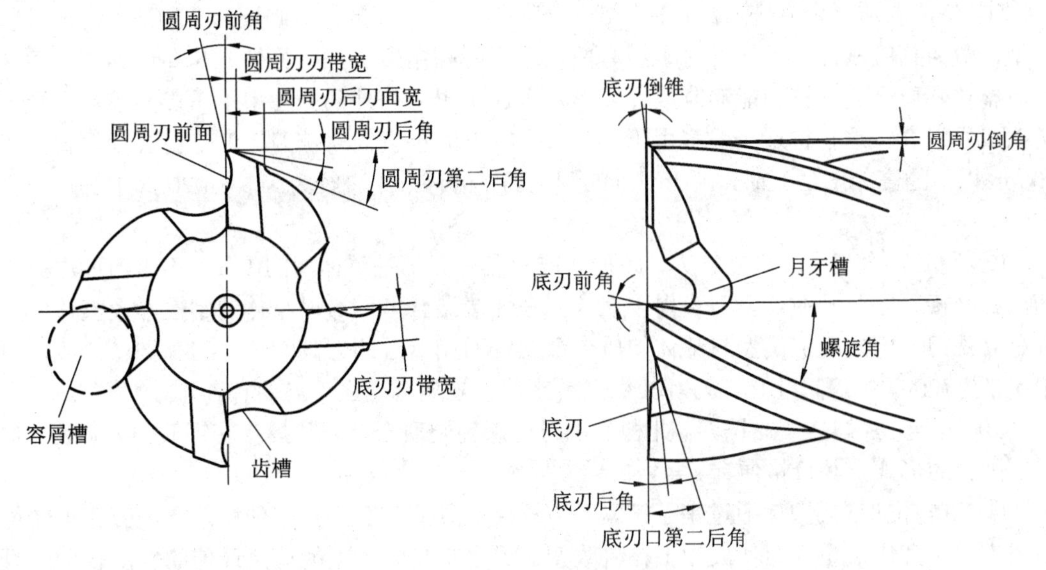

图 3-5　立铣刀切削刃结构

2) 立铣刀的种类

(1) 立铣刀的种类与形状可以按外周刃、底刃、手柄和颈部进行分类，不同的类型其形状特点不同，而且其所加工的位置也不相同。

按照外周刃的种类、形状和特点，立铣刀可分为普通刃立铣刀、锥形刃立铣刀、粗加工刃立铣刀和成形刃立铣刀。普通刃立铣刀使用广泛，多应用于槽加工、侧面加工及台阶面加工中，在粗加工、半精加工及精加工所有场合均可使用。锥形刃立铣刀用于普通刃加工后的锥面加工、模具起模斜度加工和凹窝部分加工。粗加工刃立铣刀刀刃呈波形，切屑细小，铣削力小，适用于粗加工，不宜精加工，需要磨削前面。成形刃立铣刀可根据加工零件的形状而改变刃形，多为特殊订货产品。

按照底刃的种类、形状和特点，立铣刀可分为带有中心孔的直角头型刃立铣刀、可中心铣削的直角头型刃立铣刀、球头刃立铣刀、圆弧头刃立铣刀。带有中心孔的直角头型刃立铣刀使用广泛，可用于槽加工、侧面加工及台阶面加工等；不能纵向切入加工，但由于磨削时有 2 个中心孔支撑，故重磨精度高。可中心铣削的直角头型刃立铣刀使用广泛，可用于槽加工、侧面加工及台阶面加工等；虽能进行纵向切入加工，但刃数越少，纵向切深性能越好；可夹持一头重磨。球头刃立铣刀是曲面加工不可缺少的刀具，尖端部容屑槽小，故切屑排出性能差。圆弧头刃立铣刀用于转角部 R 的加工与周期进给加工；在周期进给加工时，R 即使再小，也能使用直径大的立铣刀，进行高效加工。

按照手柄及颈部的种类、形状和特点，立铣刀可分为直柄立铣刀、长柄立铣刀、复合柄立铣刀、长颈立铣刀、锥颈立铣刀。直柄立铣刀是应用最多的立铣刀。长柄立铣刀用于深部雕刻加工，由于刀柄长，按使用目的悬伸一定长度即可使用。复合柄立铣刀是带平面的刀柄，在加工中心中能卸脱，立铣刀直径超过 30 mm 的可以用此类立铣刀。长颈立铣刀可作小直径立铣刀深部雕刻加工用，也可用于镗削。锥颈立铣刀能对模具斜角的壁面深雕刻发挥较大的作用，能在具有倾斜壁面模具的深部进行雕刻加工。

(2) 根据硬质合金立铣刀的构造，立铣刀又可分为以下四类。

① 整体硬质合金立铣刀。此种立铣刀刀柄部、刀刃部全部由硬质合金构成，由于是整体型，故刀具的刚性高，切削时不易弯曲，能进行高精度加工。另外，与高速钢立铣刀一样，整体硬质合金立铣刀能够制成许多形状，但由于刀刃外部分使用了昂贵的硬质合金，所以成本很高。这种构造一般多用于ϕ12 mm 以下的小直径立铣刀。但是在进行垂直度为 10 μm 以下的高精度加工时，由于刀具的刚性高，也有采用直径为ϕ12 到ϕ20 的中等尺寸立铣刀。

② 硬质合金刀头焊接立铣刀。此种立铣刀只有刃部是整体型的硬质合金，通过焊接与柄部相联接。因为硬质合金刀头焊接立铣刀是焊接结合型，所以整体的刚性不及整体硬质合金立铣刀，但是能够确保与整体硬质合金立铣刀相接近的刀具刚性，这种构造一般多用于ϕ12 到ϕ20 的中等尺寸立铣刀，其优点是比整体硬质合金立铣刀便宜。

③ 螺旋刀片焊接型立铣刀。此种立铣刀把螺旋硬质合金刀片焊接在钢质的刀体上，形成切削刃的形式，其价格便宜。

④ 可转位型立铣刀。通过销子锁紧等方式装夹硬质合金刀片来使用的立铣刀为可转位型立铣刀。其优点是：即使被加工材料改变，通过更换刀片就能选定最佳的硬质合金，且可省去再刃磨的时间，不会产生像其他类型铣刀再磨削后性能下降的现象；其缺点是：用于外径精度要求严格的加工时会有一定的困难。

3) *螺旋方向与切刃方向*

螺旋方向：从立铣刀的正面看，容屑槽朝刀柄方向伸延时向左倾的称为左螺旋，向右倾的称为右螺旋，如图 3-6 所示。

切刃方向：切削刃的朝向因立铣刀工作时的回转方向而异。把立铣刀的底刃朝上摆放并从立铣刀的正面看，切削刃的刃口朝左边的称为左刃，朝右边的称为右刃，如图 3-7 所示。

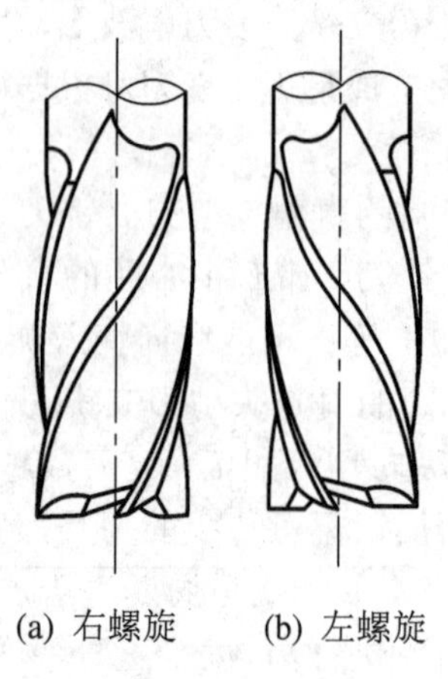

(a) 右螺旋　(b) 左螺旋

图 3-6　螺旋方向

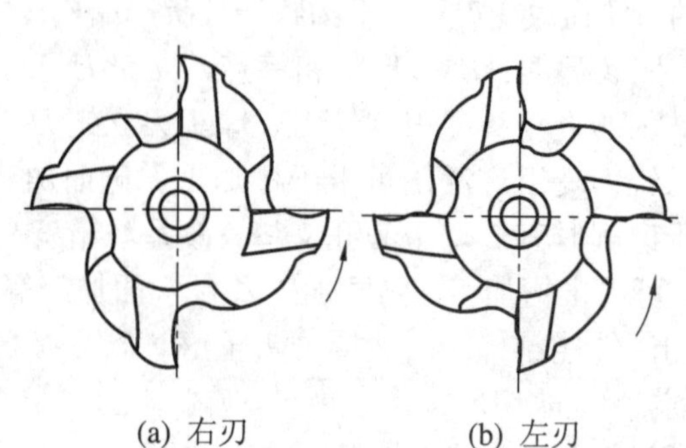

(a) 右刃　(b) 左刃

图 3-7　切刃方向

立铣刀的螺旋方向和切削刃的朝向有四种不同的组合，可根据工件的材质和形状选择所需的组合。其中：右刃右螺旋立铣刀因切屑沿容屑槽由柄部方向排除，易保证切屑的平稳进行；右刃左螺旋和左刃右螺旋铣刀在加工时切屑朝底刃方向移动，致使底刃切削出的工件表面质量不好，刀具寿命短，但是对加工通孔或不使用底刃的精加工，切屑朝底刃方向排出时有不损伤工件表面、无划痕和无毛刺的优点。

4) 螺旋角的特性及其确定

(1) 螺旋角的特性。立铣刀的螺旋角越大，工件与刀刃的接触线越长，施加到单位长度的刀刃上的负荷就会越小，从而有利于刀具的寿命。但另一方面，螺旋角增大，切削抵抗的轴方向分力也增大，使得刀具容易从刀柄中脱落，所以，用大螺旋角的刀具加工时，要求采用强力刚性好的刀柄。0° 的螺旋角称为直刃，它的接触线最短。

(2) 螺旋角的选定。不锈钢的热传导率低，对刀尖影响大的难削材料的切削，使用大螺旋角的立铣刀对刀具的寿命是有利的。对于高硬度材料，随着硬度的增加，切削抵抗将加大，大螺旋角的立铣刀对刀具寿命有利。另一方面，选择大螺旋角的刀具易造成切削抵抗的增大。右螺旋的刀具作用在刀具上的切削抵抗向下，使得刀具容易脱落，所以，需要采用刚性高的刀柄。即便确保了刀具的刚性，对于薄板加工等工件刚性低的情况，有时也采用小螺旋角的立铣刀。

5) 切削刃刃数对铣刀切削性能的影响

刃数的选择取决于立铣刀的切削方式。比如，切削宽度与刀径一样的槽时，需要大容量的容屑槽，通常采用 2 刃的刀具。而切削侧面时，因为切屑阻塞现象较小，不大考虑容屑槽的大小，而较重视刀具的刚性，故选择刀具刚性优先的多刃立铣刀。刃数增加，刚性与加工效率(刀具寿命)可以提高，但同时，切屑的排出将变弱。不过，合理选择切削条件可以克服排屑的弱点，多刃化是未来发展的方向。

3. 本项目零件的加工工艺分析

1) 图样分析

如图 3-1 所示，本项目所要加工的零件既有外轮廓，又有内轮廓，在轮廓棱边处有倒角或倒圆过渡。零件的内外轮廓都呈工字形状，适合数控铣床铣削加工。几何元素之间关系描述清楚完整，加工要求一般。根据上述分析，由于尺寸精度要求不高，本项目零件的外轮廓及内槽应采用粗加工完成。

2) 确定装夹方案

根据零件的结构特点，采用平口虎钳夹紧工件，防止铣削时振动。在安装工件时，注意工件要放在钳口中间部位。在安装台虎钳时，要对它的固定钳口找正，工件被加工部分要高出钳口，避免刀具在钳口发生干涉。在安装工件时，注意工件上浮。将工件坐标系 G54 建立在工件上表面、零件的对称中心处。

3) 确定加工顺序及进给路线

加工顺序的拟定按照基面先行、先内后外的原则确定，因此应先加工内轮廓，然后加工外轮廓表面。

进给路线为平面进给。平面进给时，外凸轮廓从切线方向切入，内轮廓从过渡圆弧切入。为使外凸轮廓表面具有较好的表面质量，采用顺时针方向铣削，对内轮廓采用逆时针方向铣削。

4．刀具选择

根据零件的结构特点，铣削时选用ϕ10 硬质合金立铣刀。

依据以上分析，本项目加工工艺安排如表 3-4 所示。

表 3-4　数控加工工艺卡片

工步	加工内容	刀具			切削深度 a_p/mm	切削速度 v_c/(m/min)	主轴转速 S/(r/min)	进给速度 v_f/(mm/min)
		刀号	名称	直径/mm				
	平口钳装夹工件并找正							
1	铣工字内轮廓	T1	立铣刀	ϕ10	4	30	1000	120
2	铣工字外轮廓	T1	立铣刀	ϕ10	4	30	1000	120
3	手轮残量去除	T1	立铣刀	ϕ10	4	30	1000	120

【任务实施】

1．划分小组，选出组长。

2．通过任务书、多媒体教学等方式，初步认识数控设备。

3．以小组为单位，熟悉实训基地内的数控铣床设备。

任务二　编写加工程序

【知识链接】

为了简化零件的数控加工编程，现代 CNC 系统都具有刀具长度补偿功能。刀具长度补偿使刀具垂直于走刀平面(比如 XY 平面，由 G17 指定)偏移一个刀具长度修正值，因此编程过程中无需考虑刀具长度。

刀具长度补偿在发生作用前，必须先进行刀具参数的设置。设置的方法有机内试切法、机内对刀法、机外对刀法和编程法。有的数控系统补偿的是刀具的实际长度与标准刀具的差，如图 3-8(a)所示；有的数控系统补偿的是刀具相对于相关点的长度，如图 3-8(b)、(c)所示，其中图 3-8(c)是圆弧刀的情况。

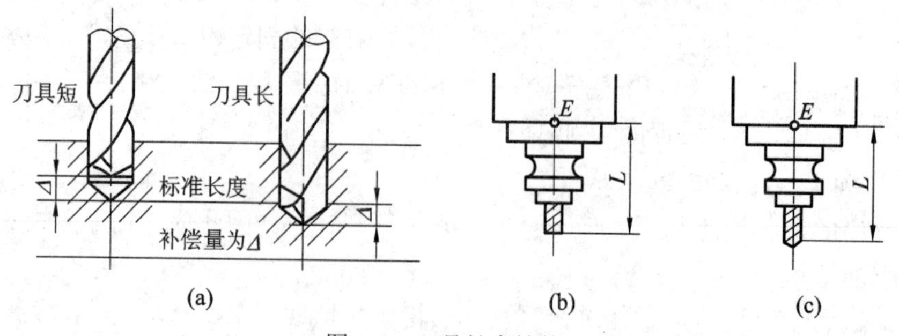

图 3-8　刀具长度补偿

刀具长度补偿指令有 G43、G44、G49，其格式为

G01/G00 G43 Z_ H_;　或　G43 H;
G01/G00 G44 Z_ H_;　或　G44 H;
⋮
G01/G00 G49;

说明：

① G43 是刀具长度正补偿，即将 H 中的值加到 Z 坐标的尺寸字后，按其结果进行 Z 轴的移动；G44 是刀具长度负补偿，即从 Z 坐标的尺寸字中减去 H 中的值后，按其结果进行 Z 轴的移动；G49 是撤销刀具长度补偿。

② H 代码用于指定偏置号，偏置号可为 H00～H200，偏置量与偏置号相对应，通过操作面板预先输入在存储器中；与偏置号 00 即 H00 相对应的偏置量，始终意味着零，不能设定与 H00 相对应的偏置量。

【任务实施】

1．通过任务书、多媒体教学以及教师演示等方式，学会使用直线、圆弧插补指令进行编程。

2．以小组为单位，进行程序编制(加工参考程序见表 3-5)与校验的巩固练习。

表 3-5　加工参考程序

程　序	说　明
O1003 ;	程序名
N00 G90 G80 G40 G21 G17 ;	安全语句
N05 G0 G54 X0. Y0. S1000 M03 ;	定义工件坐标系、进刀位置，主轴转
N10 Z100. ;	定义安全平面
N15 Z5. ;	快速下刀
N20 G01 Z-4. F30. ;	工进下刀至加工深度
N25 G01 G41 X8. Y0. D01 F120 ;	建立刀具半径左补偿
N30 G01 X8. Y15. ;	直线插补
N35 G01 X21. Y15. ;	直线插补
N40 G03 X28. Y22. R7. ;	圆弧插补
N45 G01 X28. Y26. ;	直线插补
N50 G03 X21. Y33. R7. ;	圆弧插补
N55 G01 X-21. Y33. ;	直线插补
N60 G03 X-28. Y26. R7. ;	圆弧插补
N65 G01 X-28. Y22. ;	直线插补
N70 G03 X-21. Y15. R7. ;	圆弧插补
N75 G01 X-8. Y15. ;	直线插补
N80 G01 X-8. Y-15. ;	直线插补

续表一

程　序	说　明
N85 G01 X-21. Y-15. ;	直线插补
N90 G03. X-28. Y-22. R07. ;	圆弧插补
N95 G01 X-28. Y-26. ;	直线插补
N100 G03 X-21. Y-33. R7. ;	圆弧插补
N105 G01 X21. Y-33. ;	直线插补
N110 G03 X28. Y-26. R7. ;	圆弧插补
N115 G01 X28. Y-22. ;	直线插补
N120 G03 X21. Y-15. R7. ;	圆弧插补
N125 G01 X8. Y-15. ;	直线插补
N130 G01 X8. Y0. ;	直线插补
N135 G01 G40 X0. Y0. ;	取消刀具半径补偿
N140 G01 Z5. F300. ;	抬刀
N145 G01 X0. Y-60. ;	移动到外轮廓进刀位置
N150 G01 Z-4. F30. ;	工进下刀至加工深度
N155 G01 G41 X0. Y-40. D01 F120. ;	建立刀具半径左补偿
N160 G01 X-30. Y-40. ;	直线插补
N165 G01 X-40. Y-30. ;	直线插补
N170 G01 X-40. Y-10. ;	直线插补
N175 G01 X-29. Y-10. ;	直线插补
N180 G03 X-22. Y-3. R7. ;	圆弧插补
N185 G01 X-22. Y3. ;	直线插补
N190 G03 X-29. Y10. R7. ;	圆弧插补
N195 G01 X-40. Y10. ;	直线插补
N200 G01 X-40. Y30. ;	直线插补
N205 G01 X-30. Y40. ;	直线插补
N210 G01 X30. Y40. ;	直线插补
N215 G01 X40. Y30. ;	直线插补
N220 G01 X40. Y10. ;	直线插补
N225 G01 X29. Y10. ;	直线插补
N230 G03 X22. Y3. R7. ;	圆弧插补
N235 G01 X22. Y-3. ;	直线插补
N240 G03 X29. Y-10. R7. ;	圆弧插补

续表二

程　序	说　明
N245 G01 X40. Y-10. ;	直线插补
N250 G01 X40. Y-30. ;	直线插补
N255 G01 X30. Y-40. ;	直线插补
N260 G01 X0. Y-40. ;	直线插补
N265 G01 G40 X0. Y-60. ;	取消刀具半径补偿
N270 G0 Z100. ;	刀具快速回退到安全平面
N275 M05 ;	主轴停止
N280 G91 G28 Y0. ;	工作台回退到近身侧
N285 M30 ;	程序结束

任务三　工 件 加 工

【知识链接】

1. 工件装夹与校正

机床通电并手动返回参考点动作后(采用绝对编码器的数控机床可以不执行返回参考点的动作)，要求校正平口钳的平行度。使用磁性表座把杠杆百分表吸在主轴端部，校正平口钳固定钳口与机床工作台 X 轴方向的平行度，要求在固定钳口全长上控制在 0.02 mm 内。

在紧贴两钳口处放上高度适当的两块等高平行垫块，要求工件高出平口钳钳口 7 mm 以上(实际加工深度为 5 mm)，保证刀具与夹具不发生干涉，利用木锤或铜棒敲击工件找正，使平行垫块不能移动后夹紧工件。

2. 工件零点设置

根据工件图样分析，工件零点设置在工件上表面的中心。

首先确定工件 X 轴和 Y 轴方向的零点，其次确定 Z 轴方向的零点。

3. 程序校验和动态模拟

可采用计算机模拟仿真软件检查程序的正确性。这种模拟仿真可大大提高教学效率和机床的使用效率，检验程序的正确性，并可检查刀具和工件的干涉，避免撞刀等事故。大部分机床都带有自身的图形模拟功能，这时可在机床上直接模拟，查看刀具的加工轨迹是否和图形一致，这些模拟可通过程序校验、空运行(切记正式加工时，空运行一定要关掉)等方式来完成。

【任务实施】

1. 通过任务书、多媒体教学以及教师演示等方式，了解零件加工的过程。
2. 以小组为单位，进行铣削加工，控制轮廓尺寸及公差。

◇◇◇◇◇◇◇◇◇ 五、项目评价 ◇◇◇◇◇◇◇◇◇

1. 操作过程评价

请考评员认真填写“现场工作任务考核评价记录表”。

现场工作任务考核评价记录表

姓　名：__________　　　　学　　号：__________

班　级：__________　　　　工件编号：__________

序号	考核内容	考 核 方 法	考 核 评 定			考核记录
			优秀(5分)	合格(2分)	不合格(0分)	
1	熟悉实训基地内的数控铣床设备	(1) 会正确识别数控加工机床的型号	□	□	□	
		(2) 会正确识别数控铣床的主要结构	□	□	□	
		(3) 会正确阐述数控铣床的工作原理	□	□	□	
总分：　　分						
2	生产场所“7S”	(1) 工、量、刃具的放置是否依规定摆放整齐	□	□	□	
		(2) 会正确使用工、量具	□	□	□	
		(3) 会保持工作场地的干净整洁	□	□	□	
		(4) 有团队精神，遵守车间生产的规章制度	□	□	□	
		(5) 作业人员有较强的安全意识，能及时报告并消除有安全隐患的因素	□	□	□	
		(6) 作业人员有较强的节约意识	□	□	□	
		(7) 会对数控铣床正确进行日常维护和保养	□	□	□	
总分：　　分						
3	刀具安装	(1) 刀具安装顺序正确	□	□	□	
		(2) 拆装姿势和力度规范	□	□	□	
		(3) 刀具装夹位置正确	□	□	□	
总分：　　分						
4	工件安装及对刀找正	(1) 机床操作规范、熟练	□	□	□	
		(2) 工件装夹正确、规范	□	□	□	
		(3) 会熟练操作控制面板	□	□	□	
		(4) 会正确选择工件坐标系	□	□	□	

续表

序号	考核内容	考 核 方 法	考 核 评 定			考核记录
			优秀(5分)	合格(2分)	不合格(0分)	
4	工件安装及对刀找正	(5) 熟悉对刀步骤	□	□	□	
		(6) 在规定时间内完成对刀流程	□	□	□	
		(7) 操作过程中行为、纪律表现	□	□	□	
		(8) 安全文明生产	□	□	□	
		(9) 设备维护保养正确	□	□	□	
总分： 分						
5	手工程序输入(EDIT)及校验	(1) 知道基本指令的功能	□	□	□	
		(2) 熟悉手工程序输入的过程	□	□	□	
		(3) 熟悉手工程序校验的过程	□	□	□	
总分： 分						
6	制订加工工艺卡片	(1) 知道基本指令的功能	□	□	□	
		(2) 会正确制订切削加工工艺卡片	□	□	□	
		(3) 会合理选择切削用量	□	□	□	
		(4) 会正确选择工件坐标系	□	□	□	
		(5) 所编写的程序正确、简单、规范	□	□	□	
总分： 分						
7	工件加工	(1) 机床操作规范、熟练	□	□	□	
		(2) 刀具选择与装夹正确、规范	□	□	□	
		(3) 工件装夹、找正正确、规范	□	□	□	
		(4) 正确选择工件坐标系，对刀正确、规范	□	□	□	
		(5) 切削加工工艺制订正确	□	□	□	
		(6) 正确输入和校验加工程序	□	□	□	
		(7) 操作过程中行为、纪律表现	□	□	□	
		(8) 安全文明生产	□	□	□	
		(9) 设备维护保养正确	□	□	□	
总分： 分						

加工总时间：________

总　　分：________

考评员签字：________

日　　期：________

2. 自我评价

学生对自己进行自我评价，并填写下表。

自 我 评 价

项　　目	发现的问题及现象	产生的原因	解决方法
工艺编制			
程序编制			
刀具选择及加工参数			
机床操作加工			
零件质量			
安全生产及文明生产			

【知识拓展】

大平面铣削刀路

由于平面铣刀直径的限制，不能一次性切除较大平面区域内的所有材料，因此需要在同一深度多次走刀。多次铣削的规则与单次平面铣削的一般规则一样。

铣削大面积工件平面时，分多次铣削的刀路主要有四种，如图 3-9 所示，最为常见的方法主要是同一深度上的单向多次切削和双向多次切削。

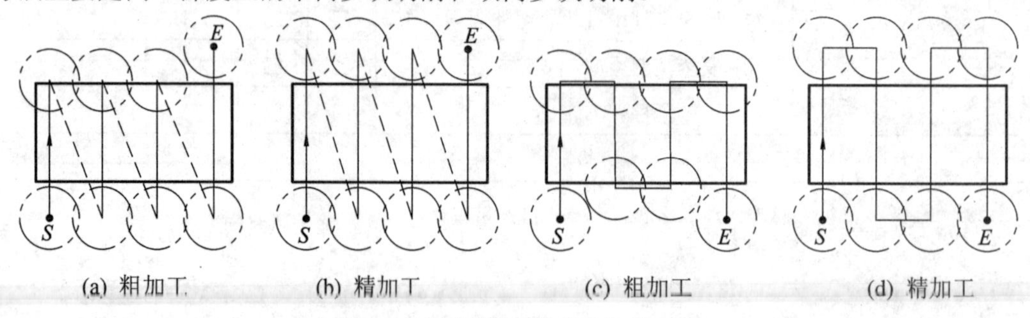

图 3-9　大平面铣削的多次切削刀路

1. 单向多次切削粗、精加工的路线设计

如图 3-9(a)、(b)所示，单向多次切削的切削起点都在工件的一侧，另一侧则为终点的位置。当每完成一次工作进给的切削后，刀具从工件上方快速点定位回到与切削起点同一侧，这也是平面精铣削时常用到的方法。虽然这种刀路能够保证面铣刀的铣削总是顺铣，但是频繁的快速返回运动，会大大降低加工效率。

2. 双向来回(Z 字形)切削

双向来回切削也称 Z 字形切削，如图 3-9(c)、(d)所示，显然其效率比单向多次切削要高，但当面铣刀改变方向时，刀具要从顺铣方式改为逆铣方式，从而在精铣平面时影响加工质量，因此常用于平面铣削的粗加工，质量要求高的精铣平面通常不使用这种刀路。为了安全起见，设计刀具起点和终点时，应确保刀具与工件间有足够的安全间隙。

【拓展训练】

运用所学知识，编写图 3-10 所示零件的加工程序(加工参考程序见表 3-6)并校验。

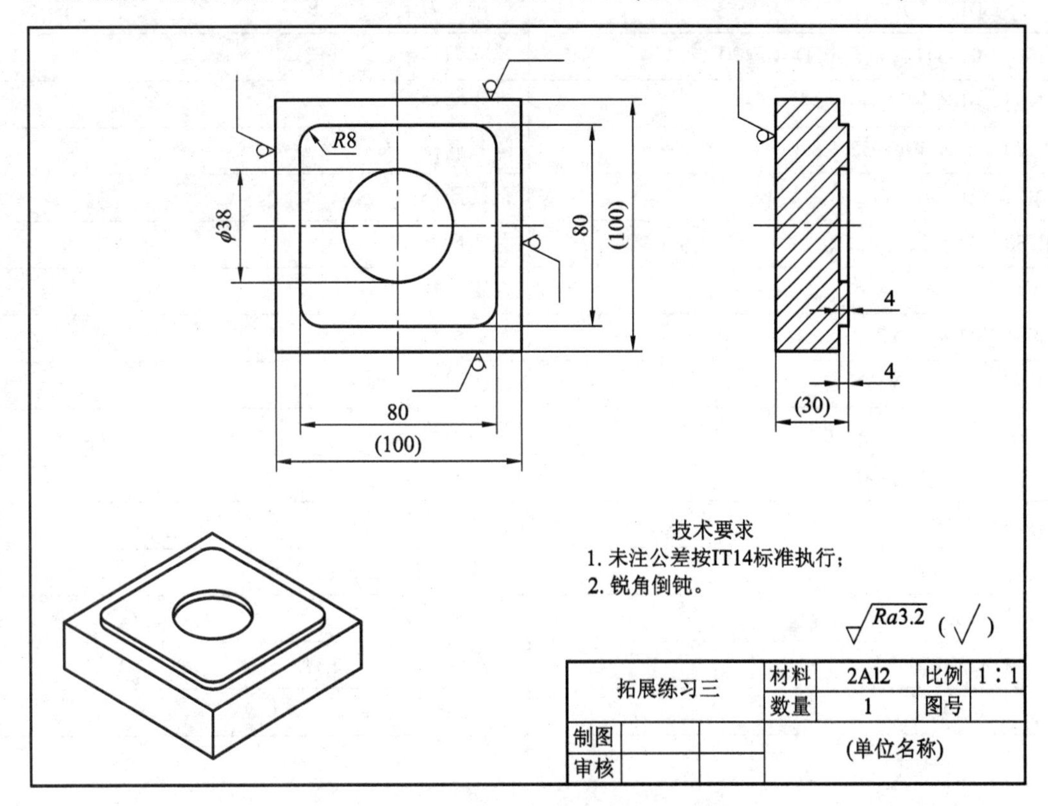

图 3-10　圆形槽板零件图

表 3-6　拓展练习三的加工参考程序

程　序	说　明
O1103；	程序名
N00 G90 G80 G40 G21 G17；	安全语句

续表

程　序	说　明
N05 G00 G54 X0. Y0. S1000 M03 ;	定义工件坐标系、进刀位置，主轴转
N10 Z100. ;	定义安全平面
N15 Z5. ;	快速下刀
N20 G01 Z-4. F30. ;	工进下刀至加工深度
N25 G01 G41 X0. Y19. D01 F120. ;	建立刀具半径左补偿
N30 G03 X0. Y-19. R19. ;	圆弧插补
N35 G03 X0. Y19. R19. ;	圆弧插补
N40 G01 G40 X0. Y0. ;	直线插补
N45 G01 Z5. F300. ;	抬刀
N50 G01 X0. Y-60. ;	移动到外轮廓进刀位置
N55 G01 Z-4. F30. ;	工进下刀至加工深度
N60 G01 G41 X0. Y-40. D01 F120. ;	建立刀具半径左补偿
N65 G01 X-32. Y-40. ;	直线插补
N70 G02 X-40. Y-32. R8. ;	圆弧插补
N75 G01 X-40. Y32. ;	直线插补
N80 G02 X-32. Y40. R8 ;	圆弧插补
N85 G01 X32. Y40. ;	直线插补
N90 G02 X40. Y32. R8. ;	圆弧插补
N95 G01 X40. Y-32. ;	直线插补
N100 G02 X32. Y-40. R8. ;	圆弧插补
N105 G01 X0. Y-40. ;	直线插补
N110 G01 G40 X0. Y-60. ;	取消刀具半径补偿
N115 G00 Z100. ;	刀具快速回退到安全平面
N120 M05 ;	主轴停止
N125 G91 G28 Y0. ;	工作台回退到近身侧
N130 M30 ;	程序结束

十字槽板加工

◇◇◇◇◇◇◇◇◇ 一、项目导入与分析 ◇◇◇◇◇◇◇◇◇

本项目是典型的矩形凸台和型腔相结合的综合零件的加工，如图 4-1 所示。

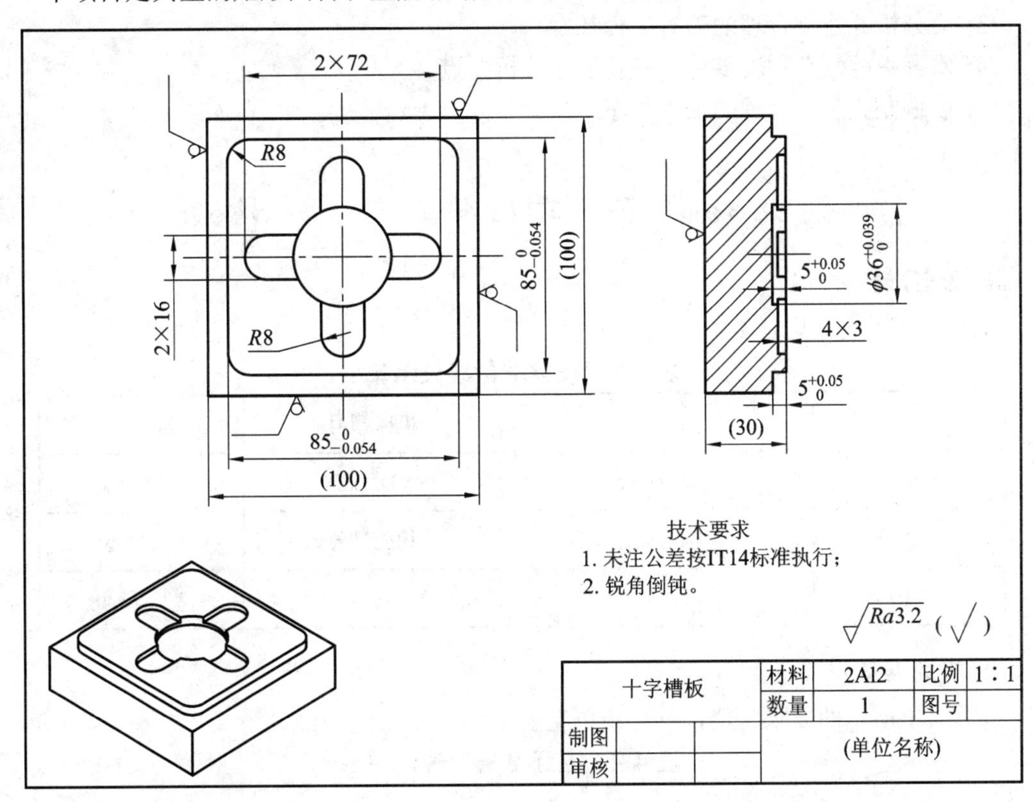

图 4-1　十字槽板零件图

1. 零件形状

图 4-1 为简单的矩形外轮廓凸台和内十字槽、整圆型腔相结合的二维铣综合切削加工

零件，其几何形状规则，主要加工轮廓是一个完整正方形凸台、内整圆型腔和均布的十字槽型腔。在加工时要选择合适的下刀点和设计进退刀路线，防止过切。

2. 尺寸精度

该零件的加工要素为正方形带圆角的轮廓、内整圆型腔和均布的十字槽型腔。零件尺寸精度要求一般。加工外轮廓和内型腔时需要偏置刀具半径值，工艺设计要合理安排并操作正确。

3. 表面粗糙度

本项目零件所有外形铣削的表面粗糙度 *Ra* 值均为 3.2 μm。

4. 技术要求

锐角倒钝。

◇◇◇◇◇◇◇◇◇　二、项目目标　◇◇◇◇◇◇◇◇◇

(1) 掌握常用编程指令——圆(圆弧)的编程格式及应用。
(2) 会分析并合理选择走刀路线。
(3) 会分析并建立合理的刀具半径补偿。
(4) 掌握中等复杂程度零件编程及工艺分析要点。
(5) 会编制完整、合理的加工程序。

◇◇◇◇◇◇◇◇◇　三、项目准备　◇◇◇◇◇◇◇◇◇

1. 设备准备

本项目所需设备见表 4-1。

表 4-1　设备准备建议清单

序　号	名　称	机床型号	数　量
1	数控铣床	VDL600	1 台/2 人
2	机用虎钳	相应型号	1 台/工位
3	锁刀座	LD-BT40A	2 只/车间

2. 毛坯准备

按图 4-1 所示的要求备料，材料清单见表 4-2。

表 4-2　毛坯准备建议清单

序　号	材　料	规格/mm	数　量
1	2Al2	100 × 100 × 50	1 件/人

3. 工、量、刃具准备

本项目工、量、刃具准备清单见表4-3。

表4-3　工、量、刃具准备建议清单

类 别	序号	名　称	规格或型号	精度/mm	数　量
工具	1	机用虎钳扳手	配套		1个/工位
	2	卸刀扳手	ER32		2个
	3	等高垫铁	根据机用平口钳和工件自定		1副
	4	锉刀、油石			自定
量具	1	外径千分尺	50～75、75～100	0.01	各1把
	2	游标卡尺	0～150	0.02	1把
	3	深度千分尺	0～50	0.01	1把
	4	*R*规	*R*1～*R*25		1个
	5	杠杆百分表	0～0.8	0.01	1个
	6	磁力表座		0.01	1个
	7	机械偏摆式寻边器			
	8	*Z*轴设定器	ZDI-50	0.01	1个
刃具	1	平面铣刀刀片	SENN1203-AFTN1		6片
	2	中心钻	A2.5		1个
	3	立铣刀	ϕ10、ϕ16		各1支

◇◇◇◇◇◇◇◇◇　四、项目实施　◇◇◇◇◇◇◇◇◇

【工作任务分解】

任务一　圆(圆弧)插补指令编程。
任务二　选择合理的走刀路线。
任务三　建立合理的刀具半径补偿路线。
任务四　工件安装及对刀找正。
任务五　制订加工工艺卡片。
任务六　工件加工。

任务一　圆(圆弧)插补指令编程

【知识链接】

圆(圆弧)插补指令的格式如下：

G17 G02/G03 X_　Y_　I_　J_　F_；

其中，X、Y 是圆弧终点坐标；I、J 是圆弧圆心相对于圆弧起点的增量坐标；F 是圆弧插补的进给速度。

注意：圆(圆弧)插补指令不仅可以用于加工一般圆弧，还可以用于整圆加工。圆(圆弧)插补指令格式中不管是用 G90 还是 G91 指令，I、J 均表示圆弧圆心相对于圆弧起点的增量坐标。

【例 1】 如图 4-2 所示，圆弧起点 *A*(30，85)，终点 *B*(100，44)，圆心 *O*(49，37)。

加工程序：

G17 G02 X100 Y44 I19 J-48 F60；

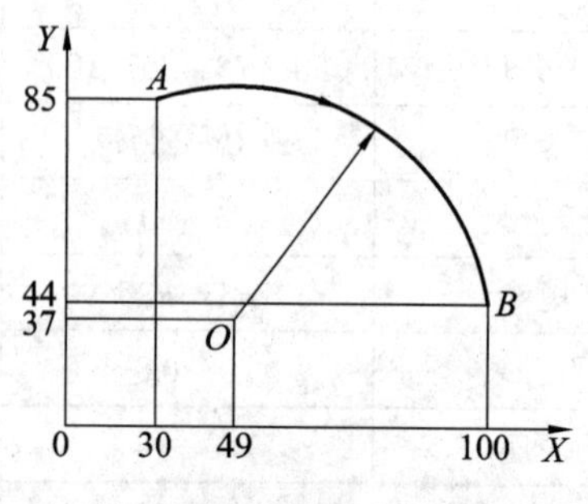

图 4-2　编程练习 1

【例 2】 如图 4-3 所示，加工整圆，刀具起点在 *A* 点，逆时针加工。

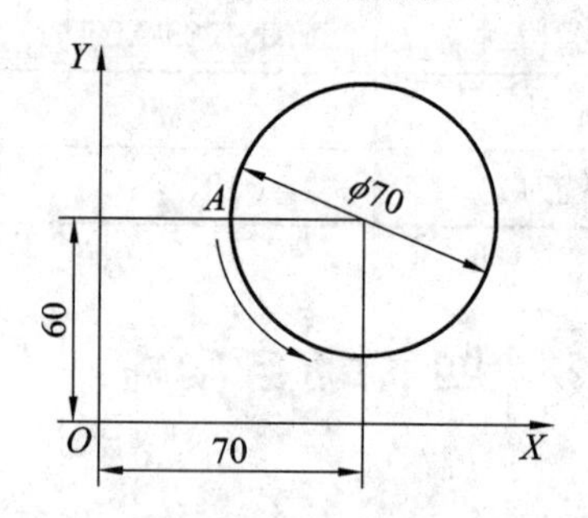

图 4-3　编程练习 2

方式一(终点坐标+圆弧半径)：把整圆分两段加工，先加工半圆再加工另外半圆。

加工程序：

G17 G03 X105 Y60 R35 F60；

X35 Y60 R35；

方式二(终点坐标+圆心坐标)：直接用一段程序即可加工出整圆。

加工程序：

G17 G03 X35 Y60 I35 J0 F60；

【任务实施】

1．通过任务书、多媒体教学等方式，掌握圆(圆弧)插补指令的应用。

2．以小组为单位，进行圆(圆弧)插补指令编程练习，巩固所学知识。

任务二　选择合理的走刀路线

【知识链接】

加工时为保证表面粗糙度以顺时针方向铣削(即顺铣)。选择工件中心为工件原点，整圆铣削的走刀路线为：进刀点 *A*→*Z* 轴方向进刀→经点 1、点 2、整圆铣削返回点 2、点 3、点 *A*→*Z* 轴方向退刀，结束整圆加工，如图 4-4 所示。

正方形铣削的走刀路线为：进刀点 *A*→*Z* 轴方向进刀→经点 *A*、点 3、点 2、点 4、点 5、点 6、点 7、点 8、点 9、点 10、点 11、点 2、点 1、点 *A*(共 13 个点)→*Z* 轴方向退刀，结束正方形加工，如图 4-5 所示。

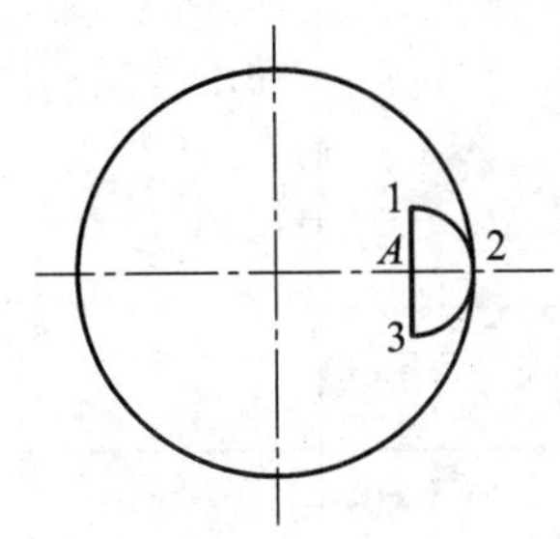

图 4-4　整圆铣削的走刀路线

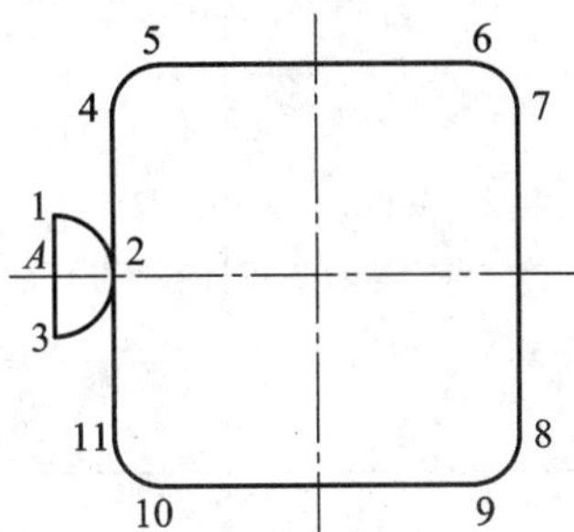

图 4-5　正方形铣削的走刀路线

【任务实施】

1．通过任务书、多媒体教学等方式，学会选择合理的走刀路线。

2．以小组为单位，进行编程练习，巩固所学知识。

任务三　建立合理的刀具半径补偿路线

【知识链接】

圆弧切入切出的加工路线：P_1 点切线方向走刀→P_2 点建立刀具半径补偿→绕方形/圆形铣削→P_3 点刀具半径补偿切出→P_1 点取消刀具半径补偿，恢复到切线方向，如表 4-4 所示。

注意：

(1) 必须在 G00 或 G01 状态之下建立补偿，在 G02 或 G03 之后建立补偿会引起系统报警。

(2) 建立补偿的程序段移动距离需超过所设定的刀具半径补偿值，否则会引起系统报警。

(3) 在 G41 和 G40 之间，不能有连续的两句不在补偿平面内移动的程序段，否则会引起过切。

(4) 程序段或程序段之前无 D 指令或输入 D0，此时补偿功能不能实现。

圆弧切入切出建立刀具半径补偿见表 4-4。

表 4-4　圆弧切入切出建立刀具半径补偿

序号	切入方法	走刀路线图	说　明
1	圆弧切入切出法	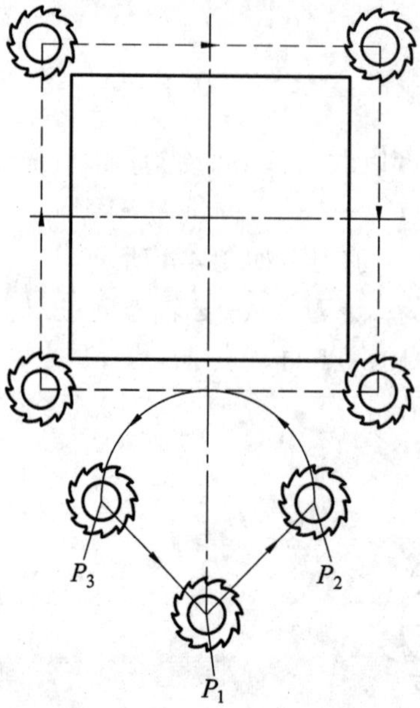	P_1 点圆弧切入切出法走刀→P_2 点建立刀具半径补偿→圆弧切入→绕方形铣削→圆弧切出→P_3 点开始取消刀具半径补偿→P_1 点取消刀具半径补偿
2	圆弧切入切出法	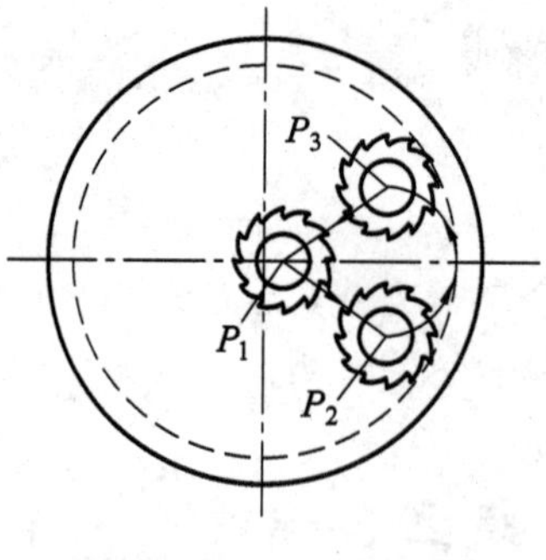	P_1 点圆弧切入切出法走刀→P_2 点建立刀具半径补偿→圆弧切入→绕圆形铣削→圆弧切出→P_3 点开始取消刀具半径补偿→P_1 点取消刀具半径补偿

【任务实施】

1. 通过任务书、多媒体教学等方式，学会选择合理的刀具半径补偿路线。
2. 以小组为单位，进行编程练习，巩固所学知识。

任务四　工件安装及对刀找正

【知识链接】

1. 以工件对称中心为工件坐标系原点的对刀

数控铣床的对刀内容包括基准刀具的对刀和各个刀具相对偏差的测定两部分。对刀时，先从某零件加工所用到的众多刀具中选取一把作为基准刀具，进行对刀操作；再分别测出其他各个刀具与基准刀具刀位点的位置偏差值，如长度、直径等，这样就不必对每把刀具都做对刀操作。如果某零件仅需一把刀具就可以加工，则只要对该刀具进行对刀操作即可。如果所要换的刀具是加工暂停时临时手工换上的，则该刀具的对刀也只需要测定出其与基准刀具刀位点的相对偏差，再将偏差值存入刀具数据库。下面仅对基准刀具的对刀操作进行说明。

当工件以及基准刀具(或对刀工具)都安装好后，可按下述步骤进行对刀操作。先将方式开关置于“返回参考点”位置，分别按“X+”、“Y+”、“Z+”方向按键，令机床进行返回参考点操作，此时屏幕将显示对刀参照点在机床坐标系中的坐标。若机床原点与参考点重合，则坐标显示为(0，0，0)。

用寻边器找毛坯对称中心。将电子寻边器和普通刀具一样装夹在主轴上，其柄部和触头之间有一个固定的电位差，当触头与金属工件接触时，即通过床身形成回路电流，寻边器上的指示灯就被点亮；逐步降低步进增量，使触头与工件表面处于极限接触(进一步则点亮，退一步则熄灭)，即认为定位到工件表面的位置处。

如图 4-6 所示，先后定位到工件正对的两侧表面，记下对应的 X_1、X_2、Y_1、Y_2 坐标值，则对称中心在机床坐标系中的坐标为($(X_1+X_2)/2$，$(Y_1+Y_2)/2$)。

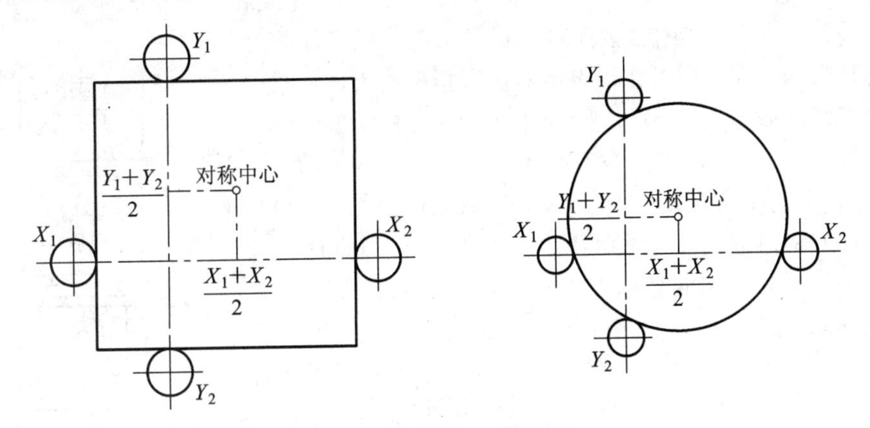

图 4-6　寻边器找对称中心

2. 以毛坯相互垂直的基准边线的交点为工件坐标系原点的对刀

位置点如图 4-7 所示，使用寻边器或直接用刀具对刀。

(1) 按 X、Y 轴移动方向键，令刀具或寻边器移到工件左(或右)侧空位的上方，再让刀具下行，然后调整移动 X 轴，使刀具圆周刃口接触工件的左(或右)侧面，记下此时刀具在机床坐标系中的 X 坐标 X_a，最后按 X 轴移动方向键使刀具离开工件左(或右)侧面。

(2) 用同样的方法调整移动到刀具圆周刃口接触工件的前(或后)侧面，记下此时的 Y 坐标 Y_a，然后让刀具离开工件的前(或后)侧面，并将刀具回升到远离工件的位置。

(3) 如果已知刀具或寻边器的直径为 D，则基准边线交点处的坐标应为($X_a+D/2$，$Y_a+D/2$)。

注意：图 4-7 所示机床的工作区域在坐标系下，属于第三象限，坐标 X_a、Y_a、Z_a 为负值。

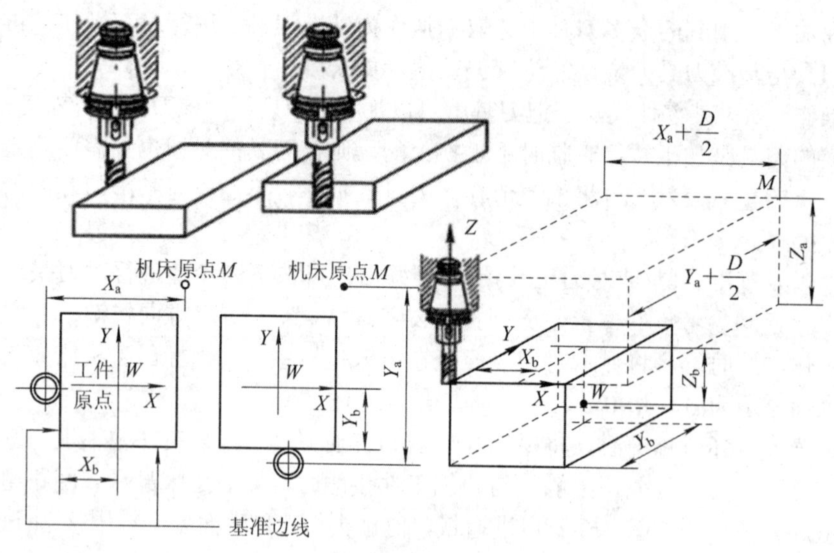

图 4-7　对刀操作时的坐标位置关系

3. 刀具 Z 向对刀

当对刀工具中心(即主轴中心)在 X、Y 方向上的对刀完成后，可取下对刀工具，换上基准刀具，进行 Z 向对刀操作。Z 向对刀点通常都是以工件的上下表面为基准的，这可利用 Z 轴设定器进行精确对刀，其原理与寻边器相同。如图 4-8 所示，指示灯亮时，刀具在工件坐标系中的坐标应为 $Z=100$，即可使用“G92 Z100.0”来声明。

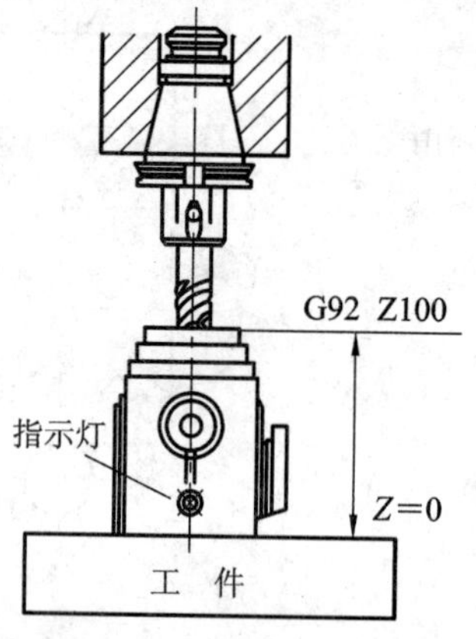

图 4-8　Z 向对刀设定

如图 4-7 所示，假定编程原点(或工件原点)预设在(X_b，Y_b，Z_b)处。若将刀具刀位点置于对刀基准面的交汇处，则此时刀具刀位点在工件坐标系中的坐标为(X_b，Y_b，Z_b)。如前所述，它在机床坐标系中的坐标应为($X_b+D/2$，$Y_b+D/2$，Z_b)。此时，若用 MDI 执行“G92 XX_b YY_b ZZ_b”，即可建立起所需的工件坐标系。

此外，也可先将刀具移到某一位置处，记下此时屏幕上显示的该位置在机床坐标系中的坐标值；然后，换算出此位置处刀具刀位点在工件坐标系中的坐标；再将所算出的 X、Y、Z 坐标值填入程序中 G92 指令内；在保持当前刀具位置不移动的情况下运行程序，同样可达到对刀的目的。

在实际操作中，当需要用多把刀具加工同一工件时，常常是在不装刀具的情况下进行对刀。这时，常以刀座底面中心为基准刀具的刀位点先进行对刀；然后，分别测出各刀具实际刀位点相对于刀座底面中心的位置偏差，填入刀具数据库即可；执行程序时由刀具补偿指令功能来实现各刀具位置的自动调整。

4. 试切对刀

(1) X、Y 轴测量($X_w=-|X_m-D/2|$，$Y_w=-|Y_m-D/2|$)，如图 4-9 所示。

(2) Z 轴测量($Z_w=-|Z_m+H|$；如果不计刀具长度，则 $Z_w=-|Z_m|$)(一般常用)，如图 4-10 所示。

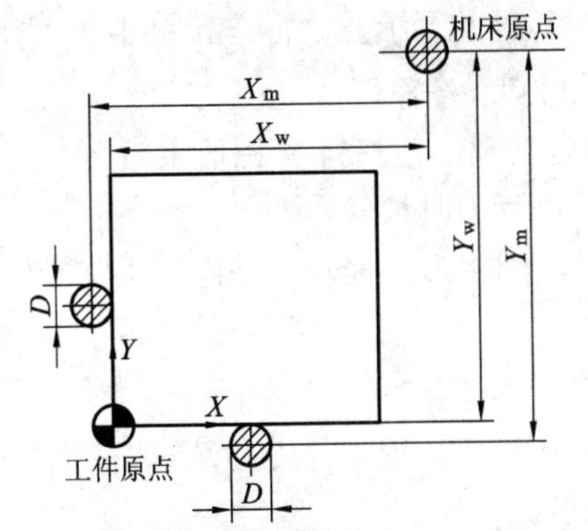

D—基准刀具直径；

X_m—主轴中心的机械坐标值(工作台 X 向移动距离)；

Y_m—主轴中心的机械坐标值(工作台 Y 向移动距离)；

X_w、Y_w—工件坐标系原点的机械坐标值

图 4-9　工件原点与机床原点的位置关系(X、Y 视图)

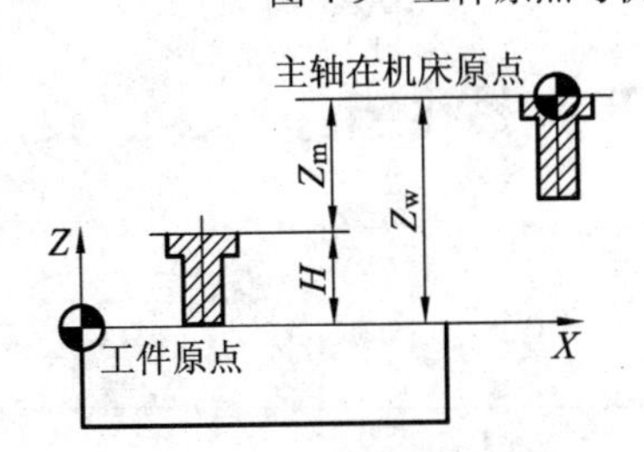

H—基准刀具长度；

Z_m—主轴中心的机械坐标值(主轴 Z 向移动距离)；

Z_w—工件坐标系原点的机械坐标值

图 4-10　工件原点与机床原点的位置关系(X、Z 视图)

注意：在计算中我们假设所有的坐标数值为正值。

【例 3】 图 4-11 中工件毛坯：100 mm × 100 mm × 30 mm，刀具直径ϕ16 mm，刀具长度 90 mm，刀具偏置。

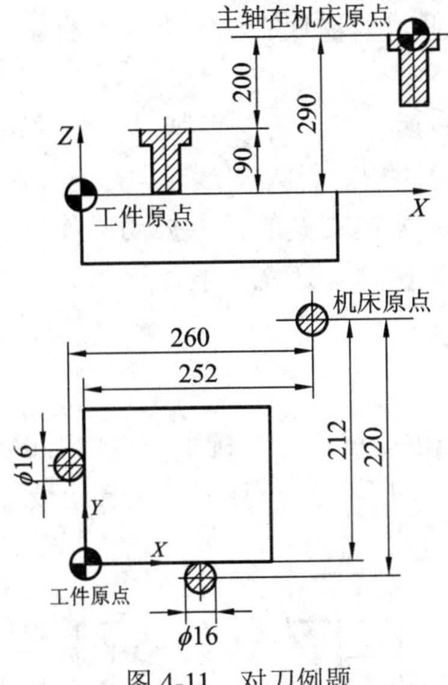

图 4-11　对刀例题

① 将工件正确固定于夹具上。

② 在 JOG 方式下进行装刀。

③ MDI 方式下启动主轴，移动刀具，使刀具与工件 X 方向(左侧)基准面相切。沿 Z 向提刀，计算 X 方向工件原点的机械坐标值(−252 mm)。在位置偏移 G54 画面中 X__偏置设定内输入相应值，按输入键。

④ Y 轴与 X 轴的操作方法相同。Y 轴设定好以后，提刀使刀具端面与工件上表面相切。

⑤ 在位置偏移 G54 画面中 Z__偏置内输入“−200”，按输入键。

⑥ 在 MDI 方式下，输入“G54 G90”，按循环启动键，使 G54 坐标值生效。

⑦ 手动将刀具移动到工件坐标系 X0、Y0、Z0 进行刀具检验。

⑧ 如果不正确，则重复操作③～⑦；如果正确，则将刀具提高，并停止主轴旋转。

【任务实施】

1. 通过任务书、多媒体教学以及教师演示等方式，初步认识工件安装及对刀找正过程。
2. 以小组为单位，进行操作练习，巩固所学知识。

任务五　制订加工工艺卡片

【知识链接】

1. 用圆柱铣刀铣削时

(1) 顺铣铣削时，铣刀刀齿切入工件时的切削厚度最大，然后逐渐减小到零(在切削分力的作用下有让刀现象)，表面没有硬皮的工件易于切入，刀齿磨损小，可使刀具耐用度提高 2～3 倍，工件表面粗糙度值也有所减小。顺铣时，切削分力与进给方向相同，可节省机床动力。但顺铣在刀齿切入时承受最大的载荷，因而工件有硬皮时，刀齿会受到很大的冲击和磨损，使刀具的耐用度降低，所以顺铣法不宜加工有硬皮的工件，同时机床传动系统需有消隙机构。

(2) 逆铣铣削时，铣刀刀齿切入工件时的切削厚度从零逐渐变到最大(在切削分力的作用下有啃刀现象)，刀齿载荷逐渐增大。开始切削时，刀刃先在工件表面上滑过一小段距离，并对工件表面进行挤压和摩擦，引起刀具的径向振动，使加工表面产生波纹，加速了刀具的磨损，增大了工件的表面粗糙度值。逆铣一般用于加工有硬皮的工件或是用于普通无消隙机构的机床上。

2. 用端铣刀铣削时

(1) 对称铣削：铣削时铣刀中心位于工件铣削宽度中心的铣削方式，如图 4-12(a)所示。对称铣削适用于加工短而宽或厚的工件，不宜加工狭长或较薄的工件。

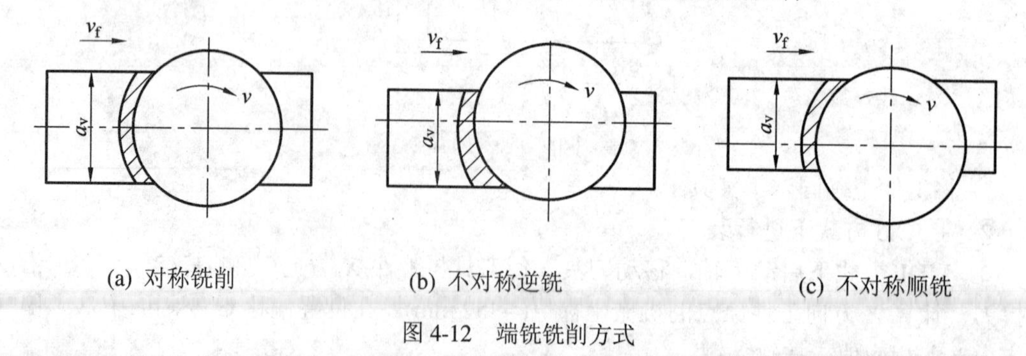

(a) 对称铣削　　(b) 不对称逆铣　　(c) 不对称顺铣

图 4-12　端铣铣削方式

(2) 不对称铣削：铣削时铣刀中心偏离工件铣削宽度中心的铣削方式。不对称铣削时，按铣刀偏向工件的位置，在工件上可分为进刀部分与出刀部分。按顺铣与逆铣的定义，显然进刀部分为逆铣，出刀部分为顺铣。不对称铣削时，进刀部分大于出刀部分的，称为逆铣(见图 4-12(b))，反之称为顺铣(见图 4-12(c))。不对称铣削通常采用逆铣方式。

3. 内、外轮廓加工

加工中心上加工的内、外轮廓面一般是具有直线、圆弧或曲线的二维轮廓表面，尺寸精度较高，形状也较为复杂。编写程序前需要进行轮廓节点的计算，节点可通过手工计算或计算机绘图软件得到；选择刀具时，刀具半径不得大于轮廓上凹圆弧的最小曲率半径 R，一般取 $R \leqslant (0.8 \sim 0.9)R_n$。

为保证轮廓的加工精度和生产效率，要求粗加工时在机床功率许可的情况下尽量选择直径较大的铣刀进行铣削，便于多余材料的快速去除；精加工时则选择相对较小直径的铣刀，从而保证轮廓的尺寸精度及表面粗糙度值。编写程序时，需考虑铣刀进刀与退刀的位置，尽量选在轮廓的节点处或沿着轮廓的切向进行；为简化程序，将轮廓铣削程序作为子程序进行编写，给定不同的刀具半径补偿，用于粗精加工中。

在外轮廓加工中，由于刀具的走刀范围比较大，一般采用立铣刀加工；而在内轮廓的加工中，如果没有预留(或加工出)工艺孔，则一般用键槽铣刀进行加工。由于键槽铣刀一般为 2 刃刀具，比立铣刀的切削刃要少，所以在同样转速的情况下其进给速度应比立铣刀的进给速度小。如果用立铣刀铣削内轮廓，则在进行 Z 方向进刀加工时需注意其进刀方式。

依据以上分析，本项目加工工艺安排如表 4-5 所示。

表 4-5　数控加工工艺卡片

工步	加工内容	刀具			切削深度 a_p/mm	切削速度 v_c/(m/min)	主轴转速 S/(r/min)	进给速度 v_f/(mm/min)
		刀号	名称	直径/mm				
	平口钳装夹工件并找正							
1	铣削上平面	T1	面铣刀	$\phi63$	0.5	100	500	300
2	粗铣内圆，留 0.3 mm 余量	T2	立铣刀	$\phi10$	5	30	1000	120
3	粗铣十字槽，留 0.3 mm 余量	T2	立铣刀	$\phi10$	3	30	1000	120
4	粗铣外轮廓，留 0.3 mm 余量	T2	立铣刀	$\phi10$	5	30	1000	120
5	精铣内圆	T3	立铣刀	$\phi10$	5	36	1200	120
6	精铣十字槽	T3	立铣刀	$\phi10$	3	36	1200	120
7	精铣外轮廓	T3	立铣刀	$\phi10$	5	36	1200	120

【任务实施】

1. 通过任务书、多媒体教学以及教师演示等方式，学会分析简单轮廓的加工工艺方法。
2. 以小组为单位，讨论并制订本项目工件的加工工艺卡片。

任务六 工件加工

【任务实施】

1. 通过任务书、多媒体教学以及教师演示等方式，掌握零件加工的过程。
2. 以小组为单位，进行铣削加工(加工参考程序见表4-6)，控制轮廓尺寸及公差。

表4-6 加工参考程序

程 序	说 明
内圆加工程序	
O1104 ;	程序名
N00 G90 G80 G40 G21 G17 ;	安全语句
N05 G00 G54 X0. Y0. S1000 M03 ;	定义工件坐标系、进刀位置，主轴转
N10 Z100. ;	定义安全平面
N15 Z5. ;	快速下刀
N20 G01 Z-5. F30. ;	工进下刀至加工深度
N25 G01 G41 X0. Y18. D01 F120. ;	建立刀具半径左补偿
N30 G03 X0. Y18. I0. J-18. ;	圆弧插补
N35 G01 G40 X0. Y0. ;	取消刀具补偿
N40 G00 Z100. ;	刀具快速回退到安全平面
N45 M05 ;	主轴停止
N50 G91 G28 Y0. ;	工作台回退到近身侧
N55 M30 ;	程序结束
内十字槽加工程序	
O1105 ;	程序名
N00 G90 G80 G40 G21 G17 ;	安全语句
N05 G00 G54 X0. Y0. S1000 M03 ;	定义工件坐标系、进刀位置，主轴转
N10 Z100. ;	定义安全平面
N15 Z5. ;	快速下刀
N20 G01 Z-3. F30. ;	工进下刀至加工深度
N25 G01 G41 X8. Y0. D01 F120. ;	建立刀具半径左补偿
N30 G01 X8. Y28. ;	直线插补
N35 G03 X-8. Y28. R8. ;	圆弧插补
N40 G01 X-8. Y8. ;	直线插补
N45 G01 X-28. Y8. ;	直线插补
N50 G03 X-28. Y-8. R8. ;	圆弧插补
N55 G01 X-8. Y-8. ;	直线插补

续表

程　序	说　明
N60 G01 X-8. Y-28. ;	直线插补
N65 G03 X8. Y-28. R8. ;	圆弧插补
N70 G01 X8. Y-8. ;	直线插补
N75 G01 X28. Y-8. ;	直线插补
N80 G03 X28. Y8. R8. ;	圆弧插补
N85 G01 X0. Y8. ;	直线插补
N90 G01 G40 X0. Y0. ;	取消刀具补偿
N95 G00 Z100. ;	刀具快速回退到安全平面
N100 M05 ;	主轴停止
N105 G91 G28 Y0. ;	工作台回退到近身侧
N110 M30 ;	程序结束
外轮廓加工程序	
O1106 ;	程序名
N00 G90 G80 G40 G21 G17 ;	安全语句
N05 G00 G54 X0. Y-60. S1000 M03 ;	定义工件坐标系、进刀位置，主轴转
N10 Z100. ;	定义安全平面
N15 Z5. ;	快速下刀
N20 G01 Z-5. F30. ;	工进下刀至加工深度
N25 G01 G41 X0. Y-42.5. D01 F120. ;	建立刀具半径左补偿
N30 G01 X-34.5 Y-42.5 ;	直线插补
N35 G02 X-42.5 Y-34.5 R8. ;	圆弧插补
N40 G01 X-42.5 Y34.5 ;	直线插补
N45 G02 X-34.5 Y42.5 R8. ;	圆弧插补
N50 G01 X34.5 Y42.5 ;	直线插补
N55 G02 X42.5 Y34.5 R8. ;	圆弧插补
N60 G01 X42.5 Y-34.5 ;	直线插补
N65 G02 X34.5 Y-42.5 R8. ;	圆弧插补
N70 G01 X0 Y-42.5 ;	直线插补
N75 G01 G40 X0. Y-60. ;	取消刀具补偿
N80 G00 Z100. ;	刀具快速回退到安全平面
N85 M05 ;	主轴停止
N90 G91 G28 Y0. ;	工作台回退到近身侧
N95 M30 ;	程序结束

◇◇◇◇◇◇◇◇◇　五、项目评价　◇◇◇◇◇◇◇◇◇

1. 操作过程评价

请考评员认真填写“现场工作任务考核评价记录表”。

现场工作任务考核评价记录表

姓　名：＿＿＿＿＿＿＿　　　　学　号：＿＿＿＿＿＿＿

班　级：＿＿＿＿＿＿＿　　　　工件编号：＿＿＿＿＿＿＿

序号	考核内容	考 核 方 法	考 核 评 定			考核记录
			优秀(5分)	合格(2分)	不合格(0分)	
1	熟悉实训基地内的数控铣床设备	(1) 会正确识别数控加工机床的型号	□	□	□	
		(2) 会正确识别数控铣床的主要结构	□	□	□	
		(3) 会正确阐述数控铣床的工作原理	□	□	□	
总分：　　分						
2	生产场所“7S”	(1) 工、量、刃具的放置是否依规定摆放整齐	□	□	□	
		(2) 会正确使用工、量具	□	□	□	
		(3) 会保持工作场地的干净整洁	□	□	□	
		(4) 有团队精神，遵守车间生产的规章制度	□	□	□	
		(5) 作业人员有较强的安全意识，能及时报告并消除有安全隐患的因素	□	□	□	
		(6) 作业人员有较强的节约意识	□	□	□	
		(7) 会对数控铣床正确进行日常维护和保养	□	□	□	
总分：　　分						
3	刀具安装	(1) 刀具安装顺序正确	□	□	□	
		(2) 拆装姿势和力度规范	□	□	□	
		(3) 刀具装夹位置正确	□	□	□	
总分：　　分						
4	工件安装及对刀找正	(1) 机床操作规范、熟练	□	□	□	
		(2) 工件装夹正确、规范	□	□	□	
		(3) 会熟练操作控制面板	□	□	□	

续表

序号	考核内容	考核方法	考核评定 优秀 (5分)	 合格 (2分)	 不合格 (0分)	考核记录
4	工件安装及对刀找正	(4) 会正确选择工件坐标系	□	□	□	
		(5) 熟悉对刀步骤	□	□	□	
		(6) 在规定时间内完成对刀流程	□	□	□	
		(7) 操作过程中行为、纪律表现	□	□	□	
		(8) 安全文明生产	□	□	□	
		(9) 设备维护保养正确	□	□	□	
总分： 分						
5	手工程序输入(EDIT)及校验	(1) 知道基本指令的功能	□	□	□	
		(2) 熟悉手工程序输入的过程	□	□	□	
		(3) 熟悉手工程序校验的过程	□	□	□	
总分： 分						
6	制订加工工艺卡片	(1) 知道基本指令的功能	□	□	□	
		(2) 会正确制订切削加工工艺卡片	□	□	□	
		(3) 会合理选择切削用量	□	□	□	
		(4) 会正确选择工件坐标系	□	□	□	
		(5) 所编写的程序正确、简单、规范	□	□	□	
总分： 分						
7	工件加工	(1) 机床操作规范、熟练	□	□	□	
		(2) 刀具选择与装夹正确、规范	□	□	□	
		(3) 工件装夹、找正正确、规范	□	□	□	
		(4) 正确选择工件坐标系，对刀正确、规范	□	□	□	
		(5) 切削加工工艺制订正确	□	□	□	
		(6) 正确输入和校验加工程序	□	□	□	
		(7) 操作过程中行为、纪律表现	□	□	□	
		(8) 安全文明生产	□	□	□	
		(9) 设备维护保养正确	□	□	□	
总分： 分						

加工总时间：__________

总　　分：__________

考评员签字：__________

日　　期：__________

2. 自我评价

学生对自己进行自我评价，并填写下表。

自 我 评 价

项　目	发现的问题及现象	产生的原因	解决方法
工艺编制			
程序编制			
刀具选择及加工参数			
机床操作加工			
零件质量			
安全生产及文明生产			

3. 工件质量检测评价

请检测员填写“工件质量检测评价表”。

工件质量检测评价表

项　目	序　号	技术要求	配　分	评分标准	检测记录	得分
工件 (70 分)	1	$85^{0}_{-0.054}$	20	超差不得分		
	2	$85^{0}_{-0.054}$	20	超差不得分		
	3	$5^{+0.05}_{0}$	20	超差不得分		
	4	*Ra* 3.2 μm	5	超差不得分		
	5	锐角倒钝	5	未做不得分		
程序 (10 分)	6	程序正确合理	10	视严重性，不合理每处扣 1～3 分		
操作 (10 分)	7	机床操作规范	10	视严重性，不合理每处扣 1～3 分		
工件完整 (10 分)	8	工件按时加工完成	10	超 10 分钟扣 3 分		
缺陷	9	工件缺陷、尺寸误差 0.5 以上、外形与图纸不符	倒扣分	倒扣 3 分/处		
文明生产	10	人身、机床、刀具安全		倒扣 5～20 分/次		

【知识拓展】

机械式游标卡尺的使用方法

1．机械式游标卡尺简介

游标卡尺是精密的长度测量仪器。常见的机械式游标卡尺的结构如图 4-13 所示，它的量程为 0～110 mm，分度值为 0.02 mm，由内测量爪、外测量爪、紧固螺钉、尺身、主尺、游标尺、深度尺组成。

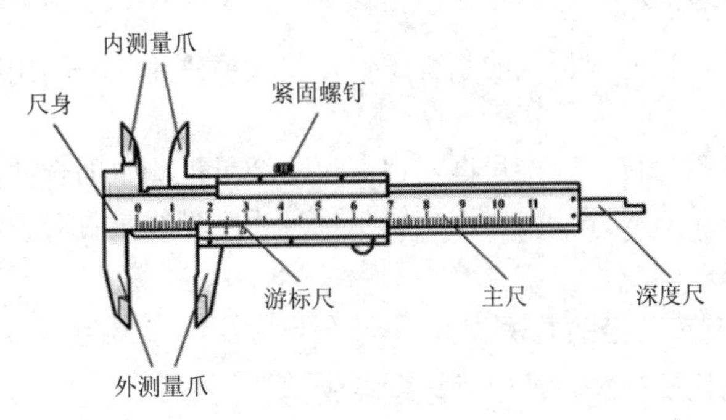

图 4-13　机械式游标卡尺的结构

0～200 mm 以下规格的游标卡尺具有测量外径、内径、深度三种功能，如图 4-14～图 4-16 所示。

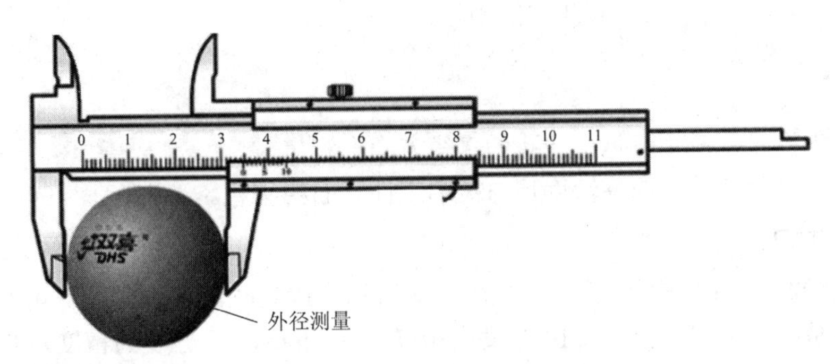

图 4-14　游标卡尺测量外径

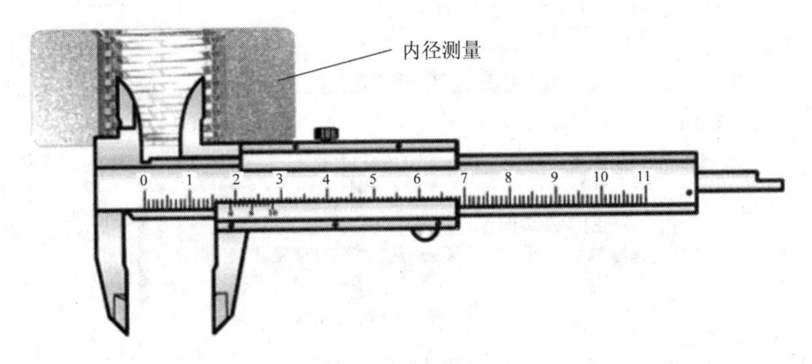

图 4-15　游标卡尺测量内径

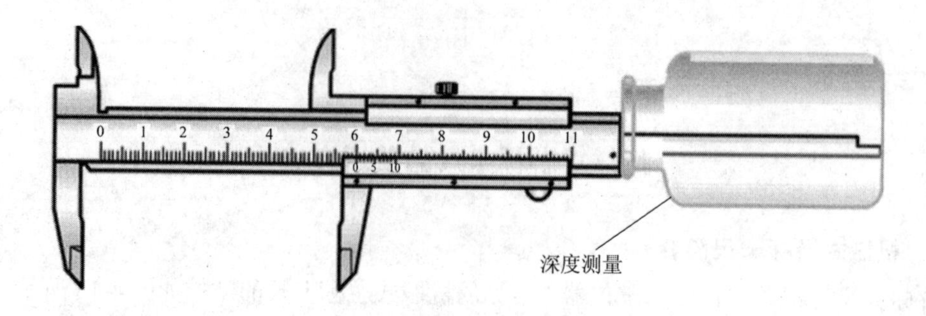

图 4-16　游标卡尺测量深度

2．游标卡尺的零位校准

步骤一：使用前，松开尺框上的紧固螺钉，将尺框平稳拉开，用布将测量面、导向面擦干净。

步骤二：检查“零”位。轻推尺框，使卡尺两个量爪测量面合并，观察游标“零”刻线与尺身“零”刻线是否对齐，游标尾刻线与尺身相应刻线是否对齐，若未对齐，应送计量室或有关部门调整。

3．用游标卡尺测量外径的方法

步骤一：将被测物擦干净，使用时轻拿轻放。

步骤二：松开千分尺的紧固螺钉，校准零位，向后移动外测量爪，使两个外测量爪之间距离略大于被测物体。

步骤三：一只手拿住游标卡尺的尺架，将待测物置于两个外测量爪之间，另一手向前推动外测量爪，至外测量爪与被测物接触为止。

步骤四：读数。

注意：

① 测量内孔尺寸时，量爪应在孔的直径方向上测量。

② 测量深度尺寸时，应使深度尺与被测工件底面相垂直。

4．游标卡尺的读数

游标卡尺的读数主要分为三步，如图 4-17 所示。读数时，应注意以下几点：

① 看清楚游标卡尺的分度。10 分度的精度是 0.1 mm，20 分度的精度是 0.05 mm，50 分度的精度是 0.02 mm。

② 为了避免出错，要用毫米而不是用厘米作单位。

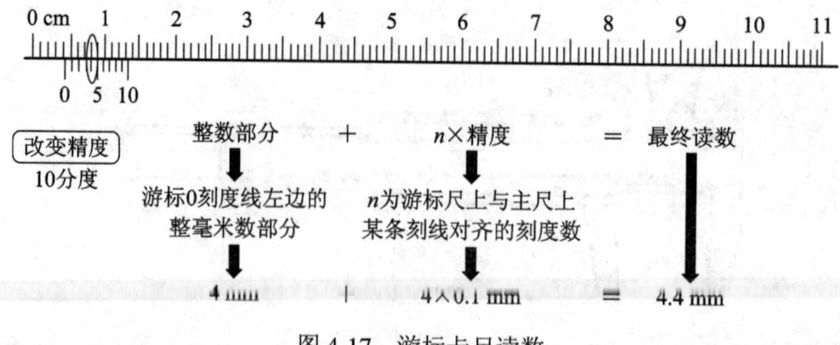

图 4-17　游标卡尺读数

③ 看游标卡尺的零刻度线与主尺的哪条刻度线对准，或比它稍微偏右一点，以此读出毫米的整数值。

④ 看与主尺刻度线重合的那条游标刻度线的数值 n，则小数部分是 $n\times$精度，两者相加就是测量值。

⑤ 游标卡尺不需要估读。

5．游标卡尺的保养及保管

游标卡尺的保养及保管注意事项如下：

① 轻拿轻放。

② 不要把卡尺当作卡钳或螺丝扳手或其他工具使用。

③ 卡尺使用完毕必须擦净、上油，两个外量爪间保持一定的距离，拧紧紧固螺钉，放回到卡尺盒内。

④ 不得放在潮湿、温度变化大的地方。

【拓展训练】

运用所学知识，编写图4-18所示零件的加工程序并校验。

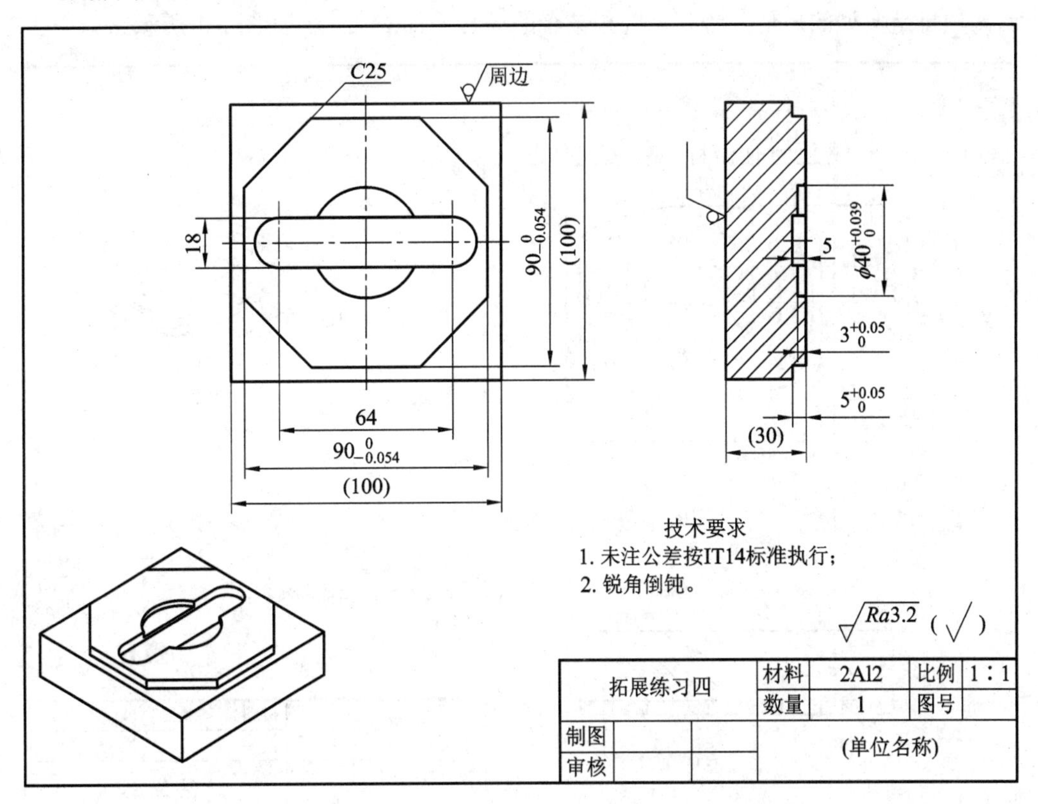

图4-18　八边形槽板零件图

对称腰形槽板加工

一、项目导入与分析

本项目是典型的矩形凸台和型腔相结合的综合零件的加工，如图 5-1 所示。

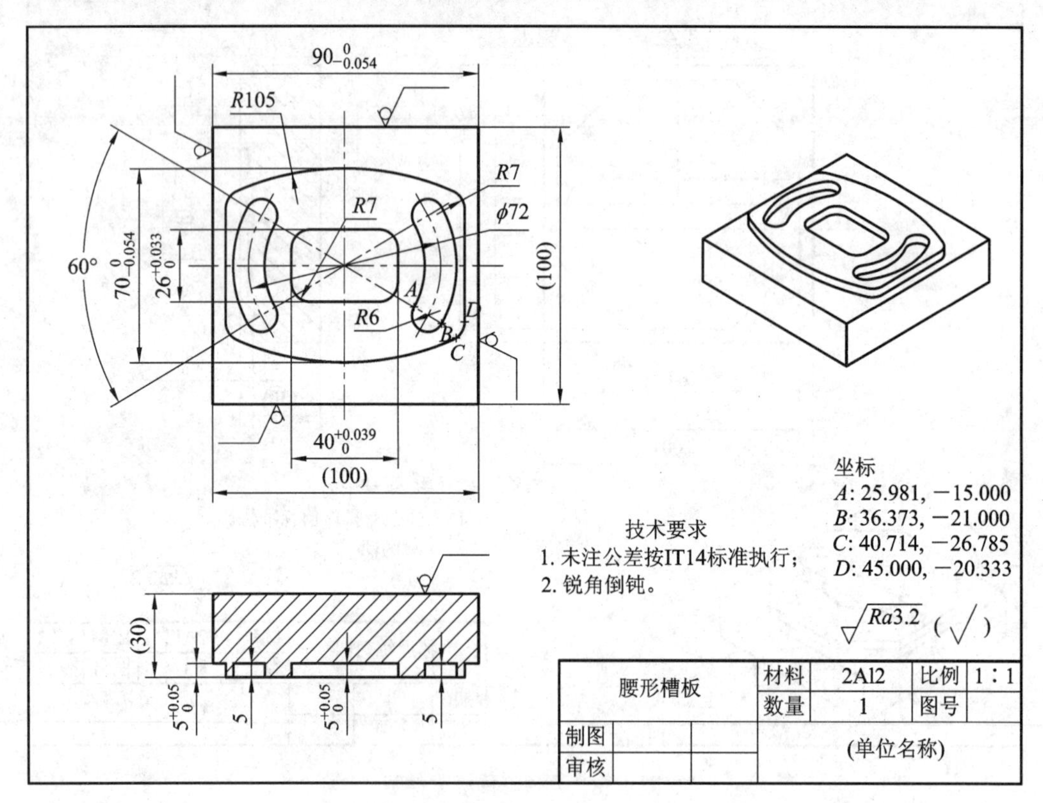

图 5-1　对称腰形槽板零件图

1. 零件形状

图 5-1 为半径 $R105$ 的两段圆弧通过 $R7$ 圆角和直线连接组成的外轮廓凸台和长 40 mm、

宽 26 mm 的长方形型腔以及左右对称的腰形型腔相结合的二维铣削综合切削加工零件，其几何形状规则，主要加工轮廓是一个完整长条形凸台、内长方形型腔和左右对称的腰形型腔。在加工时要选择合适的下刀点和设计进退刀路线，防止过切。

2. 尺寸精度

该零件的加工要素为长条形带圆角的外轮廓凸台、内长方形型腔和左右对称的腰形型腔。零件的尺寸精度要求一般。加工外轮廓和内型腔时需要偏置刀具半径值，工艺设计要合理安排并操作正确。

3. 表面粗糙度

本项目零件所有外形铣削的表面粗糙度 *Ra* 值均为 3.2 μm。

4. 技术要求

锐角倒钝。

◇◇◇◇◇◇◇◇◇ 二、项目目标 ◇◇◇◇◇◇◇◇◇

(1) 掌握极坐标指令的编程格式及应用。
(2) 掌握中等复杂程度零件的编程及工艺分析要点。
(3) 会编制完整、合理的加工程序。
(4) 能合理使用设备及工、量、刃具加工出合格的零件。

◇◇◇◇◇◇◇◇◇ 三、项目准备 ◇◇◇◇◇◇◇◇◇

1. 设备准备

本项目所需设备见表 5-1。

表 5-1 设备准备建议清单

序　号	名　称	机床型号	数　量
1	数控铣床	VDL600	1 台/2 人
2	机用虎钳	相应型号	1 台/工位
3	锁刀座	LD-BT40A	2 只/车间

2. 毛坯准备

按图 5-1 所示的要求备料，材料清单见表 5-2。

表 5-2 毛坯准备建议清单

序　号	材　料	规格/mm	数　量
1	2Al2	100 × 100 × 50	1 件/人

3. 工、量、刃具准备

本项目工、量、刃具准备清单见表5-3。

表5-3 工、量、刃具准备建议清单

类 别	序 号	名 称	规格或型号	精度/mm	数 量
工具	1	机用虎钳扳手	配套		1个/工位
	2	卸刀扳手	ER32		2个
	3	等高垫铁	根据机用平口钳和工件自定		1副
	4	锉刀、油石			自定
量具	1	外径千分尺	50～75、75～100	0.01	各1把
	2	游标卡尺	0～150	0.02	1把
	3	深度千分尺	0～50	0.01	1把
	4	*R*规	*R*1～*R*25		1个
	5	杠杆百分表	0～0.8	0.01	1个
	6	磁力表座		0.01	1个
	7	机械偏摆式寻边器			
	8	*Z*轴设定器	ZDI-50	0.01	1个
刃具	1	平面铣刀刀片	SENN1203-AFTN1		6片
	2	中心钻	A2.5		1个
	3	立铣刀	ϕ10、ϕ16		各1支

◇◇◇◇◇◇◇◇◇ 四、项目实施 ◇◇◇◇◇◇◇◇◇

【工作任务分解】

任务一 极坐标指令的编程格式及应用。

任务二 制订加工工艺卡片。

任务三 工件加工。

任务一 极坐标指令的编程格式及应用

【知识链接】

FANUC极坐标指令有G16(启动极坐标指令)和G15(取消极坐标指令)，其格式如下：

```
G16 G** IP;
 ⋮
G15;
```

终点的坐标值可以用极坐标(极半径和极角度)输入。极角度的正向是所选平面的第一轴正向的逆时针转向，而负向是沿顺时针转动的转向。极半径和极角度两者可以使用绝对值指令或增量值指令(G90、G91)。

说明：

① 将工件坐标系零点作为极坐标系的原点，用绝对值编程指令指定极半径(零点和编程点之间的距离)。

② 将当前位置作为极坐标系的原点，用增量值编程指令指定极半径(当前位置和编程点之间的距离)。

③ 用绝对值指令指定极角度和极半径(X 为极半径值，Y 为极角度值)。

④ 用增量值指令指定极角度，用绝对值指令指定极半径，采用 G90、G91 指令混合编程。

⑤ 在极坐标方式中，对于圆弧插补或螺旋线切削(G02、G03)，用 R 指定半径。

⑥ 在极坐标方式中，不能指定任意角度倒角和拐角圆弧过渡。

⑦ 用 G04、G10、G52、G92、G53、G22、G68、G51 指令指定的轴，不属于极坐标指令的部分。

【例】 加工正六边形，设工件编程原点在正六边形图形上表面对称中心，坐标系为 G54，见表 5-4。

表 5-4 正六边形零件

图 形

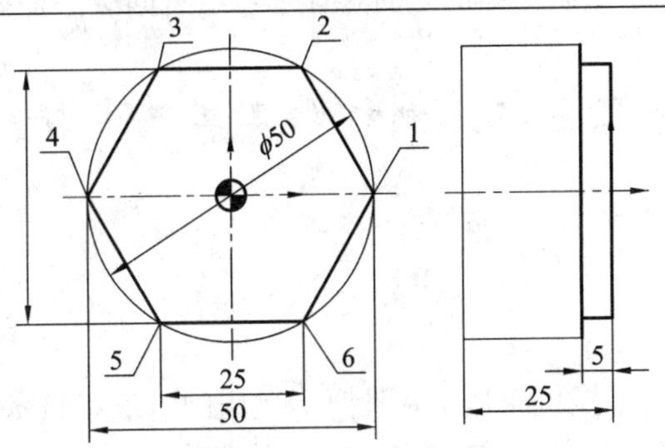

第 1 个点坐标：$X = 25.000$，$Y = 0.000$

第 2 个点坐标：$X = 12.500$，$Y = 21.651$

第 3 个点坐标：$X = -12.500$，$Y = 21.651$

第 4 个点坐标：$X = -25.000$，$Y = 0.000$

第 5 个点坐标：$X = -12.500$，$Y = -21.651$

第 6 个点坐标：$X = 12.500$，$Y = -21.651$

程 序	说 明
N00 G54 G90 G40 G17 G15 G00 Z100.;	指定极坐标指令和选择 *XY* 平面，设定工件坐标系零点
N05 X35. Y0.;	直线插补
N10 Z10.;	直线插补
N15 M03 S1000;	主轴正转
N20 M08;	冷却开
N25 G01 Z-5. F30.;	直线插补
N30 G41 G01 X25. Y0. D1 F60.;	建立刀具半径补偿

续表

程　序	说　明
N35 G16;	建立极坐标指令
N40 Y60.;	指定 25 mm 的距离(极半径)和 60°的角度
N45 Y120.;	指定 25 mm 的距离(极半径)和 120°的角度
N50 Y180.;	指定 25 mm 的距离(极半径)和 180°的角度
N55 Y240.;	指定 25 mm 的距离(极半径)和 240°的角度
N60 Y300.;	指定 25 mm 的距离(极半径)和 300°的角度
N65 Y360.;	指定 25 mm 的距离(极半径)和 360°的角度
N70 G15;	取消极坐标指令
N75 G40 G01 X35. Y0.;	取消刀具半径补偿
N80 G00 Z100.;	Z 轴退回
N85 M30;	程序结束

【任务实施】

1. 通过任务书、多媒体教学等方式，初步认识极坐标指令的编程格式。
2. 以小组为单位，进行极坐标指令的编程练习，巩固所学知识。

任务二　制订加工工艺卡片

【知识链接】

1. 数控加工工艺的特点

数控加工工艺是采用数控机床加工零件时所运用的方法和技术手段的总和。

数控加工与通用机床加工相比较，在许多方面遵循的原则基本一致。但由于数控机床本身自动化程度较高，控制方式不同，设备费用也高，因此数控加工工艺有以下几个特点。

(1) 工艺的内容十分具体。

用普通机床加工时，许多具体的工艺问题，如工艺中各工步的划分与顺序安排、刀具的几何形状、走刀路线及切削用量等，在很大程度上都是由操作人员根据自己的实践经验和习惯自行考虑而决定的，一般无需工艺人员在设计工艺规程时进行过多的规定。而在数控加工时，上述这些具体工艺问题不仅成为数控工艺设计时必须认真考虑的内容，而且还必须做出正确的选择并将其编入加工程序中。也就是说，本来是由操作人员在加工中灵活掌握并可通过适时调整来处理的许多具体工艺问题和细节，在数控加工时就转变为编程人员必须事先设计和安排的内容。

(2) 工艺的设计非常严密。

数控机床虽然自动化程度较高，但自适应性差。它不能像通用机床一样，在加工时可以根据加工过程中出现的问题，比较灵活自由地适时进行人为调整。即使现代数控机床在自适应调整方面做出了不少努力与改进，其自由度也不大。比如，数控机床在镗削盲孔时，它就不知道孔中是否已挤满了切屑，是否需要退一下刀，而是一直镗到结束为止。所以，在数控加工的工艺设计中必须注意加工过程中的每一个细节。同时，在对图形进行数学处理、计算和编程时，都要力求准确无误，以使数控加工顺利进行。在实际工作中，一个小数点或一个正负号的差错就可能酿成重大机床事故和质量事故。

(3) 注重加工的适应性。

要根据数控加工的特点，正确选择加工方法和加工内容。

数控加工自动化程度高、质量稳定、可多坐标联动、便于工序集中，但其价格昂贵，操作技术要求高，加工方法和加工对象选择不当往往会造成较大损失。为了既能充分发挥出数控加工的优点，又能达到较好的经济效益，在选择加工方法和对象时要特别慎重，甚至有时还要在基本不改变工件原有性能的前提下，对其形状、尺寸和结构等作适应数控加工的修改。

一般情况下，在选择和决定数控加工内容的过程中，有关工艺人员必须对零件图或零件模型作足够具体和充分的工艺性分析。在进行数控加工的工艺性分析时，编程人员应根据所掌握的数控加工基本特点及所用数控机床的功能和实际工作经验，尽力把前期准备工作做得更仔细、更扎实一些，以便为下面要进行的工作铺平道路，减少失误和返工，不留遗患。

也就是说，数控加工的工艺设计必须在程序编制工作开始以前完成。因为只有工艺方案确定以后，编程才有依据。工艺方案的好坏不仅会影响机床效率的发挥，而且将直接影响零件的加工质量。根据大量加工实例分析，工艺设计考虑不周是造成数控加工差错的主要原因之一，因此在编程前做好工艺分析规划是十分必要的。

2. 数控加工工艺设计的主要内容

(1) 选择适合在数控机床上加工的零件，确定工序内容。

(2) 分析被加工零件的图样，明确加工内容及技术要求，确定零件的加工方案，制订数控加工工艺路线，如划分工序、处理与非数控加工工序的衔接等。

(3) 设计加工工序、工步，如零件定位基准的选取，夹具、辅具方案的确定和切削用量的确定等。

(4) 调整数控加工程序，如选取对刀点和换刀点，确定刀具补偿，确定加工路线。

(5) 分配数控加工中的加工余量。

(6) 处理数控机床上的部分工艺指令。

(7) 首件试加工与现场问题处理。

(8) 定型与归档数控加工工艺文件。

不同的数控机床，工艺文件的内容也有所不同。一般来讲，数控铣床的工艺文件应包括以下内容：编程任务书、数控加工工艺卡片、数控机床调整单、数控加工刀具卡片、数控加工进给路线图、数控加工程序单。其中以数控加工工艺卡片和数控刀具卡片最为重要。前者是说明数控加工顺序和加工要素的文件，后者是刀具使用的依据。

为了加强技术文件管理，数控加工工艺文件也应向标准化、规范化方向发展，但目前尚无统一的国家标准。目前在企业中，一般是根据自身的实际情况来制订上述有关工艺文件。本项目零件的数控加工工艺卡片见表5-5。

表5-5　数控加工工艺卡片

工步	加工内容	刀具			切削深度 a_p/mm	切削速度 v_c/(m/min)	主轴转速 S/(r/min)	进给速度 v_f/(mm/min)
		刀号	名称	直径/mm				
	平口钳装夹工件并找正							
1	铣削上平面	T1	面铣刀	ϕ63	0.5	100	500	300
2	粗铣内方槽，留0.3 mm余量	T2	立铣刀	ϕ10	5	30	1000	120
3	粗铣右腰形槽，留0.3 mm余量	T2	立铣刀	ϕ10	5	30	1000	120
4	粗铣左腰形槽，留0.3 mm余量	T2	立铣刀	ϕ10	5	30	1000	120
5	粗铣外轮廓，留0.3 mm余量	T2	立铣刀	ϕ10	5	30	1000	120
6	精铣内方槽	T3	立铣刀	ϕ10	5	36	1200	120
7	精铣右腰形槽	T3	立铣刀	ϕ10	5	36	1200	120
8	精铣左腰形槽	T3	立铣刀	ϕ10	5	36	1200	120
9	精铣外轮廓	T3	立铣刀	ϕ10	5	36	1200	120

【任务实施】

1. 通过任务书、多媒体教学以及教师演示等方式，掌握分析较复杂轮廓的加工。
2. 以小组为单位，讨论并制订本项目工件的加工工艺卡片。

任务三　工件加工

【任务实施】

1. 通过任务书、多媒体教学以及教师演示等方式，掌握零件加工的过程。
2. 以小组为单位，进行铣削加工(加工参考程序见表5-6)，控制轮廓尺寸及公差。

表5-6　加工参考程序

程　　序	说　　明
内方槽加工程序	
O1007 ;	程序名
N00 G90 G80 G40 G21 G17 ;	安全语句
N05 G00 G54 X0. Y3. S1000 M03 ;	定义工件坐标系、进刀位置，主轴转
N10 Z100. ;	定义安全平面
N15 Z5. ;	快速下刀
N20 G01 Z-5. F30. ;	工进下刀至加工深度

续表一

程　序	说　明
N25 G01 G41 D01 X10. F120. ;	建立刀具半径左补偿
N30 G03 X0. Y13. R10. ;	圆弧插补
N35 G01 X-13. ;	直线插补
N40 G03 X-20. Y6. R7. ;	圆弧插补
N45 G01 Y-6. ;	直线插补
N50 G03 X-13. Y-13. R7. ;	圆弧插补
N55 G01 X13. ;	直线插补
N60 G03 X20. Y-6. R7. ;	圆弧插补
N65 G01 Y6. ;	直线插补
N70 G03 X13. Y13. R7. ;	圆弧插补
N75 G01 X0. ;	直线插补
N80 G03 X-10. Y3. R10. ;	圆弧插补
N85 G01 G40 X0. ;	取消刀具补偿
N90 G00 Z100. ;	刀具快速回退到安全平面
N95 M05 ;	主轴停止
N100 G91 G28 Y0. ;	工作台回退到近身侧
N105 M30 ;	程序结束
右腰形槽加工程序(此参考程序采用绝对坐标系编程)	
O1008 ;	程序名
N00 G90 G80 G40 G21 G17 ;	安全语句
N05 G00 G54 X35. Y0. S1000 M03 ;	定义工件坐标系、进刀位置，主轴转
N10 Z100. ;	定义安全平面
N15 Z5. ;	快速下刀
N20 G01 Z-5. F30. ;	工进下刀至加工深度
N25 G01 G41 D01 X42. F120. ;	建立刀具半径左补偿
N30 G03 X36.373 Y21. R42. ;	圆弧插补
N35 G03 X25.981 Y15. R6. ;	圆弧插补
N40 G02 X25.981 Y-15. R30. ;	圆弧插补
N45 G03 X36.373 Y-21. R6. ;	圆弧插补
N50 G03 X42. Y0. R42. ;	圆弧插补
N55 G01 G40 X35. ;	取消刀具补偿
N60 G00 Z100. ;	刀具快速回退到安全平面
N65 M05 ;	主轴停止
N70 G91 G28 Y0. ;	工作台回退到近身侧
N75 M30 ;	程序结束

续表二

程　　序	说　　明
左腰形槽加工程序(此参考程序采用绝对坐标系编程)	
O1009 ;	程序名
N00 G90 G80 G40 G21 G17 ;	安全语句
N05 G00 G90 G54 X0. Y0. S1000 M03 ;	定义工件坐标系，主轴转
N10 G68 X0. Y0. R180. ;	坐标旋转
N15 X35. Y0. ;	定义进刀位置
N20 Z100. ;	定义安全平面
N25 Z5. ;	快速下刀
N30 G01 Z-5. F30. ;	工进下刀至加工深度
N35 G01 G41 D01 X42. F120. ;	建立刀具半径左补偿
N40 G03 X36.373 Y21. R42. ;	圆弧插补
N45 G03 X25.981 Y15. R6. ;	圆弧插补
N50 G02 X25.981 Y-15. R30. ;	圆弧插补
N55 G03 X36.373 Y-21. R6. ;	圆弧插补
N60 G03 X42. Y0. R42. ;	圆弧插补
N65 G01 G40 X35. ;	取消刀具补偿
N70 G69 ;	取消旋转
N75 G00 Z100. ;	刀具快速回退到安全平面
N80 M05 ;	主轴停止
N85 G91 G28 Y0. ;	工作台回退到近身侧
N90 M30 ;	程序结束
右腰形槽加工程序(此参考程序采用极坐标系编程)	
O1109 ;	程序名
N00 G90 G80 G40 G21 G17 ;	安全语句
N05 G00 G54 X0. Y0. S1000 M03 ;	定义工件坐标系，主轴转
N10 G16 ;	建立极坐标
N15 X36. Y0. ;	定义进刀位置
N20 Z100. ;	定义安全平面
N25 Z5 ;	快速下刀
N30 G01 Z-5. F30. ;	工进下刀至加工深度
N35 G01 G41 X42. Y0. D01 F120 ;	建立刀具半径左补偿
N40 G03 X42. Y30. R42. ;	圆弧插补
N45 G03 X30. Y30. R6. ;	圆弧插补
N50 G02 X30. Y-30. R30. ;	圆弧插补
N55 G03 X42. Y-30. R6. ;	圆弧插补

续表三

程　　序	说　　明
N60 G03 X42. Y0. R42. ;	圆弧插补
N65 G01 G40 X36. Y0. ;	取消刀具补偿
N70 G15;	取消极坐标
N75 G0 Z100. ;	刀具快速回退到安全平面
N80 M05 ;	主轴停止
N85 G91 G28 Y0. ;	工作台回退到近身侧
N90 M30 ;	程序结束
外形加工程序(本程序采用四分之一圆弧切入、切出)	
O1010 ;	程序名
N00 G90 G80 G40 G21 G17 ;	安全语句
N05 G00 G90 G54 X0. Y-55. S1000 M03 ;	定义工件坐标系、进刀位置，主轴转
N10 Z100. ;	定义安全平面
N15 Z5. ;	快速下刀
N20 G01 Z-5. F30. ;	工进下刀至加工深度
N25 G01 G41 D01 X20. F120. ;	建立刀具半径左补偿
N30 G03 X0. Y-35. R20. ;	圆弧插补
N35 G02 X-40.714 Y-26.785 R105. ;	圆弧插补
N40 G02 X-45. Y-20.333 R7. ;	圆弧插补
N45 G01 Y20.333 ;	直线插补
N50 G02 X-40.714 Y26.785 R7. ;	圆弧插补
N55 G02 X40.714 Y26.785 R105. ;	圆弧插补
N60 G02 X45. Y20.333 R7. ;	圆弧插补
N65 G01 Y-20.333 ;	直线插补
N70 G02 X40.714 Y-26.785 R7. ;	圆弧插补
N75 G02 X0. Y-35. R105. ;	圆弧插补
N80 G03 X-20. Y-55. R20. ;	圆弧插补
N85 G01 G40 X0. ;	取消刀具补偿
N90 G00 Z100. ;	刀具快速回退到安全平面
N95 M05 ;	主轴停止
N100 G91 G28 Y0. ;	工作台回退到近身侧
N105 M30 ;	程序结束

◇◇◇◇◇◇◇◇◇ 五、项目评价 ◇◇◇◇◇◇◇◇◇

1. 操作过程评价

请考评员认真填写“现场工作任务考核评价记录表”。

现场工作任务考核评价记录表

姓　名：__________　　　　学　号：__________

班　级：__________　　　　工件编号：__________

序号	考核内容	考核方法	考核评定			考核记录
			优秀(5分)	合格(2分)	不合格(0分)	
1	熟悉实训基地内的数控铣床设备	(1) 会正确识别数控加工机床的型号	□	□	□	
		(2) 会正确识别数控铣床的主要结构	□	□	□	
		(3) 会正确阐述数控铣床的工作原理	□	□	□	
						总分：　　分
2	生产场所“7S”	(1) 工、量、刃具的放置是否依规定摆放整齐	□	□	□	
		(2) 会正确使用工、量具	□	□	□	
		(3) 会保持工作场地的干净整洁	□	□	□	
		(4) 有团队精神，遵守车间生产的规章制度	□	□	□	
		(5) 作业人员有较强的安全意识，能及时报告并消除有安全隐患的因素	□	□	□	
		(6) 作业人员有较强的节约意识	□	□	□	
		(7) 会对数控铣床正确进行日常维护和保养	□	□	□	
						总分：　　分
3	刀具安装	(1) 刀具安装顺序正确	□	□	□	
		(2) 拆装姿势和力度规范	□	□	□	
		(3) 刀具装夹位置正确	□	□	□	
						总分：　　分
4	工件安装及对刀找正	(1) 机床操作规范、熟练	□	□	□	
		(2) 工件装夹正确、规范	□	□	□	
		(3) 会熟练操作控制面板	□	□	□	
		(4) 会正确选择工件坐标系	□	□	□	

续表

序号	考核内容	考核方法	考核评定			考核记录
			优秀(5分)	合格(2分)	不合格(0分)	
4	工件安装及对刀找正	(5) 熟悉对刀步骤	□	□	□	
		(6) 在规定时间内完成对刀流程	□	□	□	
		(7) 操作过程中行为、纪律表现	□	□	□	
		(8) 安全文明生产	□	□	□	
		(9) 设备维护保养正确	□	□	□	
					总分：	分
5	手工程序输入(EDIT)及校验	(1) 知道基本指令的功能	□	□	□	
		(2) 熟悉手工程序输入的过程	□	□	□	
		(3) 熟悉手工程序校验的过程	□	□	□	
					总分：	分
6	制订加工工艺卡片	(1) 知道基本指令的功能	□	□	□	
		(2) 会正确制订切削加工工艺卡片	□	□	□	
		(3) 会合理选择切削用量	□	□	□	
		(4) 会正确选择工件坐标系	□	□	□	
		(5) 所编写的程序正确、简单、规范	□	□	□	
					总分：	分
7	工件加工	(1) 机床操作规范、熟练	□	□	□	
		(2) 刀具选择与装夹正确、规范	□	□	□	
		(3) 工件装夹、找正正确、规范	□	□	□	
		(4) 正确选择工件坐标系，对刀正确、规范	□	□	□	
		(5) 切削加工工艺制订正确	□	□	□	
		(6) 正确输入和校验加工程序	□	□	□	
		(7) 操作过程中行为、纪律表现	□	□	□	
		(8) 安全文明生产	□	□	□	
		(9) 设备维护保养正确	□	□	□	
					总分：	分

加工总时间：__________

总　　分：__________

考评员签字：__________

日　　期：__________

2. 自我评价

学生对自己进行自我评价，并填写下表。

自 我 评 价

项　　目	发现的问题及现象	产生的原因	解决方法
工艺编制			
程序编制			
刀具选择及加工参数			
机床操作加工			
零件质量			
安全生产及文明生产			

3. 工件质量检测评价

请检测员填写“工件质量检测评价表”。

工件质量检测评价表

项　目	序号	技术要求	配分	评分标准	检测记录	得分
工件 (70 分)	1	$90_{-0.054}^{\ 0}$	20	超差不得分		
	2	$70_{-0.054}^{\ 0}$	20	超差不得分		
	3	$26_{\ 0}^{+0.033}$	20	超差不得分		
	4	$40_{\ 0}^{+0.039}$	5	超差不得分		
	5	*Ra*3.2 μm	5	超差不得分		
	6	锐角倒钝	5	未做不得分		
程序 (10 分)	7	程序正确合理	10	视严重性，不合理每处扣 1～3 分		
操作(10 分)	8	机床操作规范	10	视严重性，不合理每处扣 1～3 分		
工件完整(10 分)	9	工件按时加工完成	10	超 10 分钟扣 3 分		
缺陷	10	工件缺陷、尺寸误差 0.5 以上、外形与图纸不符	(倒扣分)	倒扣 3 分/处		
文明生产	11	人身、机床、刀具安全		倒扣 5～20 分/次		

【知识拓展】

螺旋测微器

1. 螺旋测微器(外径千分尺)的使用方法

1) 螺旋测微器的结构

图 5-2 为螺旋测微器的结构示意图，它主要由测砧、止动旋钮、测微螺杆、固定刻度、尺架、可动刻度、微调旋钮、粗调旋钮等组成。

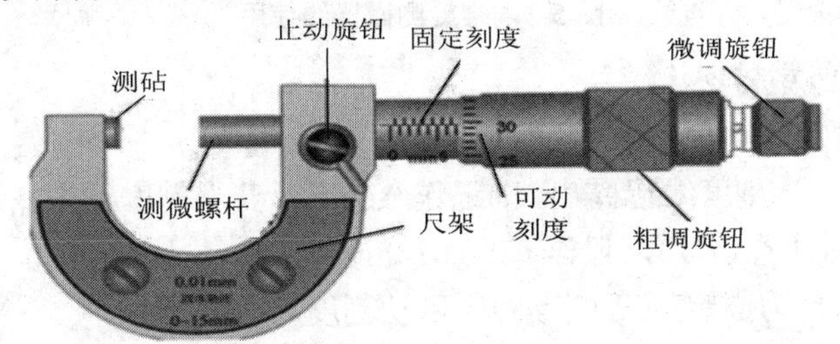

图 5-2　螺旋测微器的结构示意图

2) 螺旋测微器的工作原理

螺旋测微器是依据螺旋放大的原理制成的，即螺杆在螺母中旋转一周，螺杆便沿着旋转轴线方向前进或后退一个螺距的距离。因此，沿轴线方向移动的微小距离，就能用圆周上的读数表示出来。

螺旋测微器的精密螺纹的螺距是 0.5 mm，可动刻度有 50 个等分刻度，可动刻度旋转一周，测微螺杆可前进或后退 0.5 mm，因此旋转每个小分度相当于测微螺杆前进或后退 0.5/50 = 0.01 mm。可见，可动刻度每一小分度表示 0.01 mm，所以螺旋测微器可准确到 0.01 mm。由于还能再估读一位，可读到毫米的千分位，故螺旋测微器又称外径千分尺。

3) 螺旋测微器的使用方法

使用前应先检查零点。缓缓转动微调旋钮，使测微螺杆和测砧接触，到棘轮发出声音为止，此时可动尺(活动套筒)上的零刻线应当和固定套筒上的基准线(长横线)对正，否则有零误差。因此，先松开锁紧装置，清除油污，特别是测砧与测微螺杆间的接触面要清洗干净。检查微分筒的端面是否与固定套管上的零刻度线重合，若不重合，应先旋转旋钮，直至螺杆要接近测砧时，旋转测力装置，当螺杆刚好与测砧接触时会听到喀喀声，这时停止转动。如果两个零线仍不重合(两个零线重合的标志是：微分筒的端面与固定刻度的零线重合，且可动刻度的零线与固定刻度的水平横线重合)，可松动固定套管上的小螺丝，用专用扳手调节套筒的位置，使两个零线对齐，最后拧紧小螺丝。不同厂家生产的千分尺的调零方法不一样，这里仅是其中一种调零方法。

检查千分尺零位是否校准时，要使螺杆和测砧接触，偶尔会发生向后旋转测力装置时，两者不分离的情形。这时可用左手手心用力顶住尺架上测砧的左侧，右手手心顶住测力装置，再用手指沿逆时针方向旋转旋钮，使螺杆和测砧分开。

如图 5-3 所示，左手持尺架，右手转动粗调旋钮使测微螺杆与测砧间距稍大于被测物，放入被测物，转动微调旋钮到夹住被测物，直到棘轮发出声音为止，拨动止动旋钮使测微螺杆固定，然后读数。

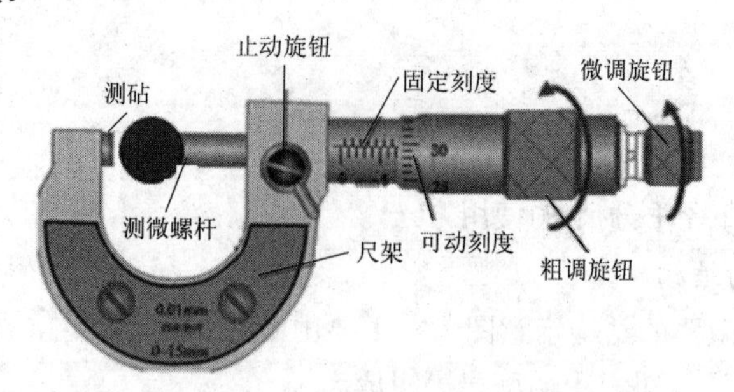

图 5-3　螺旋测微器的使用

4) 螺旋测微器的读数方法

(1) 读固定刻度。

(2) 读半刻度，若半刻度线已露出，则记作 0.5 mm；若半刻度线未露出，则记作 0.0 mm。

(3) 读可动刻度(注意估读)，记作 $n \times 0.01$ mm。

(4) 最终读数结果为固定刻度+半刻度+可动刻度。

注意：被测值的整数部分要在主刻度上读(以微分筒(辅刻度)端面所处在主刻度的上刻线位置来确定)，如图 5-4 所示，小数部分在微分筒和固定套管(主刻度)的下刻线上读。当下刻线出现时，小数值 = 0.5 + 微分筒上读数；当下刻线未出现时，小数值 = 微分筒上读数。因此，

$$\text{整个被测值} = \text{整数值} + \text{小数值}\begin{cases} 0.5 + \text{微分筒上读数(下刻线出现)} \\ \text{微分筒上读数(下刻线未出现)} \end{cases}$$

如图 5-4 所示，读套筒上侧刻度为 3，下侧刻度在 3 之后，也就是说 $3 + 0.5 = 3.5$，然后读套管刻度与 25 对齐，就是 $25 \times 0.01 = 0.25$，全部加起来就是 3.75。

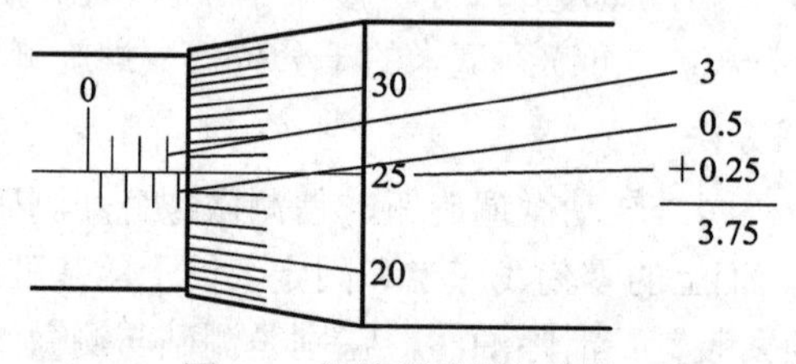

图 5-4　螺旋测微器的读数

5) 外径千分尺零误差的判定

校准好的外径千分尺，当测微螺杆与测砧接触后，可动刻度上的零线与固定刻度上的水平横线应该是对齐的，如图 5-5(a)所示；如果没有对齐，测量时就会产生系统误差——零误差。如无法消除零误差，则应考虑它们对读数的影响。

(1) 可动刻度的零线在水平横线上方，且第 x 条刻度线与横线对齐，即说明测量时的读数要比真实值小 $x/100$ mm，这种零误差称为负零误差，如图 5-5(b)所示。

(2) 可动刻度的零线在水平横线下方，且第 y 条刻度线与横线对齐，即说明测量时的读数要比真实值大 $y/100$ mm，这种误差称为正零误差，如图 5-5(c)所示。

对于存在零误差的外径千分尺，测量结果应等于读数减去零误差，即

$$\text{物体直径} = \text{固定刻度读数} + \text{可动刻度读数} - \text{零误差}$$

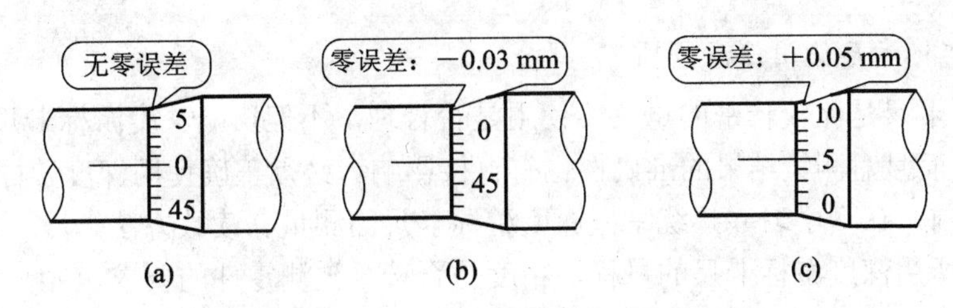

图 5-5　外径千分尺零误差的判定

6) 螺旋测微器的注意事项

(1) 测量时，在测微螺杆快靠近被测物体时应停止使用粗调旋钮，而改用微调旋钮，避免产生过大的压力，这样既可使测量结果精确，又能保护螺旋测微器。

(2) 读数时，要注意固定刻度尺上表示半毫米的刻度线是否已经露出。

(3) 读数时，千分位有一位估读数字，不能随便扔掉，即使固定刻度的零点正好与可动刻度的某一刻度线对齐，千分位上也应读取为“0”。

(4) 当测砧和测微螺杆并拢时，可动刻度的零点与固定刻度的零点不相重合，将出现零误差，应加以修正，即在最后测长度的读数上去掉零误差的数值。

7) 螺旋测微器的正确使用和保养

(1) 检查零位线是否准确。

(2) 测量时需把工件被测量面擦干净。

(3) 工件较大时应放在 V 型铁或平板上测量。

(4) 测量前将测量杆和砧座擦干净。

(5) 拧活动套筒时需用棘轮装置。

(6) 不要拧松后盖，以免造成零位线改变。

(7) 不要在固定套筒和活动套筒间加入普通机油。

(8) 用后擦净、上油，放入专用盒内，置于干燥处。

2. 深度游标卡尺的使用方法

深度游标卡尺是一种用游标读数的深度量尺，用于测量凹槽或孔的深度、梯形工件的梯层高度、长度等尺寸，简称为“深度尺”。

深度游标卡尺如图 5-6 所示，其结构特点是尺框 3 与测量基座 1 形成的基座的端面和尺身 4 的端面是它的两个测量面。如测量内孔深度时应把基座的端面紧靠在被测孔的端面上，使尺身与被测孔的中心线平行，伸入尺身，则尺身端面至基座端面之间的距离就是被测零件的深度尺寸。它的读数方法和游标卡尺的完全一样。

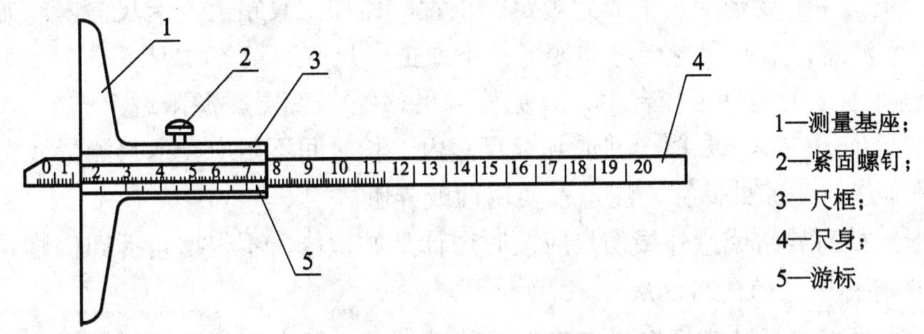

图 5-6　深度游标卡尺

1) 深度游标卡尺使用注意事项

深度游标卡尺是比较精密的量具，使用是否合理，不但影响深度游标卡尺本身的精度和使用寿命，而且对测量结果的准确性也有直接影响。必须正确使用深度游标卡尺。

(1) 使用前，认真学习并熟练掌握深度游标卡尺的测量、读数方法。

(2) 清楚所用深度游标卡尺的量程、精度是否符合被测零件的要求。

(3) 使用前，检查深度游标卡尺是否完整无任何损伤；移动尺框 3 时，活动要自如，不应过松或过紧，更不能有晃动现象。

(4) 使用前，用纱布将深度游标卡尺擦拭干净，检查尺身 4 和游标 5 的刻线是否清晰，尺身有无弯曲变形、锈蚀等现象；校验零位，检查各部分作用是否正常。

(5) 使用深度游标卡尺时，要轻拿轻放，不得碰撞或跌落地下。不要用深度游标卡尺来测量粗糙的物体，以免过早损坏测量面。

(6) 移动卡尺的尺框和微动装置时，不要忘记松开紧固螺钉 2；但也不要松得过量，以免螺钉脱落丢失。

(7) 测量前，应将被测量表面擦干净，以免灰尘、杂质磨损量具。

(8) 卡尺的测量基座和尺身端面应垂直于被测表面并贴合紧密，不得歪斜，否则会造成测量结果不准确。

(9) 应在足够的光线下读数，两眼的视线与卡尺的刻线表面垂直，以减小读数误差。

(10) 在机床上测量零件时，要等零件完全停稳后再进行，否则不但使量具的测量面过早磨损而失去精度，还会造成事故。

(11) 测量沟槽深度或其他基准面是曲线时，测量基座的端面必须放在曲线的最高点上，测量出的深度尺寸才是工件的实际尺寸，否则会出现测量误差。

(12) 用深度游标卡尺测量零件时，不允许过分地施加压力，所用压力应使测量基座刚好接触零件基准表面，尺身刚好接触测量平面。如果测量压力过大，不但会使尺身弯曲或基座磨损，还会使测量的尺寸不准确。

(13) 为减小测量误差，适当增加测量次数，并取其平均值，即在零件的同一基准面上的不同方向进行测量。

(14) 测量温度要适宜，刚加工完的工件由于温度较高不能马上测量，须等工件冷却至室温后再测量，否则测量误差太大。

(15) 量具在使用过程中，不要和工具、刃具(如锉刀、榔头、车刀和钻头等)堆放在一起，以免碰伤量具。

(16) 测量结束后要把卡尺平放到规定的位置，比如工具箱上或卡尺盒内，尤其是大尺寸的卡尺更应注意，否则尺身会弯曲变形。不要把卡尺放到设备(如床头、导轨、刀架)上、磁场附近(例如磨床的磁性工作台上，以免使卡尺感磁)、高温热源附近。

(17) 卡尺使用完毕，要擦净并放到卡尺盒内。长时间不用应在卡尺测量面上涂黄油或凡士林，放干燥、阴凉处储存，注意不要锈蚀或弄脏。

(18) 卡尺如有异常或意外损伤，应及时送计量站检修，不得擅自拆卸检修。

2) 深度游标卡尺的使用方法

测量时，先把测量基座轻轻压在工件的基准面上，两个端面必须接触工件的基准面，如图 5-7(a)所示。测量轴类等台阶时，测量基座的端面一定要压紧在基准面上，如图 5-7(b)、(c)所示，再移动尺身，直到尺身的端面接触到工件的量面(台阶面)上，然后用紧固螺钉固定尺框，提起卡尺，读出深度尺寸。多台阶小直径的内孔深度测量，要注意尺身的端面是否在要测量的台阶上，如图 5-7(d)所示。当基准面是曲线时，如图 5-7(e)所示，测量基座的端面必须放在曲线的最高点上，测量出的深度尺寸才是工件的实际尺寸，否则会出现测量误差。

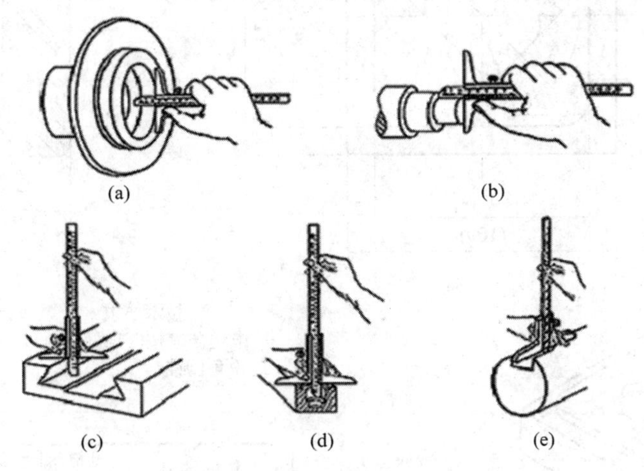

图 5-7　深度游标卡尺的使用方法

【拓展训练】

运用所学知识，编写图 5-8 及图 5-9 所示零件的加工程序并校验。

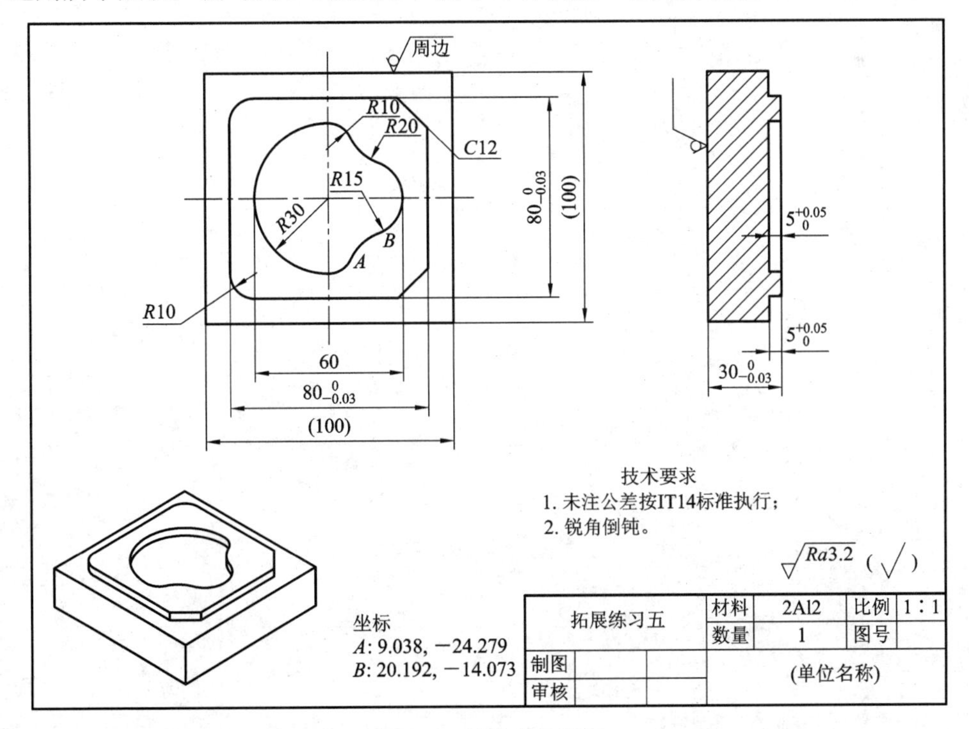

图 5-8　钥匙形零件图

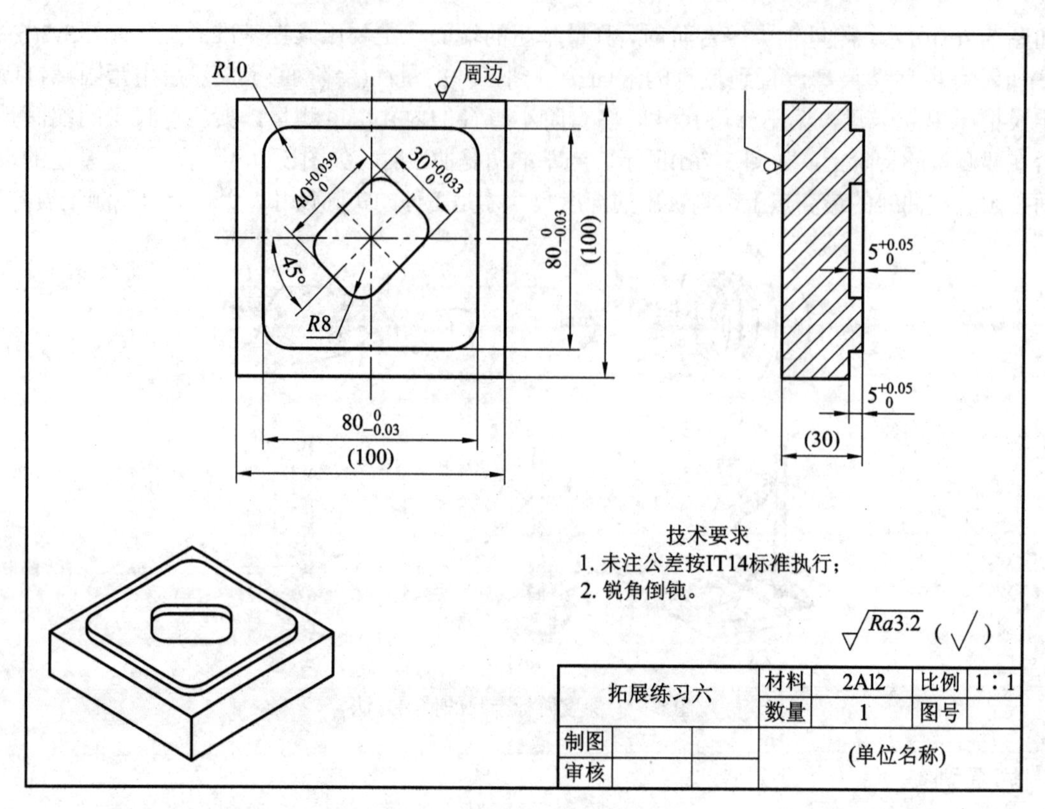

图 5-9　旋转矩形槽零件图

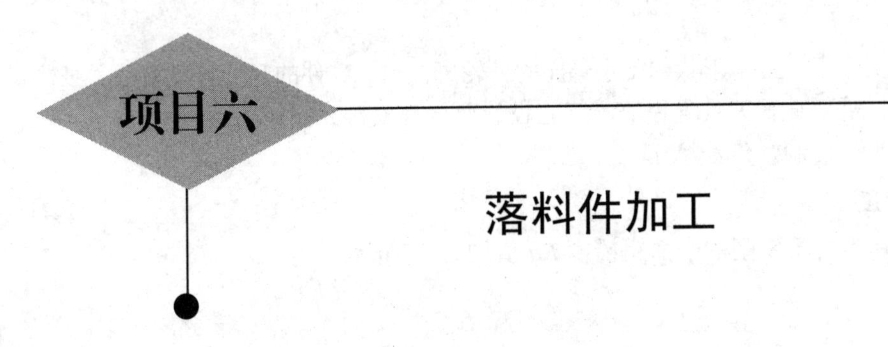

项目六

落料件加工

◇◇◇◇◇◇◇◇◇　一、项目导入与分析　◇◇◇◇◇◇◇◇◇

本项目是典型的落料件零件的加工，如图 6-1 所示。

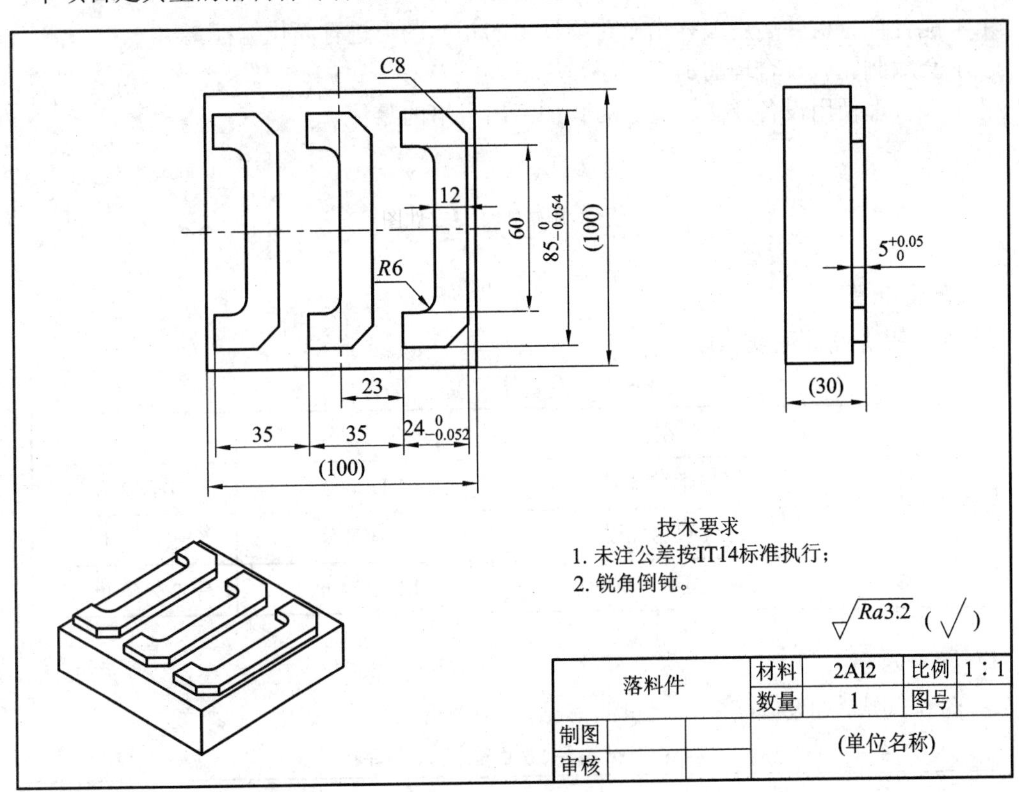

图 6-1　落料件零件图

1. 零件形状

图 6-1 为三个 C 字形长 85 mm、宽 24 mm、间隔等距 35 mm 均布在 100 mm × 100 mm 的正方形上的凸台二维铣综合切削加工零件，其几何形状规则，主要加工轮廓是三个形状、

尺寸一样的外轮廓凸台。在加工时要选择合适的下刀点和设计进退刀路线，防止过切。

2. 尺寸精度

该零件的加工要素为三个形状、尺寸一样的外轮廓凸台。零件的尺寸精度有公差要求。加工三个外轮廓时需要偏置刀具半径值，工艺设计要合理安排并操作正确。另外，需要合理安排粗、精加工，控制好公差尺寸。

3. 表面粗糙度

本项目零件所有外形铣削的表面粗糙度 *Ra* 值均为 3.2 μm。

4. 技术要求

锐角倒钝。

◇◇◇◇◇◇◇◇◇ 二、项目目标 ◇◇◇◇◇◇◇◇◇

(1) 掌握子程序编程指令应用及加工编程方法。
(2) 能合理分析并运用编程指令对零件上的相同图形进行简化编程。
(3) 会编制完整、合理的加工程序。
(4) 能合理使用设备及工、量、刃具加工出合格的零件。

◇◇◇◇◇◇◇◇◇ 三、项目准备 ◇◇◇◇◇◇◇◇◇

1. 设备准备

本项目所需设备见表 6-1。

表 6-1 设备准备建议清单

序　号	名　称	机床型号	数　量
1	数控铣床	VDL600	1 台/2 人
2	机用虎钳	相应型号	1 台/工位
3	锁刀座	LD-BT40A	2 只/车间

2. 毛坯准备

按图 6-1 所示的要求备料，材料清单见表 6-2。

表 6-2 毛坯准备建议清单

序　号	材　料	规格/mm	数　量
1	2Al2	100 × 100 × 50	1 件/人

3. 工、量、刃具准备

本项目工、量、刃具准备清单见表 6-3。

表 6-3　工、量、刃具准备建议清单

类 别	序 号	名 称	规格或型号	精度/mm	数 量
工具	1	机用虎钳扳手	配套		1 个/工位
	2	卸刀扳手	ER32		2 个
	3	等高垫铁	根据机用平口钳和工件自定		1 副
	4	锉刀、油石			自定
量具	1	外径千分尺	50～75、75～100	0.01	各 1 把
	2	游标卡尺	0～150	0.02	1 把
	3	深度千分尺	0～50	0.01	1 把
	4	*R* 规	*R*1～*R*25		1 个
	5	杠杆百分表	0～0.8	0.01	1 个
	6	磁力表座		0.01	1 个
	7	机械偏摆式寻边器			
	8	*Z* 轴设定器	ZDI-50	0.01	1 个
刃具	1	平面铣刀刀片	SENN1203-AFTN1		6 片
	2	中心钻	A2.5		1 个
	3	立铣刀	ϕ10、ϕ16		各 1 支

◇◇◇◇◇◇◇◇◇　四、项目实施　◇◇◇◇◇◇◇◇◇

【工作任务分解】

任务一　主程序和子程序指令的运用。
任务二　制订加工工艺卡片。
任务三　工件加工。

任务一　主程序和子程序指令的运用

【知识链接】

1．子程序的概念

把程序中某些固定顺序和重复出现的程序单独抽出来，按一定格式编成一个程序供调用，这个程序就是常说的子程序，这样可以简化主程序的编制。子程序可以被主程序调用，同时子程序也可以调用另一个子程序，其调用格式及含义见表 6-4。

表 6-4　子程序调用格式及含义

程 序 格 式	含　　义
	子程序格式
Oxxxx ; N1000... ; N1010... ; N1020... ; N1030... ; N1040 M99 ;	在子程序的开头，继“O”之后规定子程序号，子程序号由 4 位数字组成，前边的“0”可省略，如“O0011”可写成“O11”。M99 为子程序结束指令。M99 不一定要独立占用一个程序段，如“G00 X_ Y_　Z_ M99”也是可以的
	主程序格式
N1000 ... ; N1010 ... ; N1020 ... ; M98　Pxxxx　Lxxxx ;	M98 是调用子程序指令，地址 P 后面的 4 位数字为子程序号，地址 L 为重复调用次数，若调用次数为“1”，可省略不写。系统允许调用次数为 9999 次。主程序调用某一子程序时需要在 M98 后面写上对应的子程序号，如调用的子程序为 O1010，则主程序段中要写上“M98 P1010”

2. 子程序的执行过程

以图 6-2 所示的程序为例，说明子程序的执行过程。

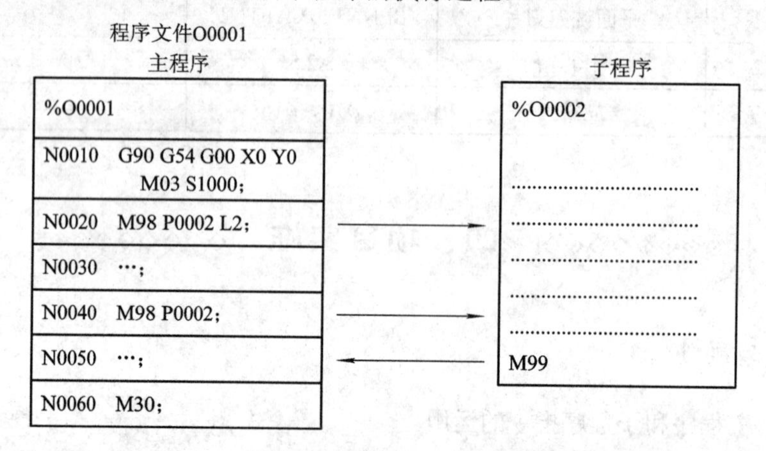

图 6-2　子程序的执行过程

主程序执行到 N0020 时就调用执行%O0002 子程序，重复执行两次后，返回主程序，继续执行 N0020 后面的程序段，当程序执行到 N0040 时再次调用 O0002 子程序一次，返回时又继续执行 N0050 及其后面的程序。当一个子程序调用另一个子程序时，其执行过程同上。

3. 程序应用举例

在一次装夹加工多个相同零件或一个零件有重复加工部分的情况下，可使用子程序。每次调用子程序时的坐标系、刀具半径补偿值、坐标位置、切削用量等可根据情况改变，甚至对子程序进行镜像、缩放、旋转和复制等。

【例】 编制表 6-5 中两个工件的加工程序，设 Z 轴开始点为工件上方 100 mm 处，切削深度为 10 mm。

表 6-5　两个工件的加工程序

图　形	
程　　序	说　　明
主程序	
O0001 ;	程序名
N00 G90 G54 G00 X0. Y0. ;	安全语句，定义工件坐标系
N05 S1000 M03 ;	主轴转
N10 Z100. ;	定义安全平面
N15 M98 P100 ;	调用子程序
N20 G90 G00 X80. ;	直线插补
N25 M98 P100 ;	调用子程序
N30 G00 X0. Y0. ;	工作台回零点
N35 M30 ;	主程序结束
子程序	
O0100 ;	子程序名
N00 G91 G00 Z-95. ;	定义进刀位置
N05 G41 X40. Y20. D01 ;	建立刀具半径左补偿
N10 G01 Z-15. F100. ;	下刀至深度
N15 Y30. ;	圆弧插补
N20 X-10. ;	直线插补
N25 X10. Y30. ;	直线插补
N30 X40. ;	直线插补
N35 X10. Y-30. ;	直线插补
N40 X-10. ;	直线插补
N45 Y-20. ;	直线插补
N50 X-50. ;	直线插补
N55 G00 Z110. ;	直线插补
N60 G40 X-30. Y-30. ;	取消刀具半径补偿
N65 M99 ;	子程序结束，返回主程序

【任务实施】

1．通过任务书、多媒体教学等方式，初步掌握主程序和子程序指令的运用。

2．以小组为单位，进行主程序和子程序指令的编程运用练习，巩固所学知识。

任务二　制订加工工艺卡片

【知识链接】

1．数控铣削加工的工艺适应性

根据数控加工的优缺点及国内外大量应用实践，一般可按工艺适应程度将零件分为下列三类。

1) 最适应类

① 形状复杂，加工精度要求高，用通用加工设备无法加工或虽然能加工但很难保证产品质量的零件。

② 用数学模型描述的复杂曲线或曲面轮廓零件。

③ 具有难测量、难控制进给、难控制尺寸的不敞开内腔的壳体或盒形零件。

④ 须在一次装夹中合并完成铣、镗、铰或攻螺纹等多工序加工的零件。

对于上述零件，可以先不过多地考虑生产率与经济性是否合理，而首先应考虑能不能把它们加工出来，要着重考虑可能性的问题。只要有可能，都应将采用数控加工作为优选方案。

2) 较适应类

较适应数控加工的零件大致有以下几种。

① 在通用机床上加工时易受人为因素干扰，零件价值又高，一旦质量失控便造成重大经济损失的零件。

② 在通用机床上加工时，必须制造复杂的专用工装的零件。

③ 需要多次更改设计后才能定型的零件。

④ 在通用机床上加工时，需要做长时间调整的零件。

⑤ 用通用机床加工时，生产率很低或体力劳动强度很大的零件。

这类零件在分析其可加工性以后，还要在提高生产率及经济效益方面做全面衡量，一般可把它们作为数控加工的主要选择对象。

3) 不适应类

① 生产批量大的零件(当然不排除其中个别工序用数控机床加工)。

② 装夹困难或完全靠找正定位来保证加工精度的零件。

③ 加工余量很不稳定，且数控机床上无在线检测系统可自动调整零件坐标位置的零件。

④ 必须用特定的工艺装备协调加工的零件。

以上零件采用数控加工后，在生产率与经济性方面一般无明显改善，更有可能弄巧成拙或得不偿失，故一般不作为数控加工的选择对象。

2. 数控铣削加工零件的工艺性分析

数控加工工艺性分析涉及的内容很多，从数控加工的可能性和方便性分析，应主要考虑以下问题。

1) 零件图样上尺寸数据的标注原则

① 零件图上的尺寸标注应符合编程方便的特点。在数控加工图上，宜采用同一基准引注尺寸或直接给出坐标尺寸。这种标注方法，既便于编程，也便于协调设计基准、工艺基准、检测基准与编程零点的设置和计算。

② 构成零件轮廓的几何元素的条件应充分。自动编程时，要对构成零件轮廓的所有几何元素进行定义。在分析零件图时，要分析几何元素的给定条件是否充分。如果不充分，则无法对被加工零件进行造型，从而无法编程。

2) 零件各加工部位的结构工艺性应符合数控加工的特点

① 零件所要求的加工精度和尺寸公差应能得到保证。

② 零件的内腔和外形最好采用统一的几何类型和尺寸，尽可能减少刀具规格和换刀次数。

③ 零件的工艺结构设计应确保能采用较大直径的刀具进行加工。采用大直径铣刀加工，能减少加工次数，提高表面的加工质量。零件的被加工轮廓面越低、内槽圆弧越大，则可以采用大直径的铣刀进行加工。因此，内槽圆角半径 R 不宜太小，且应尽可能使被加工零件轮廓面的最大高度 $R > 0.2H$(H 为被加工轮廓面的最大高度)，以获得良好的加工工艺性。刀具半径 r 一般取为内槽圆角半径 R 的 0.8～0.9 倍。

④ 零件铣削面的槽底面圆角半径或底板与肋板相交处的圆角半径 r 不宜太大。由于铣刀与铣削平面接触的最大直径 $d = D-2r$(其中 D 为铣刀直径)，因此，当 D 一定时，圆角半径 r 越大，铣刀端刃铣削平面的面积就越小，铣刀端刃铣削平面的能力就越差，效率越低，工艺性也越差。

⑤ 应采用统一的基准定位。在数控加工过程中，若零件需重新定位安装而没有统一的定位基准，就会导致加工结束后正反两面的轮廓位置及尺寸的不协调。因此，要尽量利用零件本身具有的合适的孔或设置专门的工艺孔或以零件轮廓的基准边等作为定位基准，保证两次装夹加工后相对位置准确。

本项目数控加工工艺卡片见表 6-6。

表 6-6 数控加工工艺卡片

工步	加工内容	刀具			切削深度 a_p/mm	切削速度 v_c/(m/min)	主轴转速 S/(r/min)	进给速度 v_f/(mm/min)
		刀号	名称	直径/mm				
	平口钳装夹工件并找正							
1	铣削上平面	T1	面铣刀	ϕ63	0.5	100	500	300
2	粗铣外轮廓，留 0.3 mm 余量	T1	立铣刀	ϕ10	5	30	1000	120
3	精铣外轮廓	T2	立铣刀	ϕ10	5	36	1200	120

【任务实施】

1. 通过任务书、多媒体教学以及教师演示等方式，学会编写零件加工工艺卡片。
2. 以小组为单位，进行操作练习，巩固所学内容。

任务三　工 件 加 工

【任务实施】

1. 通过任务书、多媒体教学以及教师演示等方式，学会零件加工的方法。
2. 以小组为单位，进行铣削加工(加工参考程序见表 6-7)，控制轮廓尺寸及公差。

表 6-7　加工参考程序

程　序	说　明
主程序	
O1011 ;	程序名
N00 G90 G80 G40 G21 G17 ;	安全语句
N05 G00 G54 X0. Y0. S1000 M03 ;	定义工件坐标系，主轴转
N10 Z100. ;	定义安全平面
N15 Z5. ;	快速下刀
N20 M98 P2000 ;	调用子程序
N25 G52 X-35. ;	建立第一局部坐标系
N30 M98 P2000 ;	调用子程序
N35 G52 X0. Y0. ;	取消局部坐标系，回到工件坐标系
N40 G52 X35. ;	建立第二局部坐标系
N45 M98 P2000 ;	调用子程序
N50 G52 X0. Y0. ;	取消局部坐标系，回到工件坐标系
N55 G00 Z100. ;	刀具快速回退到安全平面
N60 M05 ;	主轴停止
N65 G91 G28 Y0. ;	工作台回退到近身侧
N70 M30 ;	主程序结束
子程序	
O2000 ;	子程序名
N00 X4. Y-62.5. ;	定义进刀位置
N05 G01 Z-5. F30. ;	工进下刀至加工深度
N10 G01 G41 X24. D01 F120. ;	建立刀具半径左补偿
N15 G03 X4. Y-42.5 R20. ;	圆弧插补

续表

程　序	说　明
N20 G01 X-12. ;	直线插补
N25 G01 Y-30. ;	直线插补
N30 G01 X-6. ;	直线插补
N35 G03 X0. Y-24. R6. ;	圆弧插补
N40 G01 Y24. ;	直线插补
N45 G03 X-6. Y30. R6. ;	圆弧插补
N50 G01 X-12. ;	直线插补
N55 G01 Y42.5 ;	直线插补
N60 G01 X4. ;	直线插补
N65 G01 X12. Y34.5 ;	直线插补
N70 G01 Y-34.5 ;	直线插补
N75 G01 X4. Y-42.5 ;	直线插补
N80 G03 X-16 Y-62.5 R20. ;	圆弧插补
N85 G01 G40 X4 Y-62.5 ;	取消刀具补偿
N90 G01 Z5. F200. ;	工进抬刀
N95 M99 ;	子程序结束，返回主程序

◇◇◇◇◇◇◇◇◇ 五、项目评价 ◇◇◇◇◇◇◇◇◇

1. 操作过程评价

请考评员认真填写“现场工作任务考核评价记录表”。

现场工作任务考核评价记录表

姓　名：__________　　　　学　号：__________

班　级：__________　　　　工件编号：__________

序号	考核内容	考 核 方 法	考 核 评 定			考核记录
			优秀(5分)	合格(2分)	不合格(0分)	
1	熟悉实训基地内的数控铣床设备	(1) 会正确识别数控加工机床的型号	□	□	□	
		(2) 会正确识别数控铣床的主要结构	□	□	□	
		(3) 会正确阐述数控铣床的工作原理	□	□	□	
总分：　　　分						

续表一

序号	考核内容	考核方法	考核评定			考核记录
			优秀(5分)	合格(2分)	不合格(0分)	
2	生产场所“7S”	(1) 工、量、刃具的放置是否依规定摆放整齐	□	□	□	
		(2) 会正确使用工、量具	□	□	□	
		(3) 会保持工作场地的干净整洁	□	□	□	
		(4) 有团队精神，遵守车间生产的规章制度	□	□	□	
		(5) 作业人员有较强的安全意识，能及时报告并消除有安全隐患的因素	□	□	□	
		(6) 作业人员有较强的节约意识	□	□	□	
		(7) 会对数控铣床正确进行日常维护和保养	□	□	□	
总分：　　分						
3	刀具安装	(1) 刀具安装顺序正确	□	□	□	
		(2) 拆装姿势和力度规范	□	□	□	
		(3) 刀具装夹位置正确	□	□	□	
总分：　　分						
4	工件安装及对刀找正	(1) 机床操作规范、熟练	□	□	□	
		(2) 工件装夹正确、规范	□	□	□	
		(3) 会熟练操作控制面板	□	□	□	
		(4) 会正确选择工件坐标系	□	□	□	
		(5) 熟悉对刀步骤	□	□	□	
		(6) 在规定时间内完成对刀流程	□	□	□	
		(7) 操作过程中行为、纪律表现	□	□	□	
		(8) 安全文明生产	□	□	□	
		(9) 设备维护保养正确	□	□	□	
总分：　　分						
5	手工程序输入(EDIT)及校验	(1) 知道基本指令的功能	□	□	□	
		(2) 熟悉手工程序输入的过程	□	□	□	
		(3) 熟悉手工程序校验的过程	□	□	□	
总分：　　分						

续表二

序号	考核内容	考 核 方 法	考 核 评 定			考核记录
			优秀(5分)	合格(2分)	不合格(0分)	
6	制订加工工艺卡片	(1) 知道基本指令的功能	□	□	□	
		(2) 会正确制订切削加工工艺卡片	□	□	□	
		(3) 会合理选择切削用量	□	□	□	
		(4) 会正确选择工件坐标系	□	□	□	
		(5) 所编写的程序正确、简单、规范	□	□	□	
总分：　　　分						
7	工件加工	(1) 机床操作规范、熟练	□	□	□	
		(2) 刀具选择与装夹正确、规范	□	□	□	
		(3) 工件装夹、找正正确、规范	□	□	□	
		(4) 正确选择工件坐标系，对刀正确、规范	□	□	□	
		(5) 切削加工工艺制订正确	□	□	□	
		(6) 正确输入和校验加工程序	□	□	□	
		(7) 操作过程中行为、纪律表现	□	□	□	
		(8) 安全文明生产	□	□	□	
		(9) 设备维护保养正确	□	□	□	
总分：　　　分						

加工总时间：__________

总　　分：__________

考评员签字：__________

日　　期：__________

2. 自我评价

学生对自己进行自我评价，并填写下表。

自 我 评 价

项　目	发现的问题及现象	产生的原因	解决方法
工艺编制			

续表

项　目	发现的问题及现象	产生的原因	解决方法
程序编制			
刀具选择及加工参数			
机床操作加工			
零件质量			
安全生产及文明生产			

3. 工件质量检测评价

请检测员填写“工件质量检测评价表”。

工件质量检测评价表

项　目	序　号	技术要求	配　分	评分标准	检测记录	得　分
工件 (70 分)	1	$85_{-0.054}^{0}$	20	超差不得分		
	2	$24_{-0.052}^{0}$	20	超差不得分		
	3	12	20	超差不得分		
	4	*Ra* 3.2 μm	5	超差不得分		
	5	锐角倒钝	5	未做不得分		
程序 (10 分)	6	程序正确合理	10	视严重性，不合理每处扣 1～3 分		
操作 (10 分)	7	机床操作规范	10	视严重性，不合理每处扣 1～3 分		
工件完整 (10 分)	8	工件按时加工完成	10	超 10 分钟扣 3 分		
缺陷	9	工件缺陷、尺寸误 0.5 以上、外形与图纸不符	倒扣分	倒扣 3 分/处		
文明生产	10	人身、机床、刀具安全		倒扣 5～20 分/次		

【知识拓展】

宇龙数控加工仿真系统的基本操作方法

1．界面及菜单介绍

1) 进入数控加工仿真系统

进入宇龙数控加工仿真系统 3.7 版分为两步，首先启动加密锁管理程序，然后启动数控加工仿真系统，过程如下：

(1) 鼠标左键点击“开始”按钮，找到“程序”文件夹中弹出的“数控加工仿真系统”应用程序文件夹，在接着弹出的下级子目录中点击“加密锁管理程序”，如图 6-3(a)所示。加密锁程序启动后，在二级子目录中点击“数控加工仿真系统”，系统弹出“用户登录”界面，如图 6-3(b)所示。

(2) 点击“快速登录”按钮，或输入用户名和密码后点击“登录”按钮，即可进入数控加工仿真系统。

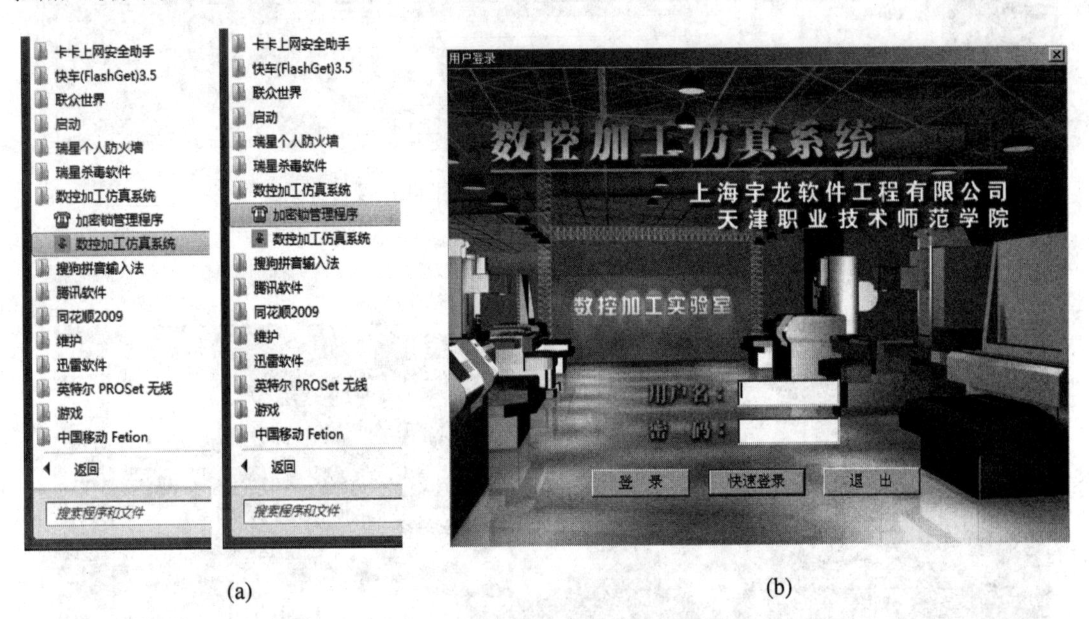

(a)　　　　(b)

图 6-3　启动宇龙数控加工仿真系统

2) 机床台面菜单操作

用户登录后的界面如图 6-4 所示。该界面为 FANUC Oi 车床系统仿真界面，由系统菜单或图标、LCD/MDI 面板、机床操作面板、仿真加工工作区四大部分构成。

打开菜单“机床/选择机床...”或者单击工具条中的图标(如图 6-5(a)所示)，系统弹出“选择机床”对话框，界面如图 6-5(b)所示。选择数控系统“FANUC Oi”和相应的机床，这里假设选择“铣床”，通常选择标准类型，按“确定”按钮，系统即可切换到铣床仿真加工界面，如图 6-6 所示。

图 6-4 FANUC Oi 车床仿真加工系统界面

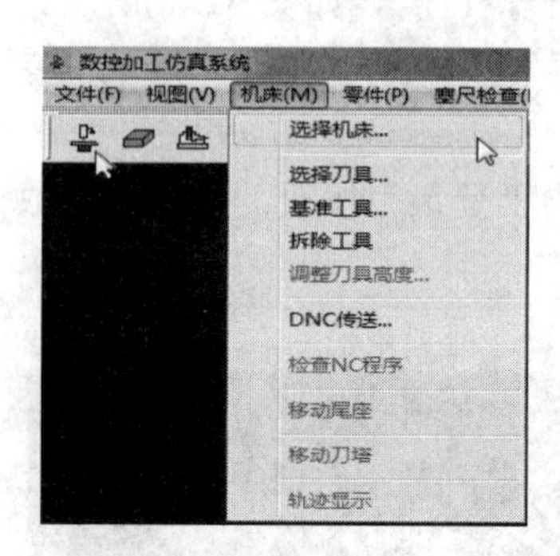

(a) 选择机床菜单

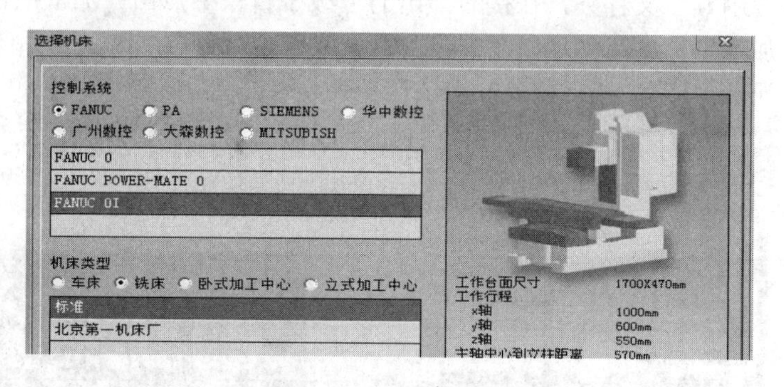

(b) 选择机床及数控系统界面

图 6-5 选择机床及系统操作

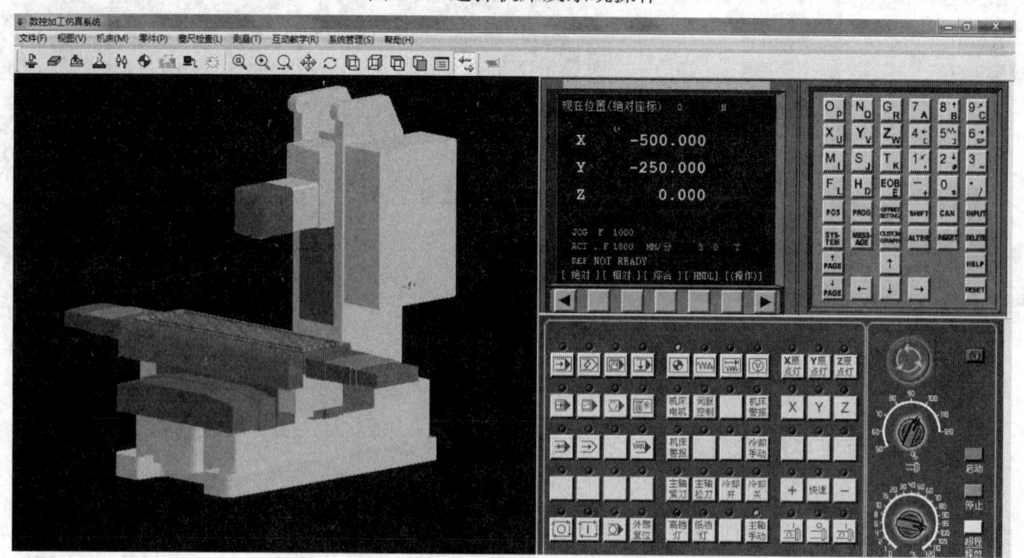

图 6-6 FANUC Oi 铣床仿真加工系统界面

2. 工件的使用

1) 定义毛坯

打开菜单“零件”/“定义毛坯...”或者单击工具条中的图标(如图 6-7(a)所示)，系统弹出“定义毛坯”对话框，有长方形和圆柱形两种毛坯可供选择，如图 6-7(b)、(c)所示。

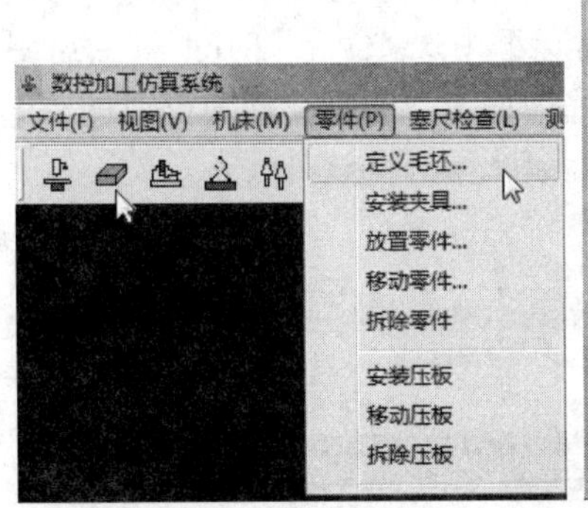

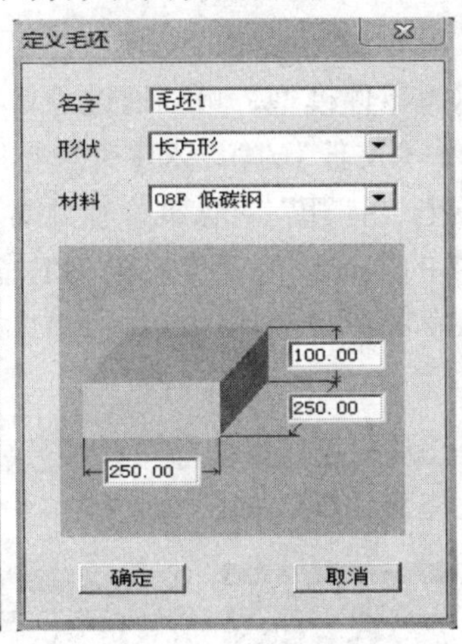

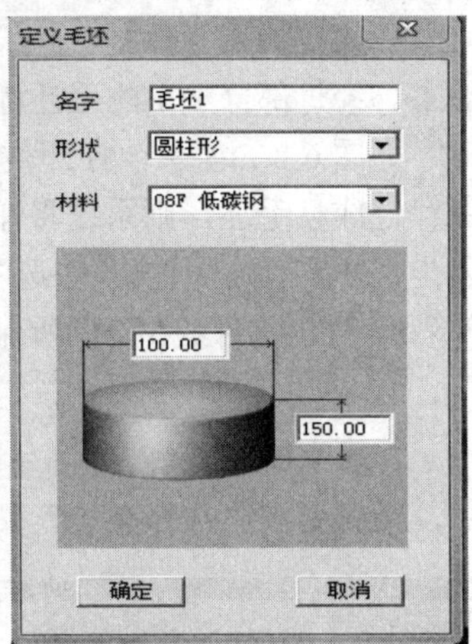

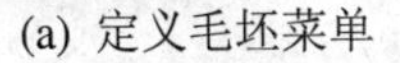
(a) 定义毛坯菜单　　(b) 长方形毛坯定义　　(c) 圆柱形毛坯定义

图 6-7　毛坯定义操作

在“定义毛坯”对话框中，各字段的含义如下：

名字：在毛坯名字输入框内输入毛坯名，也可使用缺省值。

形状：在毛坯形状框内点击下拉列表，选择毛坯形状。铣床、加工中心有长方形和圆柱形两种形状的毛坯供选择，车床仅提供圆柱形毛坯。

材料：在毛坯材料框内点击下拉列表，选择毛坯材料。毛坯材料列表框中提供了多种供加工的毛坯材料，可根据需要在“材料”下拉列表中选择毛坯材料。

毛坯尺寸：点击尺寸输入框，即可改变毛坯尺寸，单位为毫米。

完成以上操作后，按“确定”按钮，保存定义的毛坯并且退出本操作，也可按“取消”按钮，退出本操作。

2) 导出零件模型

对于经过部分加工的工件，打开菜单“文件”/“导出零件模型...”，系统弹出“另存为”对话框，在对话框中输入文件名，按“保存”按钮，将这个未完成加工的零件保存为零件模型，可在以后放置零件时通过导入零件模型而调用，如图 6-8(a)、(b)所示。

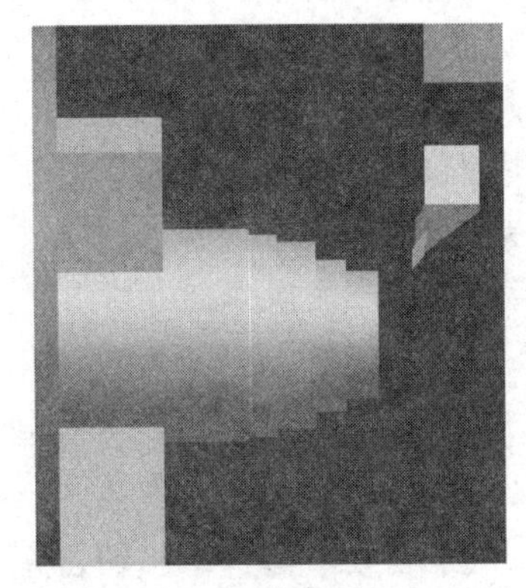

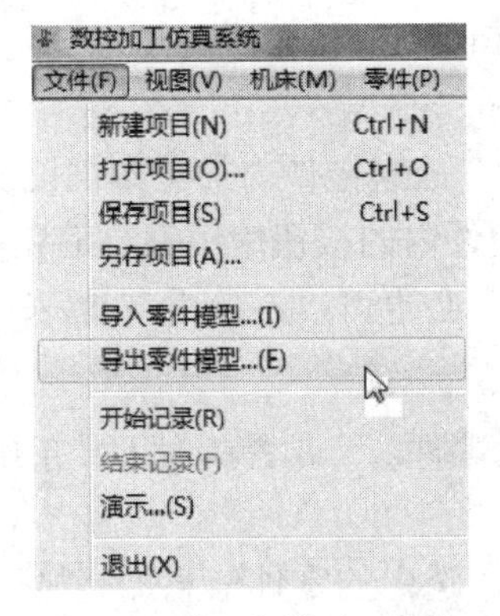

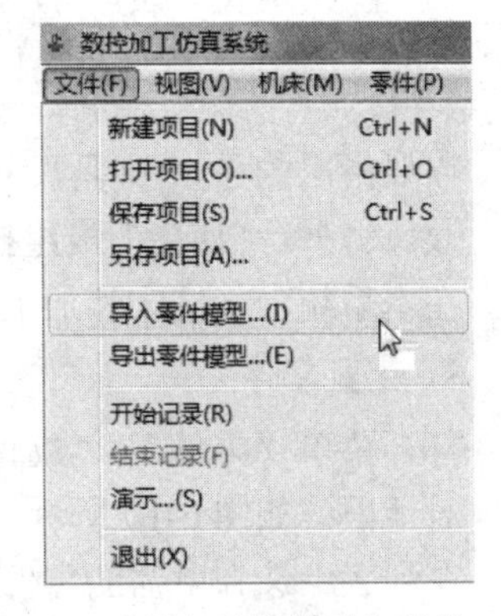

(a) 零件模型　　(b) “导出零件模型”菜单　　(c) “导入零件模型”菜单

图 6-8 零件模型导出导入

3) 导入零件模型

机床在加工零件时，除了可以使用原始的毛坯，还可以对经过部分加工的毛坯进行再加工。经过部分加工的毛坯称为零件模型，可以通过导入零件模型的功能调用零件模型。

如图 6-8(c)所示，打开菜单“文件”/“导入零件模型...”，若已通过导出零件模型功能保存过成型毛坯，则系统将弹出“打开”对话框，在此对话框中选择并且打开所需的后缀名为“PRT”的零件文件，选中的零件模型就被放置在工作台面上。此类文件为已通过“文件”/“导出零件模型...”所保存的成型毛坯。

4) 使用夹具

在仿真铣床系统界面中，打开菜单“零件”/“安装夹具...”或者单击工具条中的图标，系统弹出“选择夹具”操作对话框，如图 6-9 所示。

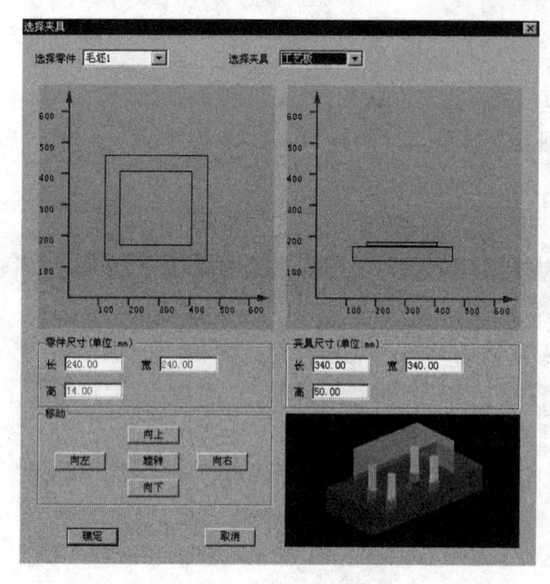

(a) 工艺板装夹

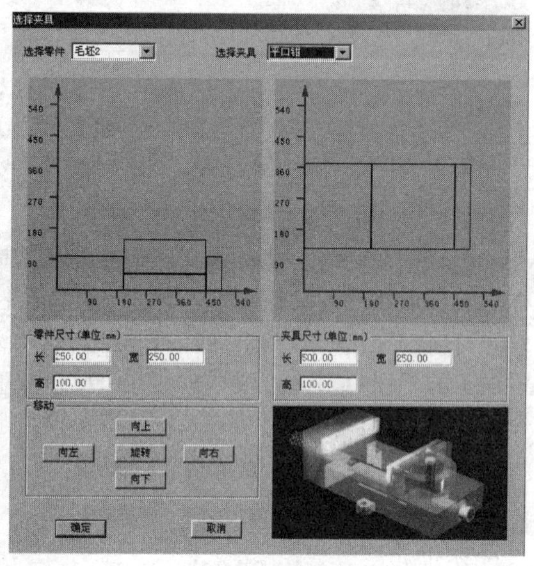

(b) 平口钳装夹

图 6-9　安装夹具

在“选择零件”列表框中选择已定义毛坯。在“选择夹具”列表框中选择夹具，长方体零件可以使用工艺板或者平口钳，圆柱形零件可以使用工艺板或者卡盘，如图 6-9(a)、(b)所示。

需要指出的是，“夹具尺寸”成组控件内的文本框仅供用户修改工艺板的尺寸，对平口钳无效。另外，“移动”成组控件内的按钮用于调整毛坯在夹具上的位置。

在本系统中，铣床和加工中心也可以不使用夹具，车床没有这一步操作。

5) 放置零件

打开菜单“零件”/“放置零件...”或者单击工具条中的图标，系统弹出“选择零件”对话框，如图 6-10 所示。

在列表中选择所需的零件，选中的零件信息加亮显示，按下“安装零件”按钮，系统自动关闭对话框，零件和夹具(如果已经选择了夹具)将被放到机床上。

对于卧式加工中心，还可以在上述对话框中选择是否使用角尺板。如果选择了使用角尺板，那么在放置零件时，角尺板同时出现在机床台面上。

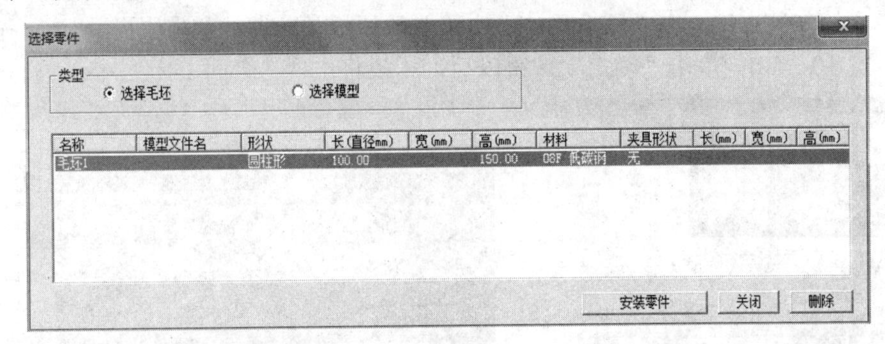

图 6-10 “选择零件”对话框

如果经过“导入零件模型”操作，对话框的零件列表中会显示模型文件名，若在“类型”列表中选择“选择模型”，则可以选择导入零件模型文件，如图 6-11(a)所示。选择后零件模型即经过部分加工的成型毛坯被放置在机床台面上，如图 6-11(b)所示。

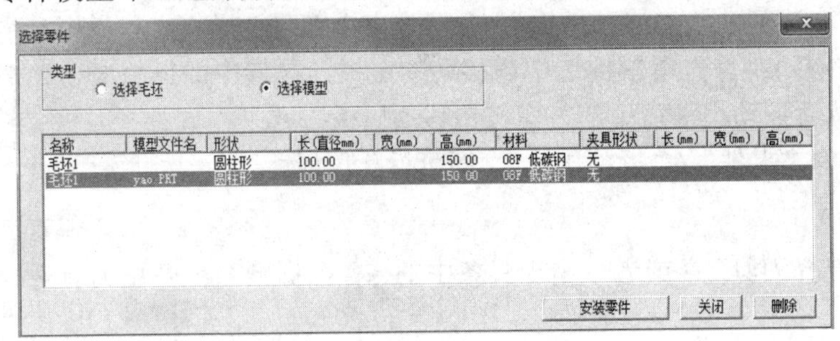

(a) 选择模型

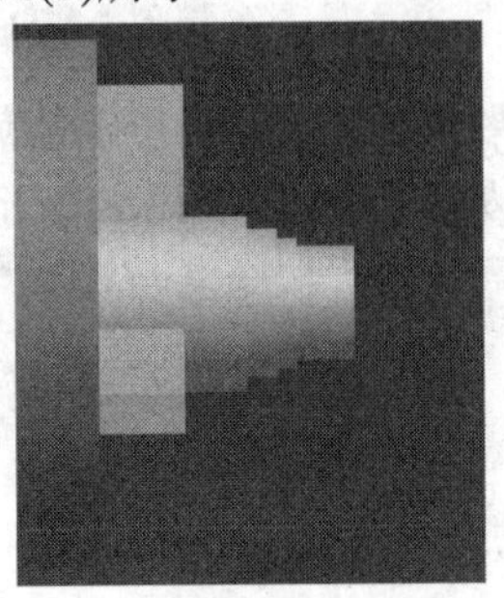

(b) 安装零件模型

图 6-11 选择零件模型

6) 调整零件位置

零件放置安装后，可以在工作台面上移动。毛坯在放置到工作台(三爪卡盘)后，系统将自动弹出一个小键盘(铣床、加工中心见图 6-12(a)，车床见图 6-12(b))，通过按动小键盘上的方向按钮，即可实现零件的平移和旋转或车床零件调头。小键盘上的“退出”按钮用于关闭小键盘。通过菜单“零件”/“移动零件...”也可打开小键盘，如图 6-12(c)所示。

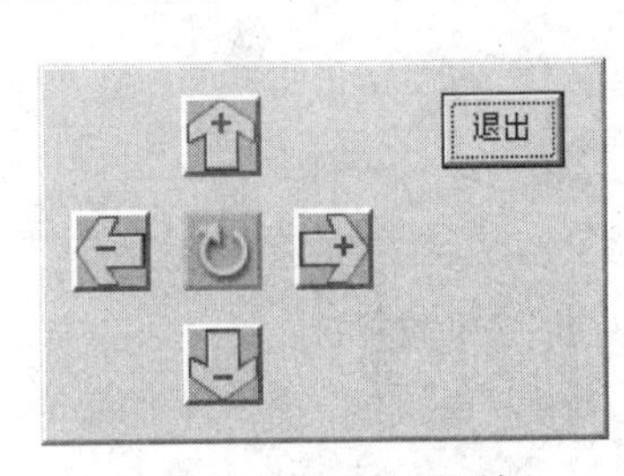

(a) 铣床移动零件对话框

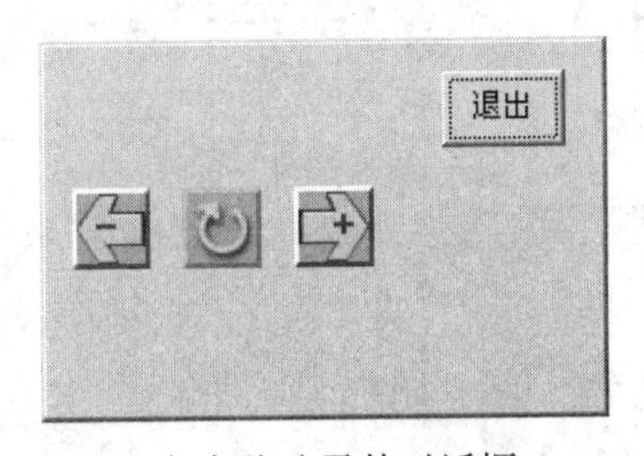

(b) 车床移动零件对话框

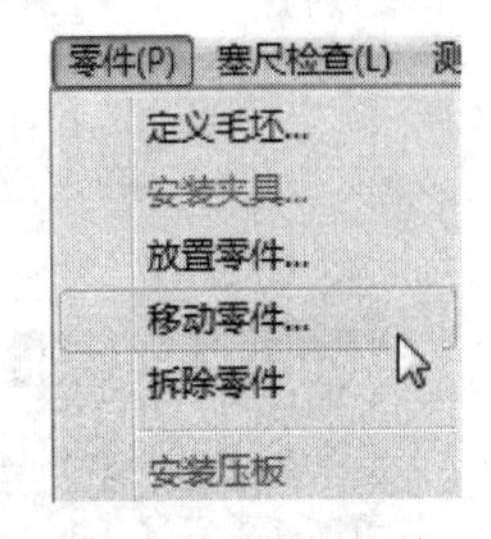

(c) 移动零件菜单

图 6-12 移动零件

7) 使用压板

铣床、加工中心安装零件时，如果使用工艺板或者不使用夹具，则可以使用压板。

(1) 安装压板。打开菜单“零件”/“安装压板”，系统弹出“选择压板”对话框，如图 6-13(a)所示。该对话框中列出了各种安装方案，拉动滚动条，即可浏览全部可能方案，选择所需要的安装方案。在“压板尺寸”中可更改压板长、高、宽(范围：长 30～100；高 10～20；宽 10～50)。单击“确定”按钮以后，压板将出现在台面上。

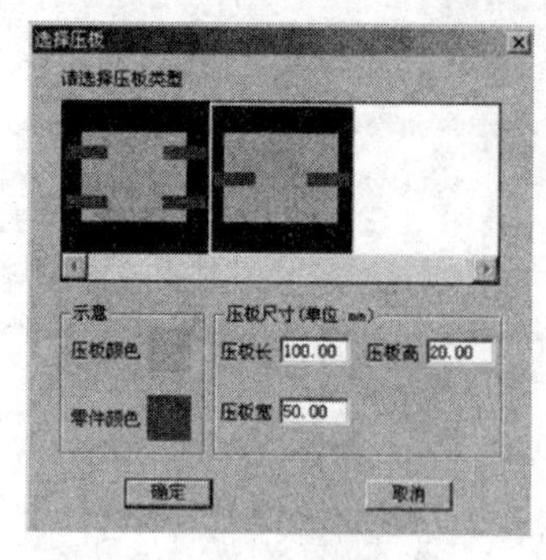

(a) 安装压板

(b) 移动压板

图 6-13　安装移动压板

(2) 移动压板。打开菜单“零件”/“移动压板”，系统弹出小键盘。操作者可以根据需要平移压板(但是不能旋转压板)。首先用鼠标选中需移动的压板，被选中的压板颜色变成灰色，如图 6-13(b)所示，然后按动小键盘中的方向按钮移动压板。

(3) 拆除压板。打开菜单“零件”/“拆除压板”，即可拆除压板。

3．刀具的选择

打开菜单“机床”/“选择刀具...”或者单击工具条中的图标，系统弹出刀具选择对话框。

1) 车床选刀

系统中数控车床允许同时安装 8 把刀具。“车刀选择”对话框见图 6-14。

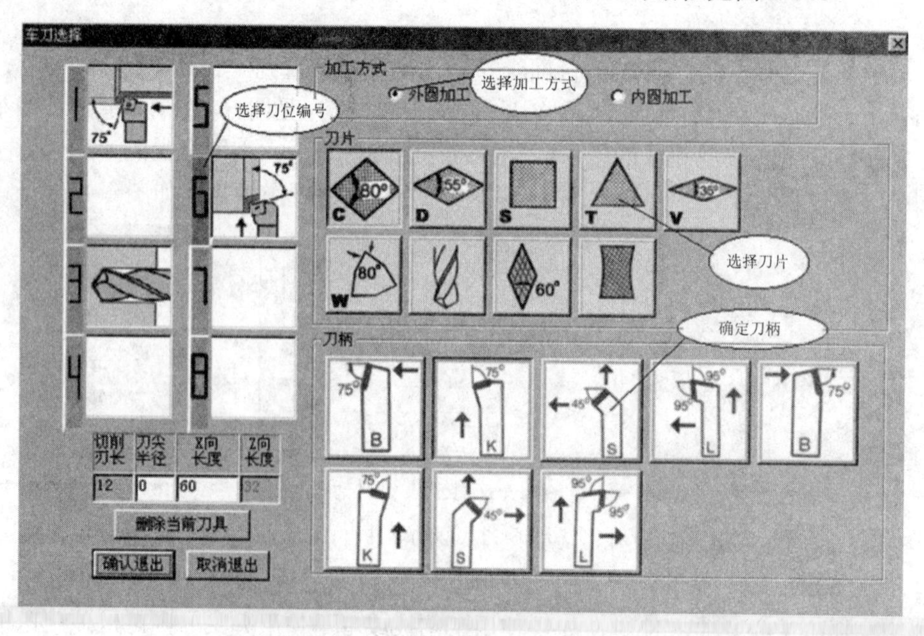

图 6-14　“车刀选择”对话框

(1) 选择刀位编号。在“车刀选择”对话框左侧排列的编号1～8中，选择所需的刀位编号(刀位编号即车床刀架上的位置编号)，被选中的刀位编号的背景颜色变为蓝色；指定加工方式，可选择外圆加工或内圆加工；在“刀片”列表框中选择所需的刀片后，系统自动给出相匹配的刀柄供选择，选择刀柄；刀片和刀柄都选择完毕后，刀具被确定，并且输入到所选的刀位中。

(2) 显示刀尖半径。允许操作者修改刀尖半径。刀尖半径可以是0，单位为mm。

(3) 显示刀具长度。允许修改刀具长度。刀具长度是指从刀尖开始到刀架的距离。

(4) 输入钻头直径。当在刀片中选择钻头时，允许输入直径。

(5) 删除当前刀具。在当前选中的刀位编号中的刀具可通过“删除当前刀具”键删除。

(6) 确认选刀。选择完刀具，完成刀尖半径(钻头直径)、刀具长度修改后，单击“确认退出”按钮完成选刀操作，或者单击“取消退出”按钮退出选刀操作。

2) 数控铣床和加工中心选刀

(1) 按条件列出工具清单。筛选的条件是直径和类型，具体操作方法如下：

如图6-15所示，在“所需刀具直径”输入框内输入直径，如果不把直径作为筛选条件，则输入数字“0”。在“所需刀具类型”选择列表中选择刀具类型。可供选择的刀具类型有平底刀、平底带R刀、球头刀、钻头、镗刀等。单击“确定”按钮，符合条件的刀具即显示在“可选刀具”列表中。

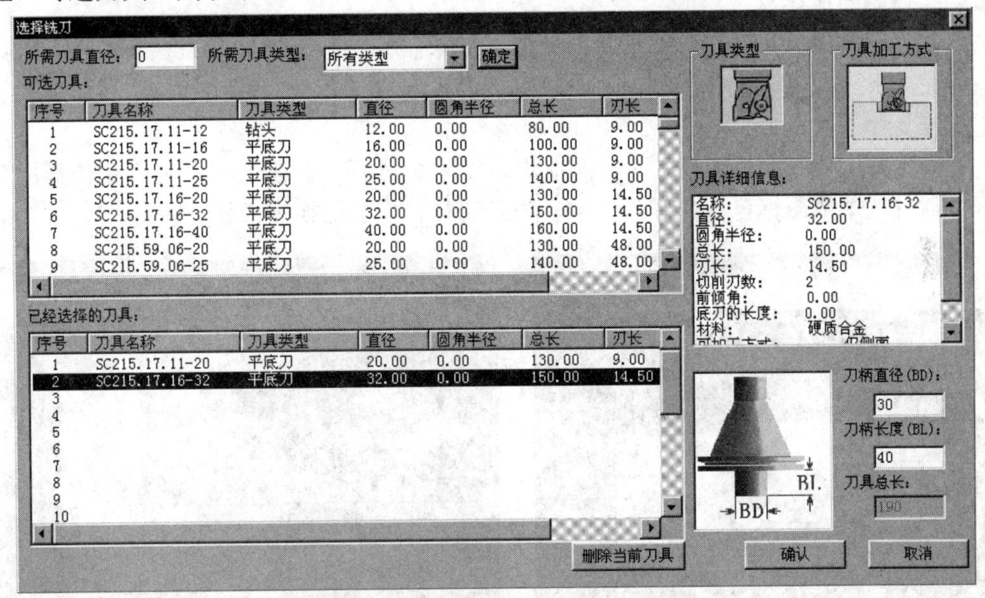

图6-15　铣床和加工中心指定刀位编号

(2) 指定序号。如图6-15所示，在对话框的下半部中指定序号，这个序号就是刀库中的刀位编号。铣床只有一个刀位。卧式加工中心允许同时选择20把刀具，立式加工中心允许同时选择24把刀具。

(3) 选择需要的刀具。先用鼠标点击“已经选择的刀具”列表中的刀位编号，再用鼠标点击“可选刀具”列表中所需的刀具，选中的刀具即对应显示在“已经选择的刀具”列表中选中的刀位编号所在行，最后单击“确定”按钮完成刀具选择操作。

(4) 输入刀柄参数。操作者可以按需要输入刀柄参数。参数有直径和长度两个。总长度是刀柄长度与刀具长度之和。

(5) 删除当前刀具。单击“删除当前刀具”按钮可删除此时“已经选择的刀具”列表中光标停留的刀具。

(6) 确认选刀。选择完刀具后，单击“确认”按钮完成选刀操作，或者单击“取消”按钮退出选刀操作。

铣床的刀具装在主轴上。立式加工中心的刀具全部在刀库中，卧式加工中心装载刀位编号最小的刀具，其余刀具放在刀架上，通过程序调用。

4．视图变换的选择

在工具栏中，图标 、 、 、 、 、 、 、 、 用于视图变换操作，它们分别对应着主菜单“视图”下拉菜单的“复位”“局部放大”“动态缩放”“动态平移”“动态旋转”“左侧视图”“右侧视图”“俯视图”“前视图”等命令。

视图命令也可通过将鼠标置于机床显示工作区域内，单击鼠标右键，在弹出的浮动菜单里进行相应的选择。操作时将鼠标移至机床显示区，拖动鼠标，即可进行相应操作。

5．控制面板切换

在“视图”菜单或浮动菜单中选择“控制面板切换”或者单击工具条中的 图标，即可切换控制面板。

选择“控制面板切换”时，系统根据选择机床显示了 FANUC Oi 完整数控加工仿真界面，可完成机床回零、JOG 手动控制、MDI 操作、编程操作、参数输入和仿真加工等各种基本操作。

在未选择“控制面板切换”时，面板状态如图 6-16 所示，屏幕显示为机床仿真加工工作区，通过菜单或图标可完成零件安装、刀具选择、视图切换等操作。

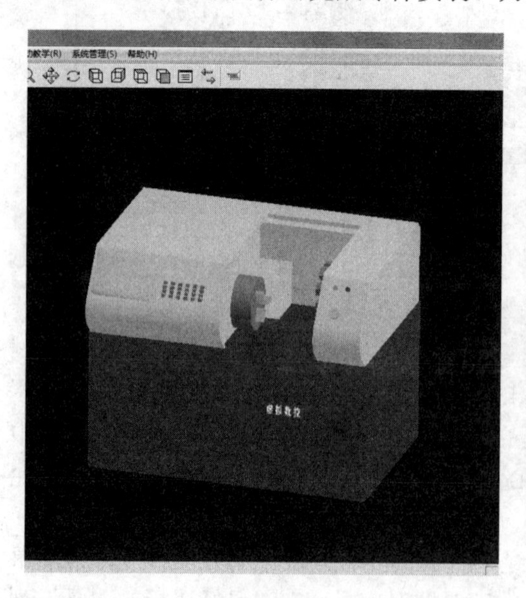

(a) 车床

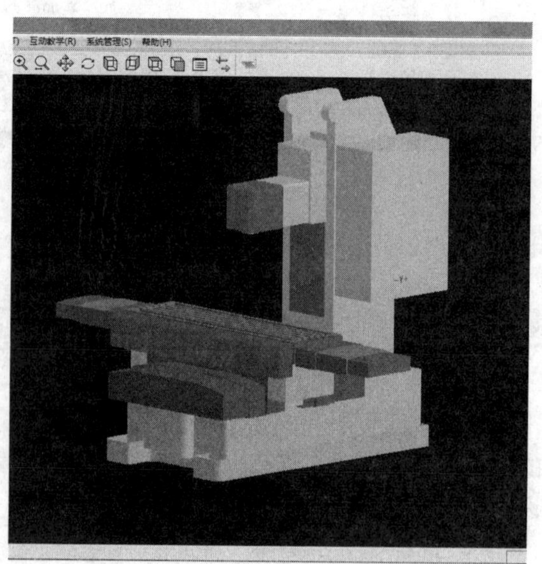

(b) 铣床

图 6-16　控制面板切换

6. “设置显示参数”对话框

在“视图”菜单或浮动菜单中选择“选项”或者单击工具条中的 图标，系统弹出“设置显示参数”对话框，如图 6-17 所示。该对话框中包括以下 6 个选项。

(1) 仿真加速倍率：用于调节仿真速度，有效数值范围为 1～100。

(2) 开/关：用于设置仿真加工时的视听效果。

(3) 机床显示方式：用于设置机床的显示方式，其中透明显示方式便于观察内部加工状态。

(4) 机床显示状态：用于仅显示加工零件或显示机床全部的设置。

(5) 零件显示方式：用于对零件显示方式的设置，有 3 种方式。

(6) “对话框显示出错信息”复选框：如果选中该复选框，则出错信息提示将出现在对话框中；否则，出错信息将出现在屏幕的右下角。

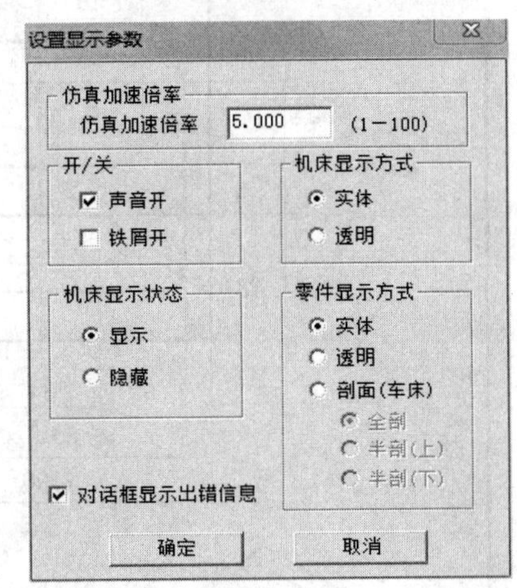

图 6-17 “设置显示参数”对话框

【拓展训练】

运用所学知识，编写图 6-18 及图 6-19 所示零件的加工程序并校验。

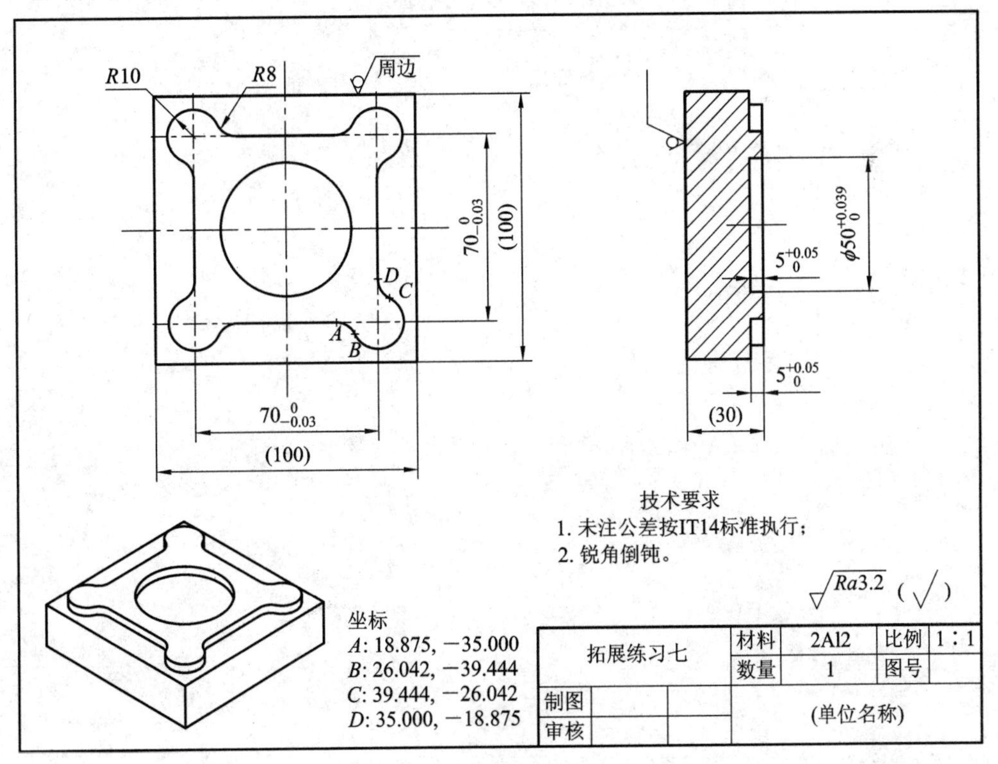

图 6-18 猫耳矩形零件图

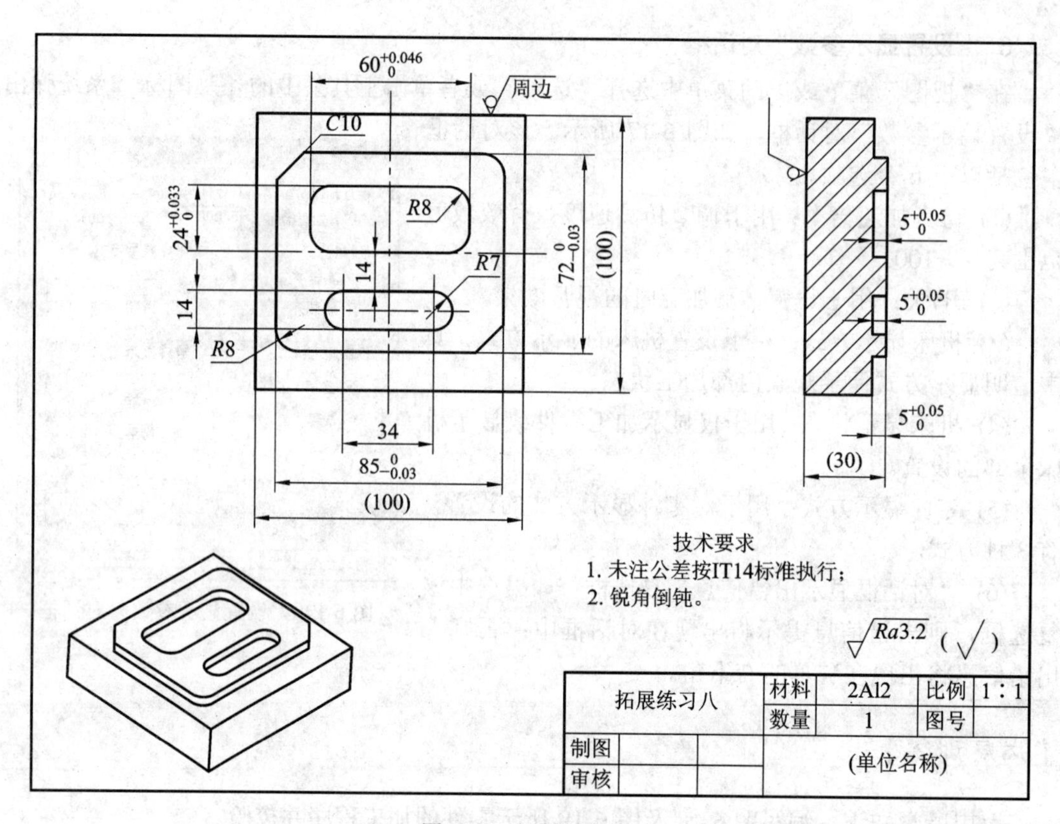

60$^{+0.046}_{0}$
周边
C10
R8
24$^{+0.033}_{0}$
14
R7
72$^{0}_{-0.03}$
(100)
14
R8
34
85$^{0}_{-0.03}$
(100)
5$^{+0.05}_{0}$
5$^{+0.05}_{0}$
5$^{+0.05}_{0}$
(30)
技术要求
1. 未注公差按IT14标准执行；
2. 锐角倒钝。
Ra3.2 (√)
拓展练习八
材料
2Al2
比例
1∶1
数量
1
图号
制图
审核
(单位名称)

图 6-19　矩形零件图

法兰盘加工

一、项目导入与分析

本项目是典型的法兰盘零件的加工，如图 7-1 所示。

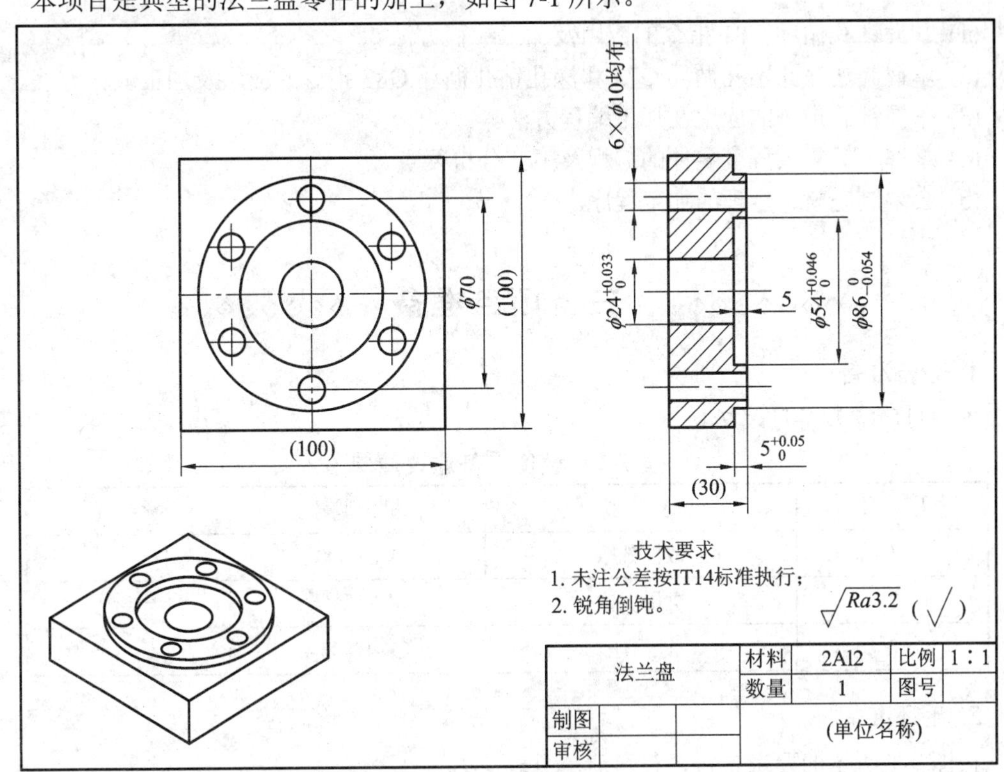

图 7-1　法兰盘零件图

1. 零件形状

图 7-1 是直径为 86 mm 的整圆外轮廓凸台、直径为 54 mm 的整圆内轮廓型腔、直径为 24 mm 的通孔以及均布在直径为 70 mm 的圆上的 6 个直径为 10 mm 的通孔相结合的二维铣削综合切削加工零件，其几何形状规则，主要加工轮廓是一个整圆外轮廓凸台、整圆内轮廓型腔、直径为 24 mm 的通孔以及均布在直径为 70 mm 的圆上的 6 个直径为 10 mm 的

通孔。加工时要选择合适的下刀点和设计进退刀路线，防止过切。

2. 尺寸精度

该零件的加工要素为一个整圆外轮廓凸台、整圆内轮廓型腔。零件尺寸精度要求一般。加工外轮廓和内型腔时需要偏置刀具半径值，工艺设计要合理安排并操作正确。零件的孔为通孔，直径为 10 mm 的均布的 6 个孔的精度要求不高，符合未注公差要求即可。直径为 24 mm 的孔的精度要求较高，需要合理安排粗、精加工，控制好公差尺寸。

3. 表面粗糙度

本项目零件所有外形铣削的表面粗糙度 *Ra* 值均为 3.2 μm。

4. 技术要求

锐角倒钝。

◇◇◇◇◇◇◇◇◇ 二、项目目标 ◇◇◇◇◇◇◇◇◇

(1) 掌握钻孔循环 G81 指令的应用及加工编程方法。
(2) 掌握高速深孔钻孔循环 G73 和深孔钻孔循环 G83 指令的应用及加工编程方法。
(3) 掌握铣孔指令的应用及加工编程方法。
(4) 掌握中等复杂程度零件的编程及工艺分析要点。
(5) 会编制完整、合理的加工程序。

◇◇◇◇◇◇◇◇◇ 三、项目准备 ◇◇◇◇◇◇◇◇◇

1. 设备准备

本项目所需设备见表 7-1。

表 7-1 设备准备建议清单

序 号	名 称	机床型号	数 量
1	数控铣床	VDL600	1 台/2 人
2	机用虎钳	相应型号	1 台/工位
3	锁刀座	LD-BT40A	2 只/车间

2. 毛坯准备

按图 7-1 所示的要求备料，材料清单见表 7-2。

表 7-2 毛坯准备建议清单

序 号	材 料	规格/mm	数 量
1	2Al2	100 × 100 × 50	1 件/人

3. 工、量、刃具准备

本项目工、量、刃具准备清单见表 7-3。

表 7-3　工、量、刃具准备建议清单

类别	序号	名称	规格或型号	精度/mm	数量
工具	1	机用虎钳扳手	配套		1个/工位
	2	卸刀扳手	ER32		2个
	3	等高垫铁	根据机用平口钳和工件自定		1副
	4	锉刀、油石			自定
量具	1	外径千分尺	50～75、75～100	0.01	各1把
	2	游标卡尺	0～150	0.02	1把
	3	深度千分尺	0～50	0.01	1把
	4	*R*规	*R*1～*R*25		1个
	5	杠杆百分表	0～0.8	0.01	1个
	6	磁力表座		0.01	1个
	7	机械偏摆式寻边器			
	8	*Z*轴设定器	ZDI-50	0.01	1个
刃具	1	平面铣刀刀片	SENN1203-AFTN1		6片
	2	中心钻	A2.5		1个
	3	立铣刀	ϕ10、ϕ16		各1支

◇◇◇◇◇◇◇◇◇　四、项目实施　◇◇◇◇◇◇◇◇◇

【工作任务分解】

任务一　钻孔循环 G81 指令及应用。

任务二　高速深孔钻孔循环 G73、深孔钻孔循环 G83 指令及应用。

任务三　极坐标指令的编程格式及应用。

任务四　制订加工工艺卡片。

任务五　工件加工。

任务一　钻孔循环 G81 指令及应用

【知识链接】

在数控加工中，某些加工动作已典型化，如钻孔、镗孔的动作顺序是孔位平面定位、快速引进、切削进给和快速退回等，这一系列动作已预先编好程序，存储在内存中，可用包含 G 代码的一个程序调用，从而简化了编程工作。这种包含典型动作循环的 G 代码称为循环指令。孔加工循环指令为模态指令，一旦某个孔加工循环指令有效，在接着的所有

(X，Y)位置均采用该孔加工循环指令进行孔加工，直到用 G80 取消孔加工循环为止。在孔加工循环指令有效时，(X，Y)平面内的运动(即孔位之间的刀具移动)为快速运动(G00)。

钻孔循环 G81 指令用于正常钻孔，刀具以进给速度向下运动钻孔，到达孔底位置后，快速退回(无孔底动作)，适用于一般定点钻。

G81 指令格式为

G98/G99 G81 X_ Y_ Z_ R_ F_ L_；

说明：

① X、Y 表示用增量值或绝对值指定孔坐标位置，轨迹及进给速度与 G00 的定位相同。

② Z 是 R 点到孔底的距离(G91)或孔底坐标(G90)。

③ R 是初始点到 R 点的距离(G91)或 R 点的坐标(G90)。

④ F 是指定的切削进给速度。

⑤ L 是指定孔加工固定循环的次数，L 为 1 时可以省略。

G81 指令循环动作如图 7-2 所示。

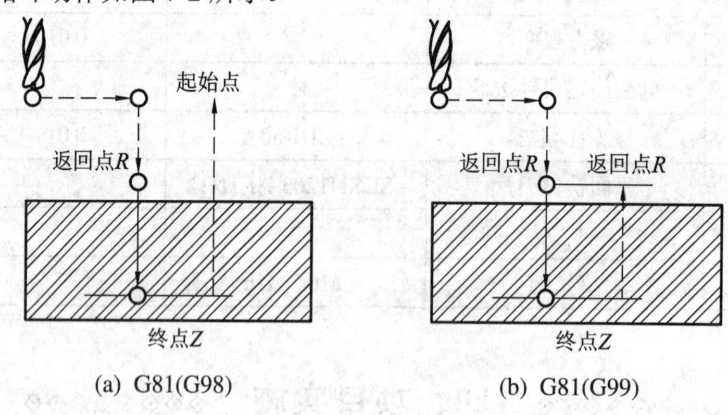

(a) G81(G98)　　(b) G81(G99)

图 7-2　G81 指令循环动作

注意事项：

① 用 G81 指令钻孔时，刀具先切削进给到孔底，然后从孔底快速移动退回。

② 如果 Z 的移动量为零，则该指令不执行。

③ 不能在同一程序段中使用 G00、G01 和 G03 等。

【任务实施】

1．通过任务书、多媒体教学等方式，初步掌握钻孔循环 G81 指令及应用。

2．以小组为单位，进行钻孔循环 G81 指令的编程练习，巩固所学知识。

任务二　高速深孔钻孔循环 G73、深孔钻孔循环 G83 指令及应用

【知识链接】

在数控加工中，钻孔、攻螺纹、镗孔、深孔钻削、拉镗等加工工序所需完成的顺序动作十分典型，并且在同一个加工面完成数个相同的加工顺序动作，每个孔的加工过程相同，

需要孔位平面定位、快速进给、工进钻孔和快速退回，然后再在新的位置定位后重复同样的动作。在编写程序时，为了简化程序的编制，可对这一系列的动作预先编制程序，并通过G代码的一个程序进行指定。这种包含一系列典型动作循环的G代码称为固定循环指令。固定循环能缩短程序、节省存储空间、提高工作效率。本任务所用到的是常用固定循环指令中的G73和G83指令。

1. 高速深孔钻孔循环G73指令

G73指令用于循环执行高速深孔钻孔动作，每次背吃刀量为*Q*(用增量表示，在指令中给定)，退刀量为*K*。G73指令沿着Z轴执行间歇进给直到孔的底部，同时从孔中排出切屑，有利于断屑、排屑，减少退刀量，适用于深孔加工。

G73指令格式为

G98/G99 G73 X_ Y_ Z_ R_ Q_ P_ K_ F_ L_；

说明：

① X、Y表示用增量值或绝对值指定孔坐标位置，轨迹及进给速度与G00的定位相同。

② Z是*R*点到孔底的距离(G91)或孔底坐标(G90)。

③ R是初始点到*R*点的距离(G91)或*R*点的坐标(G90)。

④ Q是每次进给深度，P是孔底暂停时间，K是每次退刀距离。

⑤ F是指定的切削进给速度。

⑥ L是指定孔加工固定循环的次数，L为1时可以省略。

G73指令动作循环如图7-3所示。

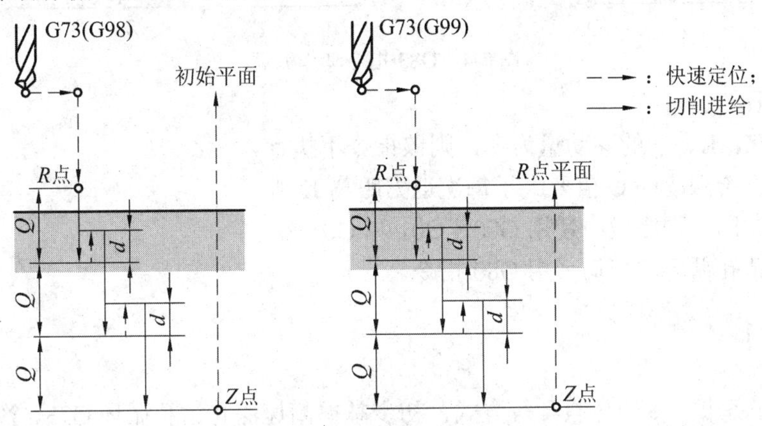

图7-3　G73指令动作循环

注意事项：

① 如果Z、K、Q的移动量为零，则该指令不执行。

② 每次进给深度的Q值要大于每次退刀距离K值。

③ 不能在同一程序段中使用G00、G01和G03等。

④ 所有钻孔循环取消均采用G80指令。

2. 深孔钻孔循环指令G83

G83指令用于Z轴的间歇进给，使深孔加工时容易排屑。其与G73指令主要的区别是每次回退的高度不同。

G83 指令格式为

G83 X_ Y_ Z_ R_ Q_ F_ K_；

说明：

① X、Y 表示用增量值或绝对值指定孔坐标位置，轨迹及进给速度与 G00 的定位相同。

② Z 是 *R* 点到孔底的距离(G91)或孔底坐标(G90)。

③ R 是初始点到 *R* 点的距离(G91)或 *R* 点的坐标(G90)。

④ Q 是每次进给深度。

⑤ K 是加工次数(须由 G91 指定使用)

⑥ F 是指定的切削进给速度。

G83 指令动作循环如图 7-4 所示。

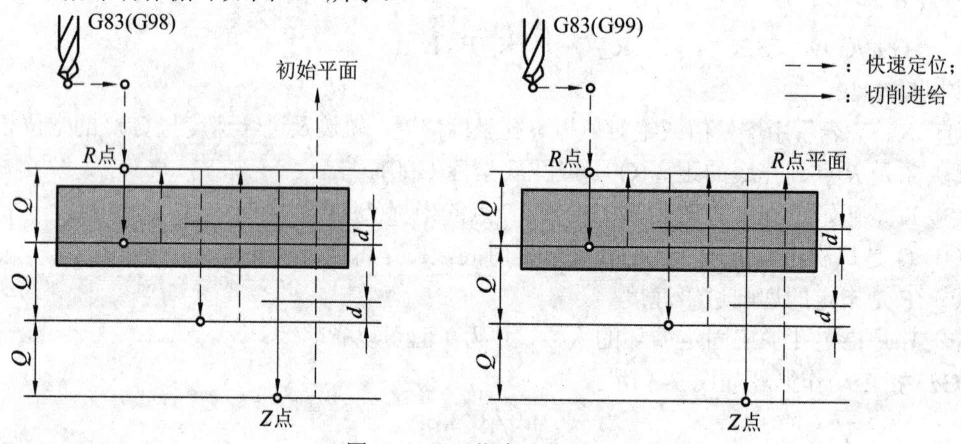

图 7-4　G83 指令动作循环

注意事项：

① 如果 Z、K、Q 的移动量为零，则该指令不执行。

② 每次进给深度的 Q 值要大于每次退刀距离 K 值。

③ 不能在同一程序段中使用 G00、G01 和 G03 等。

④ 所有钻孔循环取消均采用 G80 指令。

【任务实施】

1. 通过任务书、多媒体教学等方式，初步掌握高速深孔钻孔循环 G73、深孔钻孔循环 G83 指令及应用。

2. 以小组为单位，进行高速深孔钻孔循环 G73、深孔钻孔循环 G83 指令的编程练习，巩固所学知识。

任务三　极坐标指令的编程格式及应用

【知识链接】

FANUC 极坐标指令有 G16(启动极坐标指令)和 G15(取消极坐标指令)，其终点的坐标值可以用极坐标(极半径和极角度)输入。极半径和极角度两者可以使用绝对值指令或增量值指令(G90、G91)。

说明：

① 当使用极坐标指令后,坐标值以极坐标方式指定,即以极半径和极角度来确定点的位置。

② 极半径使用 G17、G18、G19 选择好加工平面后，用所选平面的第一轴地址来指定，该值用正值表示。

③ 极角度用所选平面的第二坐标地址来指定，极角度的正向是所选平面的第一轴正向的逆时针转向，而负向是沿顺时针转动的转向。

④ 极坐标原点指定方式有两种，一种是以工件坐标系的零点作为极坐标系的原点，另一种是以刀具当前的位置作为极坐标系的原点。

【例】 加工圆轮上的螺栓孔，深度为 20 mm，见表 7-4。

表 7-4 孔零件

图 形

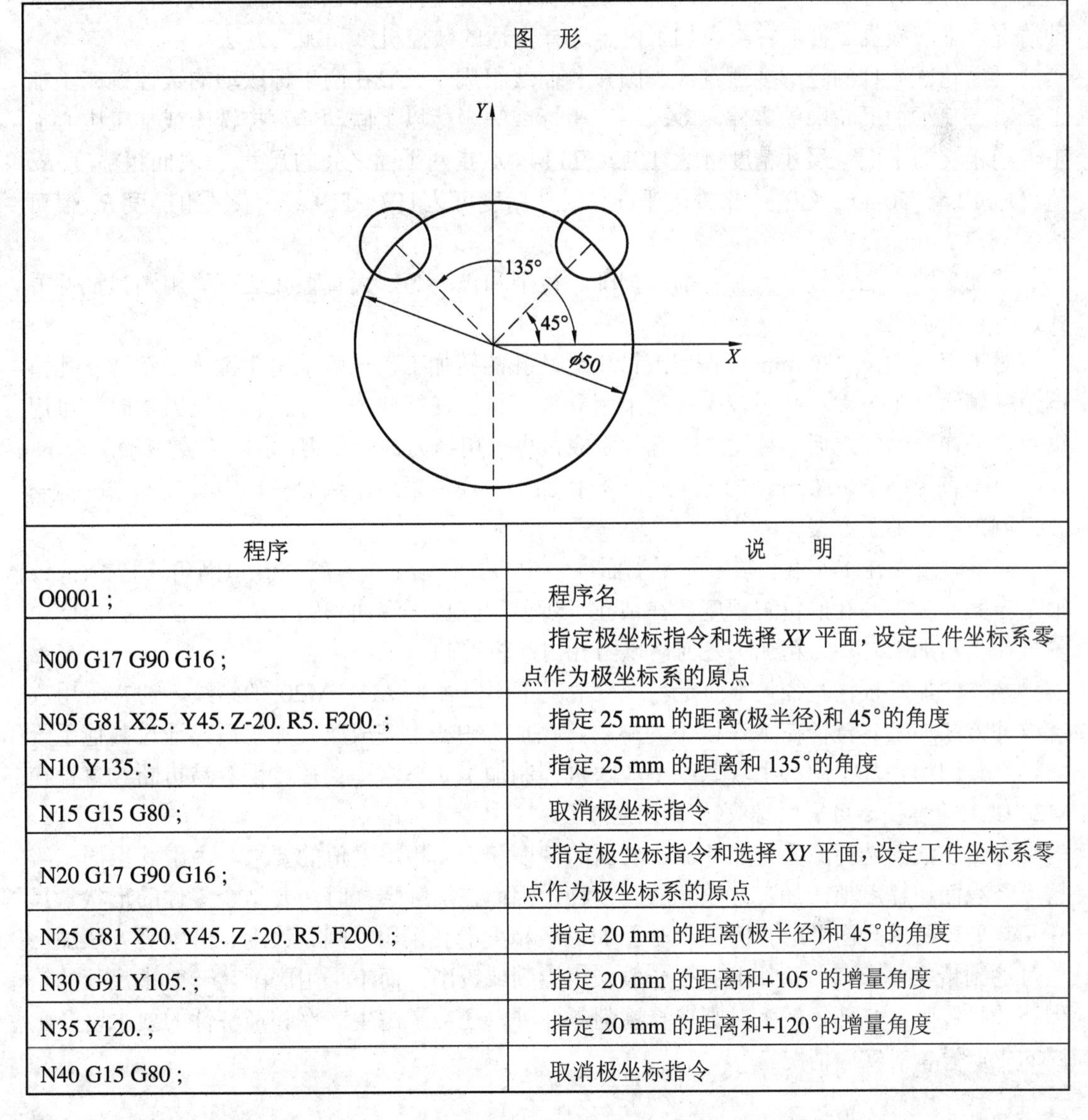

程序	说 明
O0001 ;	程序名
N00 G17 G90 G16 ;	指定极坐标指令和选择 *XY* 平面，设定工件坐标系零点作为极坐标系的原点
N05 G81 X25. Y45. Z-20. R5. F200. ;	指定 25 mm 的距离(极半径)和 45°的角度
N10 Y135. ;	指定 25 mm 的距离和 135°的角度
N15 G15 G80 ;	取消极坐标指令
N20 G17 G90 G16 ;	指定极坐标指令和选择 *XY* 平面，设定工件坐标系零点作为极坐标系的原点
N25 G81 X20. Y45. Z -20. R5. F200. ;	指定 20 mm 的距离(极半径)和 45°的角度
N30 G91 Y105. ;	指定 20 mm 的距离和+105°的增量角度
N35 Y120. ;	指定 20 mm 的距离和+120°的增量角度
N40 G15 G80 ;	取消极坐标指令

【任务实施】

1．通过任务书、多媒体教学等方式，初步掌握极坐标指令的编程格式。

2．以小组为单位，进行极坐标指令的编程练习，巩固所学知识。

任务四　制订加工工艺卡片

【知识链接】

1．加工方法的选择

在数控机床上加工零件，一般有以下两种情况：一是有零件图样和毛坯，要选择适合加工该零件的数控机床；二是已经有了数控机床，要选择适合该机床加工的零件。无论哪种情况，都应根据零件的种类和加工内容选择合适的数控机床和加工方法。

平面轮廓零件的轮廓多由直线、圆弧和曲线组成，一般在两坐标联动的数控铣床上加工；具有三维曲面轮廓的零件，多采用三坐标或三坐标以上联动的数控铣床或加工中心加工。经粗铣的平面，尺寸精度可达 IT12。IT14 级(指两平面之间的尺寸)，表面粗糙度 *Ra* 值可达 12.5～50 μm。经粗、精铣的平面，尺寸精度可达 IT7～IT9 级，表面粗糙度 *Ra* 值可达 1.6～3.2 μm。

孔加工的方法比较多，有钻削、扩削、铰削和镗削等。大直径孔还可采用圆弧插补方式进行铣削加工。

对于直径大于 430 mm 已铸出或锻出毛坯孔的孔加工，一般采用粗镗→半精镗→孔口倒角→精镗加工方案。孔径较大的可采用立铣刀粗铣→精铣加工方案。有退刀槽时，可用锯片铣刀在半精镗之后、精镗之前铣削完成，也可用镗刀进行单刃镗削，但效率低。

对于直径小于 430 mm 的无毛坯孔的孔加工，通常采用平端面→钻中心孔→钻→扩→孔口倒角→铰加工方案。

有同轴度要求的小孔，须采用平端面→钻中心孔→钻→半精镗→孔口倒角→精镗(或铰)加工方案。为提高孔的位置精度，在钻孔工步前须安排平端面和钻中心孔工步。孔口倒角安排在半精加工之后、精加工之前，以防孔内产生毛刺。

螺纹的加工根据孔径大小而定。一般情况下，直径为 M5～M20 的螺纹，通常采用攻螺纹的方法加工。直径在 M6 以下的螺纹，在加工中心上完成底孔加工后，通过其他手段攻螺纹。因为在加工中心上攻螺纹不能随机控制加工状态，小直径丝锥容易折断。直径在 M20 以上的螺纹，可采用螺纹铣刀铣削加工。

加工方法的选择原则是保证加工表面的精度和表面粗糙度值的要求。由于获得同一级精度及表面粗糙度值的加工方法一般有多种，因而在实际选择时，要结合零件的形状、尺寸和热处理要求全面考虑。例如，对于 IT7 级精度的孔采用镗削、铰削、磨削等方法加工均可达到精度要求，但箱体上的孔一般采用镗削或铰削，而不采用磨削。一般小尺寸的箱体孔选择铰削，当孔径较大时则选择镗削。此外，还应考虑生产率和经济性的要求以及工厂的生产设备等实际情况。

2．加工方案的确定

确定加工方案时，首先应根据主要表面的精度和表面粗糙度值的要求，初步确定为达到这些要求所需要的加工方法，即精加工的方法，再确定从毛坯到最终成型的加工方案。

在加工过程中，按表面轮廓，工件可分为平面类零件和曲面类零件，其中平面类零件中的斜面轮廓又分为固定斜角和变斜角的外形轮廓面。外形轮廓面的加工，若单纯从技术上考虑，最好的加工方案是采用多坐标联动的数控机床，这样不但生产率高，而且加工质量好。但由于一般中小企业无力购买这种价格昂贵、生产费用高的机床，因此考虑采用两轴半控制和三轴控制机床加工。

在两轴半控制和三轴控制机床上加工曲面类零件，通常采用球头铣刀，轮廓面的加工精度主要通过控制走刀步长和加工带宽度来保证。加工精度越高，走刀步长和加工带宽度越小，编程效率和加工效率越低。

依据以上分析，本项目加工工艺安排如表 7-5 所示。

表 7-5　数控加工工艺卡片

工步	加 工 内 容	刀 具			切削深度 a_p/mm	切削速度 v_c/(m/min)	主轴转速 S/(r/min)	进给速度 v_f/(mm/min)
		刀号	名称	直径/mm				
	平口钳装夹工件并找正							
1	铣削上平面	T1	面铣刀	ϕ63	0.5	100	500	300
2	粗铣内轮廓，留 0.3 mm 余量	T1	立铣刀	ϕ10	5	30	1000	120
3	粗铣通孔，留 0.3 mm 余量	T1	立铣刀	ϕ10	5	30	1000	120
4	粗铣外轮廓，留 0.3 mm 余量	T1	立铣刀	ϕ10	5	30	1000	120
5	点钻	T2	中心钻	A2.5	1	30	1000	30
6	钻孔	T3	钻头	ϕ10	35	20	600	50
7	精铣内轮廓	T4	立铣刀	ϕ10	5	36	1200	120
8	精铣通孔	T4	立铣刀	ϕ10	5	36	1200	120
9	精铣外轮廓	T4	立铣刀	ϕ10	5	36	1200	120

【任务实施】

1. 通过任务书、多媒体教学以及教师演示等方式，学会编写零件加工工艺卡片。
2. 以小组为单位，进行操作练习，巩固所学知识。

任务五　工 件 加 工

【任务实施】

1. 通过任务书、多媒体教学以及教师演示等方式，学会零件加工的方法。

2. 以小组为单位，进行铣削加工(加工参考程序见表7-6)，控制轮廓尺寸及公差。

表7-6　加工参考程序

程　序	说　明
笛卡尔坐标编程	
O1012 ;	程序名
N00 G90 G80 G40 G21 G17 ;	安全语句
N05 G0 G54 X0. Y0. S600 M03 ;	定义工件坐标系，主轴转
N10 Z100. ;	定义安全平面
N15 G83 X30.311 Y17.5 R5. Z-36. Q4. F50 ;	调用固定循环
N20 X0. Y35. ;	孔位置
N25 X-30.311 Y17.5 ;	孔位置
N30 X-30.311 Y-17.5 ;	孔位置
N35 X0. Y-35. ;	孔位置
N40 X30.311 Y-17.5 ;	孔位置
N45 G90 G80 ;	取消固定循环
N50 M05 ;	主轴停止
N55 G91 G28 Y0. ;	工作台回退到近身侧
N60 M30 ;	程序结束并返回
极坐标编程	
O1013 ;	程序名
N00 G90 G80 G40 G21 G17 ;	安全语句
N05 G0 G54 X0. Y0. S600 M03 ;	定义工件坐标系，主轴转
N10 G16 ;	定义极坐标系
N15 Z100. ;	定义安全平面
N20 G83 X35. Y30. R5. Z-36. Q4. F50 ;	调用固定循环
N25 X35. Y90. ;	孔位置
N30 X35. Y150. ;	孔位置
N35 X35. Y210. ;	孔位置
N40 X35. Y270. ;	孔位置
N45 X35. Y330. ;	孔位置
N50 G90 G80 G15 ;	取消固定循环，取消极坐标系
N55 M05 ;	主轴停止
N60 G91 G28 Y0. ;	工作台回退到近身侧
N65 M30 ;	程序结束并返回

◇◇◇◇◇◇◇◇◇ 五、项目评价 ◇◇◇◇◇◇◇◇◇

1. 操作过程评价

请考评员认真填写“现场工作任务考核评价记录表”。

现场工作任务考核评价记录表

姓　名：＿＿＿＿＿＿　　学　号：＿＿＿＿＿＿

班　级：＿＿＿＿＿＿　　工件编号：＿＿＿＿＿＿

序号	考核内容	考 核 方 法	考 核 评 定			考核记录
			优秀(5分)	合格(2分)	不合格(0分)	
1	熟悉实训基地内的数控铣床设备	(1) 会正确识别数控加工机床的型号	□	□	□	
		(2) 会正确识别数控铣床的主要结构	□	□	□	
		(3) 会正确阐述数控铣床的工作原理	□	□	□	
总分：　　分						
2	生产场所“7S”	(1) 工、量、刃具的放置是否依规定摆放整齐	□	□	□	
		(2) 会正确使用工、量具	□	□	□	
		(3) 会保持工作场地的干净整洁	□	□	□	
		(4) 有团队精神，遵守车间生产的规章制度	□	□	□	
		(5) 作业人员有较强的安全意识，能及时报告并消除有安全隐患的因素	□	□	□	
		(6) 作业人员有较强的节约意识	□	□	□	
		(7) 会对数控铣床正确进行日常维护和保养	□	□	□	
总分：　　分						
3	刀具安装	(1) 刀具安装顺序正确	□	□	□	
		(2) 拆装姿势和力度规范	□	□	□	
		(3) 刀具装夹位置正确	□	□	□	
总分：　　分						
4	工件安装及对刀找正	(1) 机床操作规范、熟练	□	□	□	
		(2) 工件装夹正确、规范	□	□	□	
		(3) 会熟练操作控制面板	□	□	□	
		(4) 会正确选择工件坐标系	□	□	□	
		(5) 熟悉对刀步骤	□	□	□	

续表

序号	考核内容	考 核 方 法	考核评定			考核记录
			优秀 (5分)	合格 (2分)	不合格 (0分)	
4	工件安装及对刀找正	(6) 在规定时间内完成对刀流程	□	□	□	
		(7) 操作过程中行为、纪律表现	□	□	□	
		(8) 安全文明生产	□	□	□	
		(9) 设备维护保养正确	□	□	□	
总分：　　分						
5	手工程序输入(EDIT)及校验	(1) 知道基本指令的功能	□	□	□	
		(2) 熟悉手工程序输入的过程	□	□	□	
		(3) 熟悉手工程序校验的过程	□	□	□	
总分：　　分						
6	制订加工工艺卡片	(1) 知道基本指令的功能	□	□	□	
		(2) 会正确制订切削加工工艺卡片	□	□	□	
		(3) 会合理选择切削用量	□	□	□	
		(4) 会正确选择工件坐标系	□	□	□	
		(5) 所编写的程序正确、简单、规范	□	□	□	
总分：　　分						
7	工件加工	(1) 机床操作规范、熟练	□	□	□	
		(2) 刀具选择与装夹正确、规范	□	□	□	
		(3) 工件装夹、找正正确、规范	□	□	□	
		(4) 正确选择工件坐标系，对刀正确、规范	□	□	□	
		(5) 切削加工工艺制订正确	□	□	□	
		(6) 正确输入和校验加工程序	□	□	□	
		(7) 操作过程中行为、纪律表现	□	□	□	
		(8) 安全文明生产	□	□	□	
		(9) 设备维护保养正确	□	□	□	
总分：　　分						

加工总时间：__________

总　　分：__________

考评员签字：__________

日　　期：__________

2. 自我评价

学生对自己进行自我评价，并填写下表。

自 我 评 价

项　　目	发现的问题及现象	产生的原因	解决方法
工艺编制			
程序编制			
刀具选择及加工参数			
机床操作加工			
零件质量			
安全生产及文明生产			

3. 工件质量检测评价

请检测员填写“工件质量检测评价表”。

工件质量检测评价表

项　目	序号	技术要求	配　分	评分标准	检测记录	得分
工件(70 分)	1	$86_{-0.054}^{0}$	20	超差不得分		
	2	$54_{0}^{+0.046}$	20	超差不得分		
	3	$24_{0}^{+0.033}$	10	超差不得分		
	4	$5_{0}^{+0.05}$	10	超差不得分		
	5	*Ra* 3.2 μm	5	超差不得分		
	6	锐角倒钝	5	未做不得分		
程序(10 分)	7	程序正确合理	10	视严重性，不合理每处扣 1～3 分		
操作(10 分)	8	机床操作规范	10	视严重性，不合理每处扣 1～3 分		
工件完整(10 分)	9	工件按时加工完成	10	超 10 分钟扣 3 分		
缺陷	10	工件缺陷、尺寸误差 0.5 以上、外形与图纸不符	倒扣分	倒扣 3 分/处		
文明生产	11	人身、机床、刀具安全		倒扣 5～20 分/每次		

【知识拓展】

孔径测量与宇龙数据加工仿真系统

(一) 常用的孔的尺寸精度的测量方法

1. 孔距的测量

孔距是指第一个孔中心到第二个孔中心的距离，其常用的测量方法有以下几种。

(1) 用游标卡尺。若要精确测量，可用电子尺。首先量出两孔最近边的距离，再用这个距离加上每个孔的实际半径。

(2) 用滑轨式测距尺。使用滑轨式测距尺可测量不在同一平面或中间有障碍物的两孔间的距离，应用灵活、方便。

(3) 测量大型圆周上的孔距，可用多个直销分别插到相应的销孔中，然后测量孔距；也可以通过专用螺栓，将螺栓拧入螺母内，然后在螺栓上取点测量，间接评价螺母的位置度。

2. 孔径尺寸的简单测量

测量孔的尺寸时，先用千分尺校准内径量表，然后再进行测量；还可以用塞规、孔径规和针规等进行测量，如图 7-5 所示。

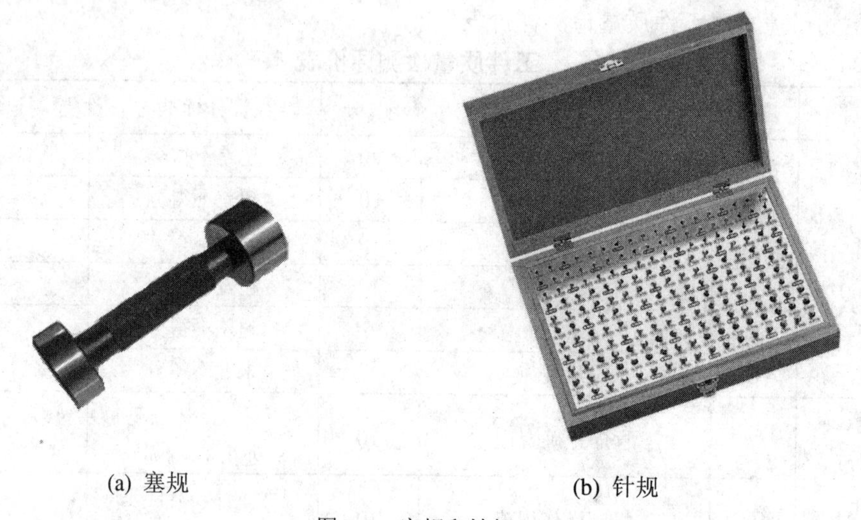

(a) 塞规　　(b) 针规

图 7-5　塞规和针规

(二) 宇龙数控加工仿真系统的面板操作

宇龙数控加工仿真系统的数控机床操作面板由 LCD/MDI 面板和机床操作面板两部分组成，如图 7-6 所示。这里，我们选择 FANUC Oi 机床系统来说明本数控加工仿真系统的操作，以后没有指明什么系统，都是指 FANUC Oi 机床系统，不再说明。

图 7-6　FANUC Oi 标准铣床系统面板

LCD/MDI 面板由 LCD 显示器和 MDI 键盘构成(上半部分)，用于显示和编辑机床控制器内部的各类参数和数控程序；机床操作面板(下半部分)则由若干操作按钮组成，用于直接对仿真机床系统进行激活、回零、控制操作和状态设定等。

1．机床准备

机床准备是指进入数控加工仿真系统后，针对机床操作面板，释放急停、启动机床驱动和各轴回零的过程。进入本仿真加工系统后，就如同面对实际机床，准备开机的状态。

1) 激活机床

检查急停按钮是否松开至状态，若未松开，则点击急停按钮将其松开。按下操作面板上的“启动”按钮，加载驱动，当“机床电机”和“伺服控制”指示灯亮时，则表示机床已被激活。

2) 机床回参考点

在回零指示状态下(回零模式)，选择操作面板上的“X”轴，点击“+”按钮，此时 *X* 轴将回零，当回到机床参考点时，相应操作面板上“X 原点灯”的指示灯亮，同时 LCD 上的“X”坐标变为“0.000”，如图 7-7(a)所示。

依次用鼠标右键点击“Y”、“Z”轴，再分别点击“+”按钮，可以将 *Y* 和 *Z* 轴也回零。回零结束时，LCD 显示的 X、Y、Z 坐标值均为“0.000”，操作面板上的指示灯亮，机床运动部件(铣床主轴、车床刀架)返回到机床参考点，如图 7-7(a)所示。

车床只有“X”、“Z”轴，LCD 显示的 X、Z 坐标值分别为“390.000”、“300.000”，其回零状态如图 7-7(b)所示。

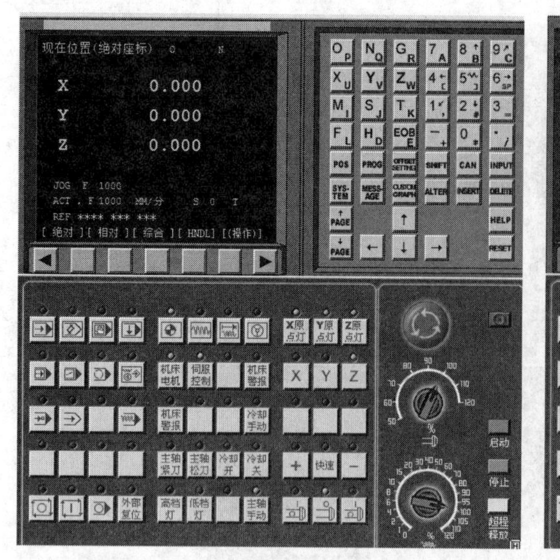

(a) 铣床回零

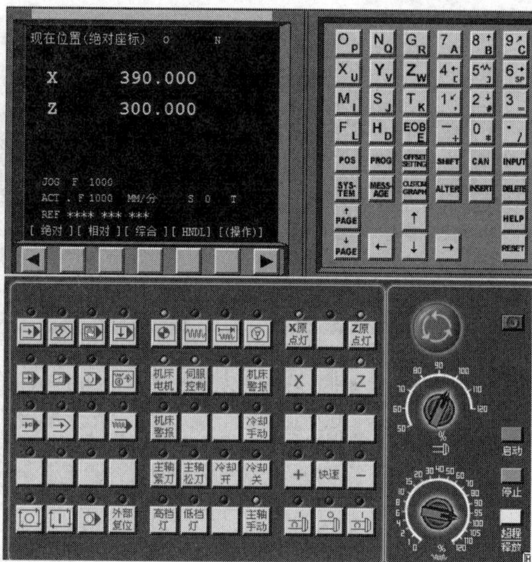

(b) 车床回零

图 7-7　仿真铣床、车床回零状态

2. 对刀

数控程序一般按工件坐标系编程，对刀的过程就是建立工件加工坐标系与机床坐标系之间关系的过程。下面具体说明铣床(立式加工中心)对刀和车床对刀的基本方法。

需要指出：以下对刀过程中，对于铣床及加工中心，将工件上表面左下角(或工件上表面中心)设为工件坐标系原点；对于车床，将工件右端面中心设为工件坐标系原点。

1) *X*、*Y* 轴对刀

一般铣床及加工中心在 *X*、*Y* 方向对刀时使用的基准工具包括刚性芯棒和寻边器两种。点击菜单“机床”/“基准工具...”，系统弹出如图 7-8 所示的“基准工具”对话框，左边的基准工具是刚性芯棒，右边的是寻边器。

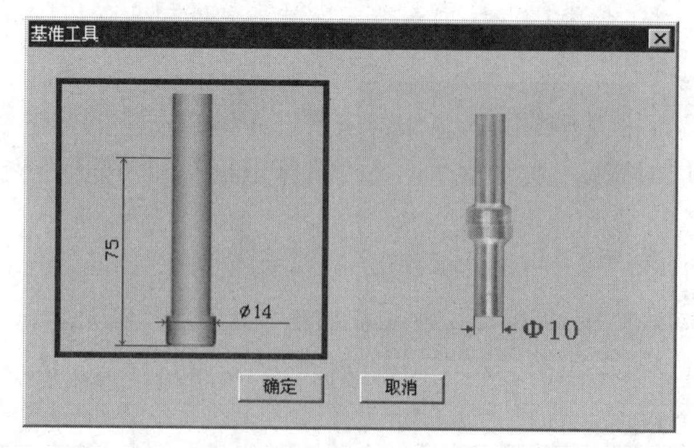

图 7-8　铣床对刀基准工具

(1) 刚性芯棒对刀：采用检查塞尺松紧的方式对刀，同时，将基准工具放置在零件的左侧(正面视图)，具体过程如下：

① *X* 方向对刀。点击机床操作面板中手动操作按钮 ，将机床切换到 JOG 状态，进入“手动”方式；选择工件毛坯尺寸，这里以 120 mm × 120 mm × 30 mm 为例，平口钳装

夹；打开菜单“机床”/“基准工具...”，选择刚性芯棒，按“确定”按钮，为主轴装上基准芯棒；点击 MDI 键盘上的 POS，使 LCD 界面上显示坐标值；利用操作面板上的选择轴按钮 X、Y、Z，单击选择“X”轴，再通过轴移动键 +、快速、−，采用点动方式移动机床，将装有基准工具的机床主轴在 *X* 方向上移动到工件左侧，并借助“视图”菜单中的动态旋转、动态缩放、动态平移等工具，调整工作区大小到如图 7-9 所示的大致位置；取正向视图，点击菜单“塞尺检查”/“1 mm”，安装塞尺，如图 7-10 所示。

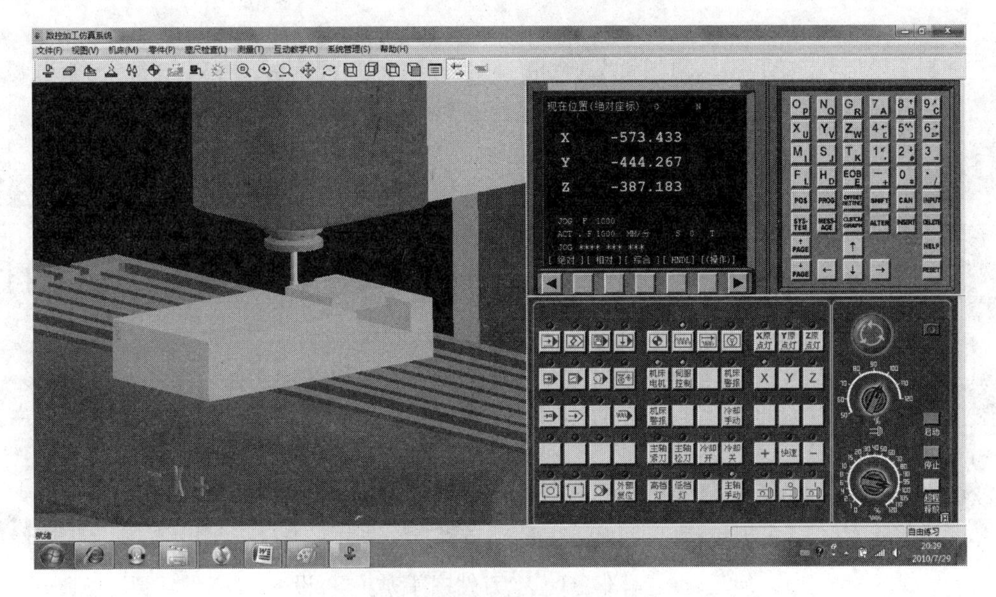

图 7-9　刚性芯棒 *X* 方向对刀

图 7-10　刚性芯棒塞尺对刀

点击机床操作面板上的手动脉冲键，切换到手轮方式；点击操作面板右下角的“H”拉出手轮，选中“X”轴，调整手轮倍率。按鼠标右键，主轴向 *X* 轴“−”方向运动；按鼠标左键，主轴向 *X* 轴“+”方向运动，如此移动芯棒，使得提示信息对话框显示“塞尺检查的结果：合适”，如图 7-11 所示。记下塞尺检查结果为“合适”时 LCD 界面中显示的“X”坐标值(本例中为“−568.000”)，即基准工具中心的 *X* 坐标，记为 X_1，将基准工具直径记

为 X_2(可在选择基准工具时读出)，将塞尺厚度记为 X_3，将定义毛坯数据时设定的零件的长度记为 X_4，则工件上表面左下角的 X 向坐标为基准工具中心的 X 坐标 + 基准工具半径 + 塞尺厚度，即 $X = X_1 + X_2/2 + X_3$，本例中 $X = -568 + 7 + 1 = -560$ mm；如果以工件上表面中心为工件坐标系原点，则其 X 向坐标为基准工具中心的 X 坐标 + 基准工具半径 + 塞尺厚度 + 零件长度的一半，即 $X = X_1 + X_2/2 + X_3 + X_4/2$，本例中 $X = -568 + 7 + 1 + 60 = -500$ mm(中心原点)。

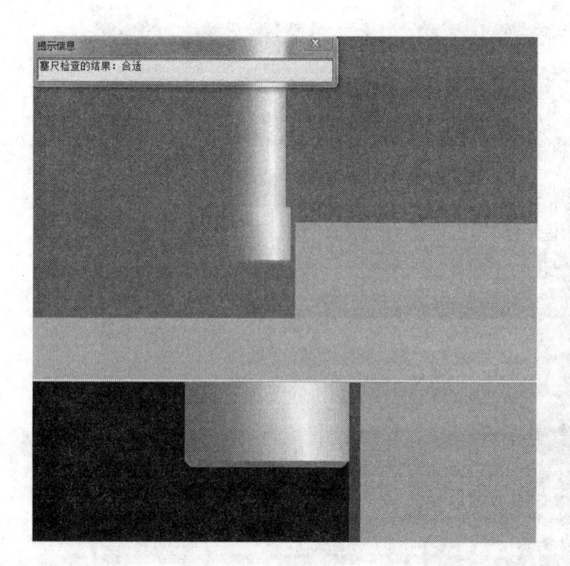

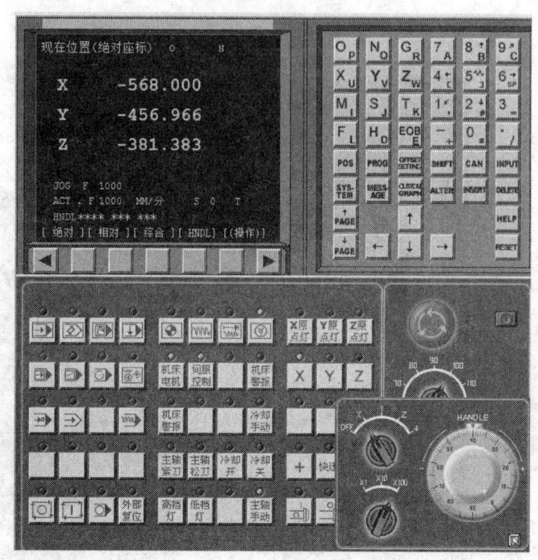

图 7-11　X 方向对刀合适

② Y 方向对刀。在不改变 Z 向坐标的情况下，将刚性芯棒在 JOG 手动方式下移动到零件的前侧，同理可得到工件上表面左下角的 Y 坐标，即 $Y = Y_1 + Y_2/2 + Y_3$，本例中 $Y = -483 + 7 + 1 = -475$ mm；工件上表面中心的 Y 坐标，即 $Y = Y_1 + Y_2/2 + Y_3 + Y_4/2$，本例中 $Y = -483 + 7 + 1 + 60 = -415$ mm。

需要指出的是，当基准工具放置在零件的右侧以及后侧对刀时，以上公式中的“+”同时必须改为“−”，如此才能得到正确的结果。

完成 X、Y 方向对刀后，点击菜单“塞尺检查”/“收回塞尺”将塞尺收回；点击操作面板手动操作按钮，机床切换到 JOG 手动方式，选择“Z”轴，将主轴提起，再点击菜单“机床”/“拆除工具”拆除基准工具，装上铣削刀具，准备 Z 方向对刀。

(2) 寻边器对刀：寻边器由固定端和测量端两部分组成。固定端由刀具夹头夹持在机床主轴上，中心线与主轴轴线重合。在测量时，主轴以 400 r/min 左右旋转。通过手动方式，使寻边器向工件基准面靠近，让测量端接触基准面。在测量端未接触工件时，固定端与测量端的中心线不重合，两者呈偏心状态。当测量端与工件接触后，偏心距减小，这时使用点动方式或手轮方式微调进给，寻边器继续向工件移动，偏心距逐渐减小。当测量端和固定端的中心线重合时，如果继续微量(1 μm 就足够)进给，那么在原进给的垂直方向上，测量端瞬间会有明显的偏出，出现明显的偏心状态，表示对刀完成，这就是偏心寻边器对刀原理。而那个固定端和测量端重合的位置(主轴中心位置)就是它距离工件基准面的距离，等于测量端的半径。

① X 方向对刀。与刚性芯棒对刀时一样，仍选用 120 mm × 120 mm × 30 mm 的工件毛坯尺寸，装夹方法也一样，只是将主轴上装的基准工具换成偏心寻边器而已。具体操作方法也类似，先让装有寻边器的主轴靠近工件左侧，区别是在碰到工件前使主轴转动起来，正反转均可。寻边器未与工件接触时，其测量端大幅度晃动，接触后晃动缩小，然后手轮方式移动机床主轴，使寻边器的固定端和测量端逐渐接近并重合，如图 7-12 所示，若此时再进行 X 方向的增量或手轮方式的小幅度进给，则寻边器的测量端突然大幅度偏移，如图 7-13 所示，即认为此时寻边器与工件恰好吻合。

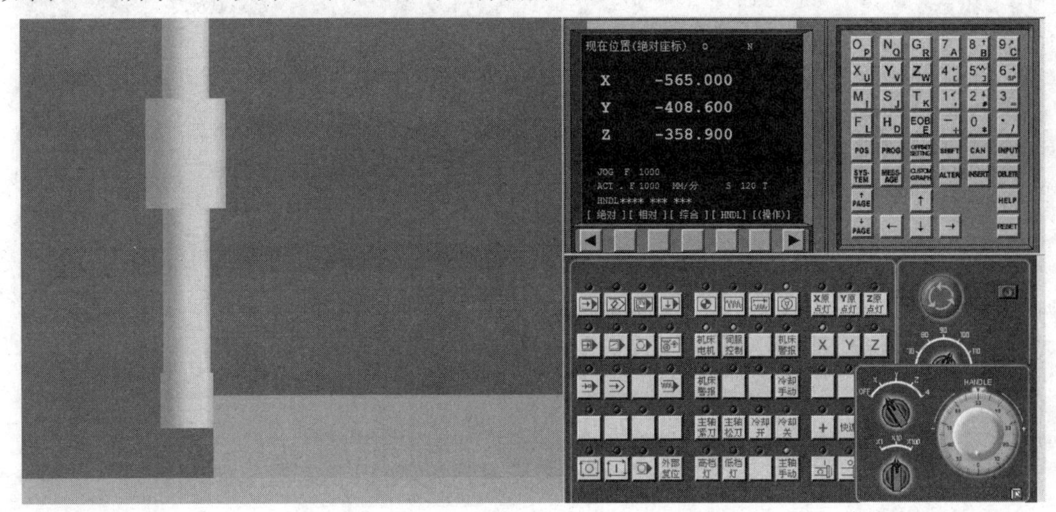

图 7-12　寻边器 X 方向对刀

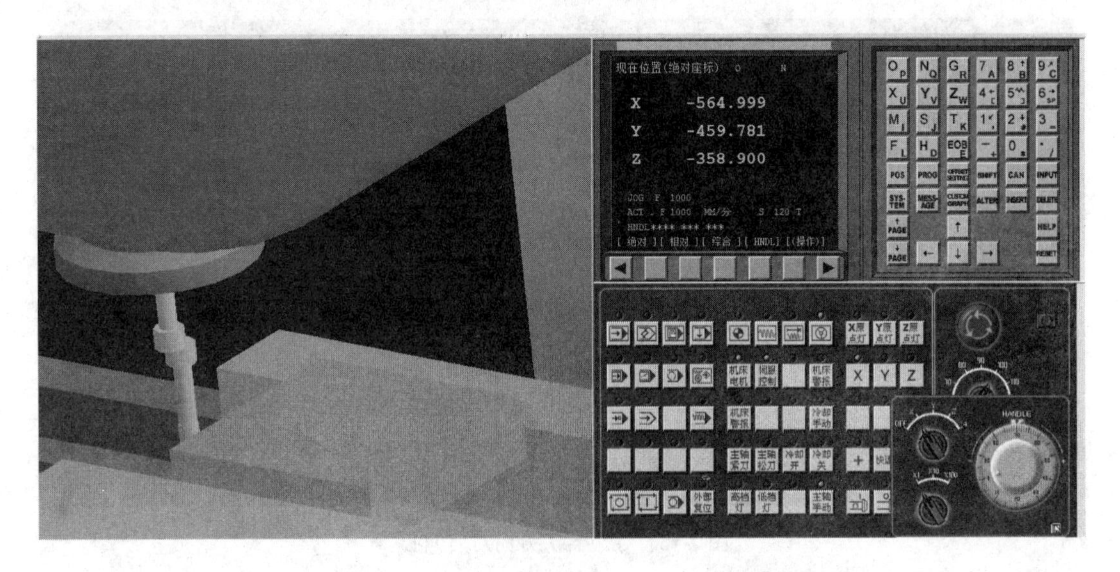

图 7-13　X 方向继续微量进给，突然 Y 向大幅度偏移

记下寻边器与工件恰好吻合时 LCD 界面中的“X”坐标值(本例中为“−565.000”)，见图 7-12，此为基准工具中心的 X 坐标，记为 X_1，将基准工具直径记为 X_2(可在选择基准工具时读出)，将定义毛坯数据时设定的零件长度记为 X_3，则工件上表面左下角的 X 向坐标为基准工具中心的 X 坐标 + 基准工具半径，即 $X = X_1 + X_2/2$，本例中 $X = -565 + 5 = -560$ mm；

如果以工件上表面中心为工件坐标系原点，则其 X 向坐标为基准工具中心的 X 坐标 + 基准工具半径 + 零件长度的一半，即 $X = X_1 + X_2/2 + X_3/2$，本例中 $X = -565 + 5 + 60 = -500$ mm。

② Y 方向对刀。在不改变 Z 向坐标和主轴旋转的情况下，将主轴在 JOG 手动方式下移动到零件的前侧，并使寻边器的固定端和测量端重合、偏心，如图 7-14 和图 7-15 所示。同理可得到工件上表面左下角的 Y 坐标，即 $Y = Y_1 + Y_2/2$，本例中 $Y = -480 + 5 = -475$ mm；工件上表面中心的 Y 坐标，即 $Y = Y_1 + Y_2/2 + Y_3/2$，本例中 $Y = -480 + 5 + 60 = -415$ mm。

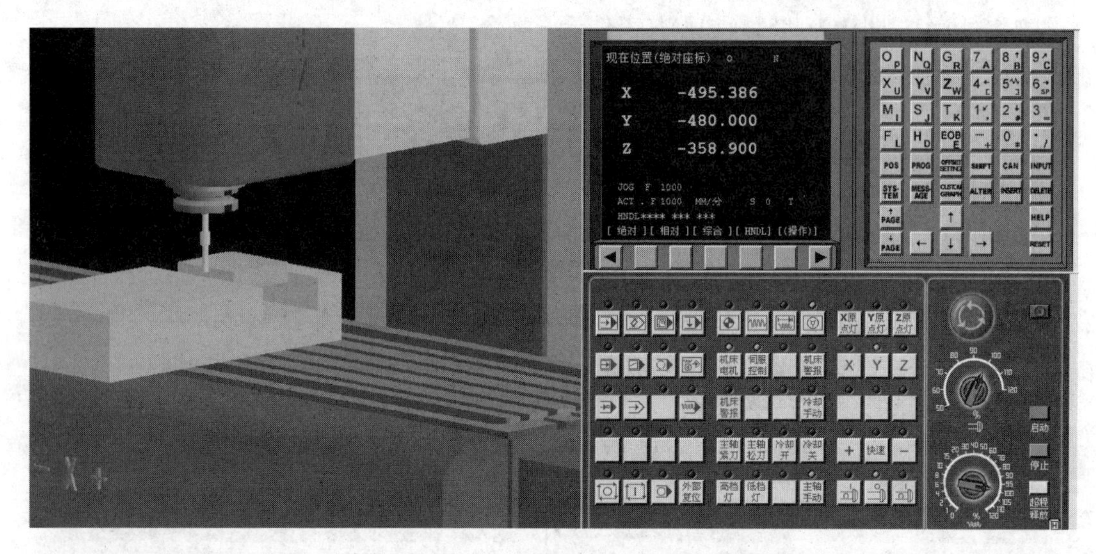

图 7-14　寻边器 Y 方向对刀

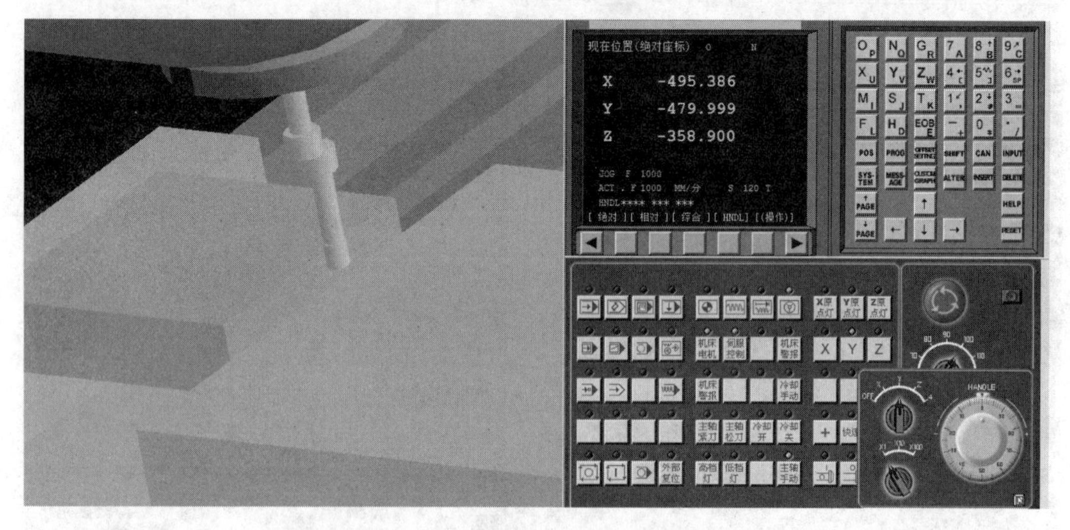

图 7-15　寻边器 Y 方向对刀偏心

显然，用寻边器对刀获得的 X/Y 工件原点坐标值与刚性芯棒对刀的结果完全一样。

需要指出的是，当基准工具放置在零件的右侧以及后侧对刀时，以上公式中的“+”必须改为“–”，才能得到正确的结果。

同样，完成 X、Y 方向对刀后，点击操作面板手动操作按钮，机床切换到 JOG 手动方式，选择“Z”轴，将主轴提起，再点击菜单“机床”/“拆除工具”拆除基准工具，装上铣削刀具，准备 Z 方向对刀。

2) Z 轴对刀

铣床对 Z 轴对刀时采用的是实际加工时所要使用的刀具及塞尺检查法。

点击菜单“机床”/“选择刀具”或点击工具条上的 图标，选择所需刀具。在操作面板中点击手动键，将机床切换到 JOG 手动方式，为主轴装上实际加工刀具；点击 MDI 键盘上的 POS，使 LCD 界面上显示坐标值。

同样，利用操作面板上的选择轴按钮 X、Y、Z，单击选择“Z”轴，再通过轴移动键 +、快速、-，采用点动方式移动机床，将装有刀具的机床主轴在 Z 方向上移动到工件上表面的大致位置。

类似在 X、Y 方向对刀的方法进行塞尺检查，得到“塞尺检查的结果：合适”时的“Z”坐标值，记为 Z_1，如图 7-16 所示，则相应刀具在工件上表面中心的 Z 坐标为 Z_1−塞尺厚度。

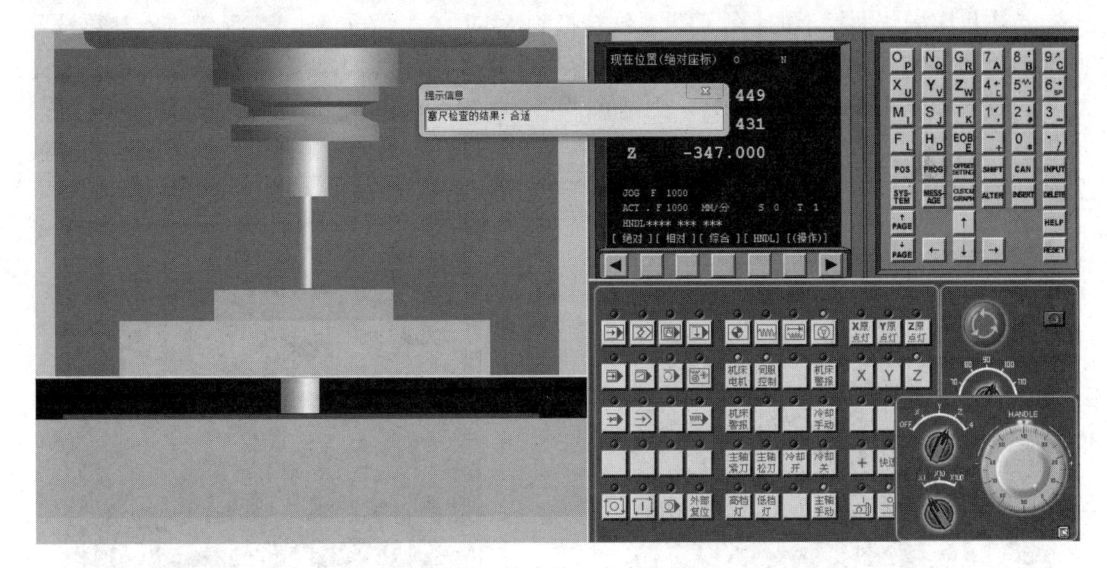

图 7-16 铣床的 Z 向塞尺对刀

本例选择 $\phi 8$ mm 的平底铣刀，其在仿真系统中的编号为 DZ2000-8，由图 7-16 可知，塞尺检查合适时的“Z”坐标值为“−347.000”，所以，刀具在工件上平面的坐标值为“−348.000”(此数据与工件的装夹位置有关)。

当工件的上表面不能作为基准或切削余量不一致时，可以采用试切法对刀。

点击菜单“机床”/“选择刀具”或点击工具条上的 图标，选择所需刀具。在操作面板中点击手动键，将机床切换到 JOG 手动方式，为主轴装上实际加工刀具；点击 MDI 键盘上的 POS，使 LCD 界面上显示坐标值。

同样，利用操作面板上的选择轴按钮 X、Y、Z，单击选择“Z”轴，再通过轴移动键 +、快速、-，采用点动方式移动机床，将装有刀具的机床主轴在 Z 方向上移动到工件上表面的大致位置。

打开菜单“视图”/“选项...”中的“声音开”和“铁屑开”选项；点击操作面板上的主轴正转键，使主轴转动；点击操作面板上的“−”按钮，切削零件，当切削的声音刚响起时停止，使铣刀将零件切削小部分，记下此时的“Z”坐标值，记为 Z，即为工件表面某点处 Z 的坐标值，将来直接将其作为工件坐标系原点 Z 方向的零值点。

3) 设置工件加工坐标系

通过对刀得到的坐标值(X，Y，Z)即为工件坐标系原点在机床坐标系中的坐标值。要将此点作为工件坐标系原点，还需要一步工作，即采用坐标偏移指令 G92 或 G54～G59 来认可。

G92 设定时必须将刀具移动到与工件坐标系原点有确定位置关系(假设在 *X*、*Y*、*Z* 轴上的距离分别为 α、β、γ)的点，那么，该点在机床坐标系中的坐标值是($X+\alpha$，$Y+\beta$，$Z+\gamma$)，然后通过程序执行 G92 Xα Yβ Zγ，而得到 CNC 的认可。

G54 设定时只要将对刀数据(X，Y，Z)送入相应的参数中即可。这里以对刀获得的数据来说明设置的过程。以工件上表面左下角作为工件坐标系原点，则以工件上表面左下角为工件原点的对刀数据分别为(−560.000，−475.000，−348.000)，假设将其设置到默认的 G54 偏移中，设置过程如下：

点击机床操作面板上的键，系统转换到 MDI 状态，再点击 OFFSET SETTING 键进入参数设置画面，见图 7-17；点击“坐标系”软键，进入图 7-18 所示界面，按 MDI 面板上的 → 光标键，使光标停在图 7-18 亮条处，并键入“−560.000”，再点击 MDI 面板上的 INPUT 键；同理，输入“Y”、“Z”的坐标“−475.000”和“−348.000”；设置完毕后，系统自动转换到默认的 G54 工件坐标系，如图 7-19 和图 7-20 所示。

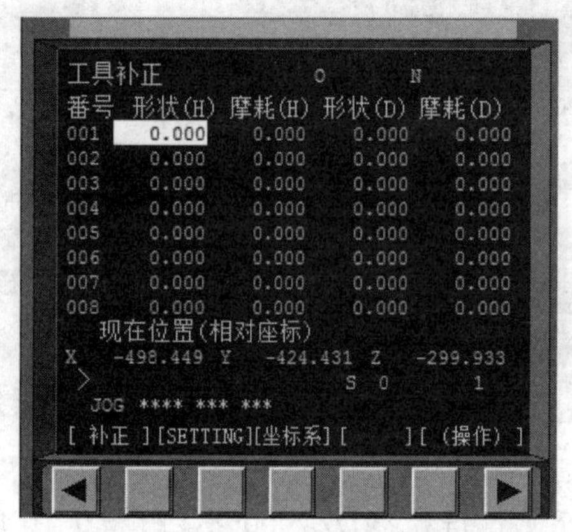

图 7-17　参数设置画面

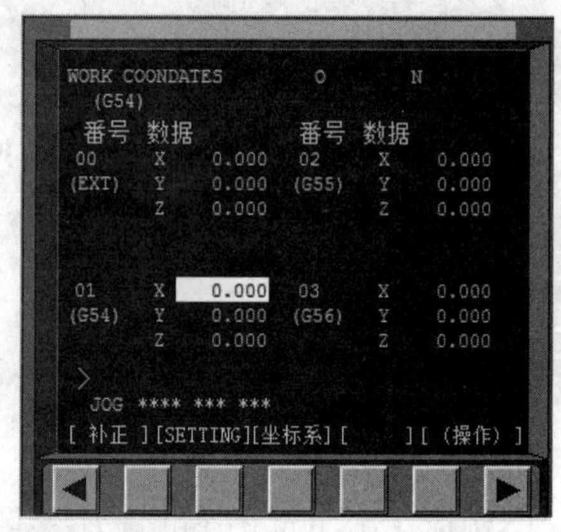

图 7-18　工件坐标系设置画面

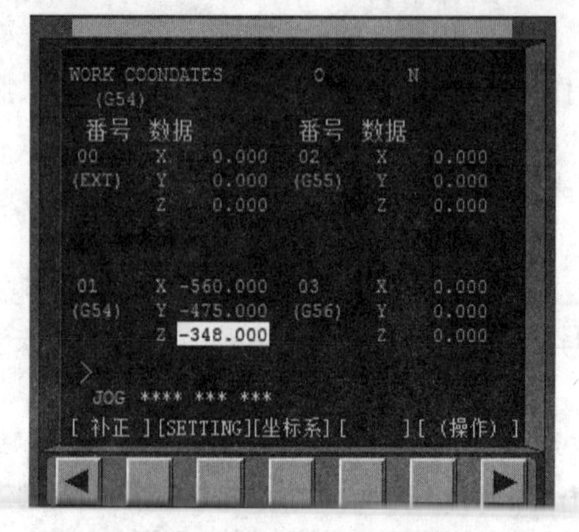

图 7-19　G54 工件坐标系设定

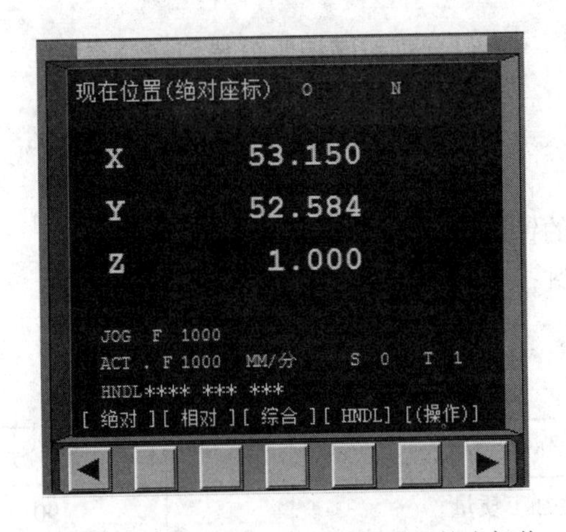

图 7-20　当前刀具在 G54 坐标系下的坐标值

【拓展训练】

运用所学知识，编写图 7-21～图 7-24 所示零件的加工程序并校验(后附相应的模拟评分表)。

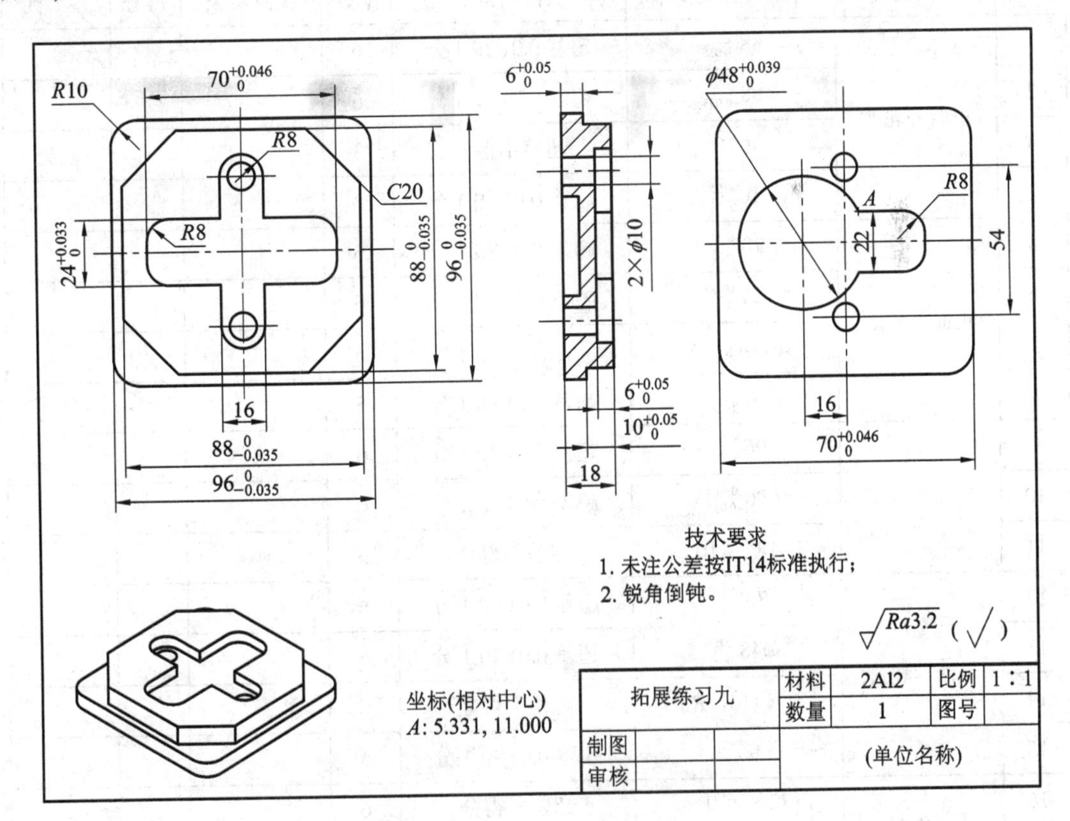

图 7-21　组合双面槽板零件图

组合双面槽板零件模拟评分表

姓名：______ 得分：______

考试要求：

1. 无倒角加工要求的锐边倒钝，去毛刺；
2. 考试时间 180 分钟；
3. 总分 100 分。

操作技能得分：

评分指标	配分	得分
工件加工质量	90	
职业素养及文明生产	10	
总配分	100	

评分表：

序号	考核位置	考核内容及要求	评分标准	配分	检测结果	得分	备注
1	正面外轮廓	$88_{-0.035}^{0}$	超差 0.01 扣 1 分	6			
2		$88_{-0.035}^{0}$	超差 0.01 扣 1 分	6			
3		$C20$	超差不得分	3			四处
4		$10_{0}^{+0.05}$	超差 0.01 扣 1 分	5			
5	正面内轮廓	$70_{0}^{+0.046}$	超差 0.01 扣 1 分	6			
6		$24_{0}^{+0.033}$	超差 0.01 扣 1 分	6			
7		16，$R8$，$R8$	超差不得分	6			
8		$6_{0}^{+0.05}$	超差 0.01 扣 1 分	5			
9	反面外轮廓	$96_{-0.035}^{0}$	超差 0.01 扣 1 分	6			
10		$96_{-0.035}^{0}$	超差 0.01 扣 1 分	6			
11		18，$R10$	超差不得分	3			
12	反面内轮廓	$70_{0}^{+0.046}$	超差 0.01 扣 1 分	6			
13		$\phi48_{0}^{+0.039}$	超差 0.01 扣 1 分	6			
14		22，16，$R8$	超差不得分	6			
15		$6_{0}^{+0.05}$	超差 0.01 扣 1 分	5			
16	孔	$2\times\phi10$	超差不得分	6			
17		54	超差不得分	3			

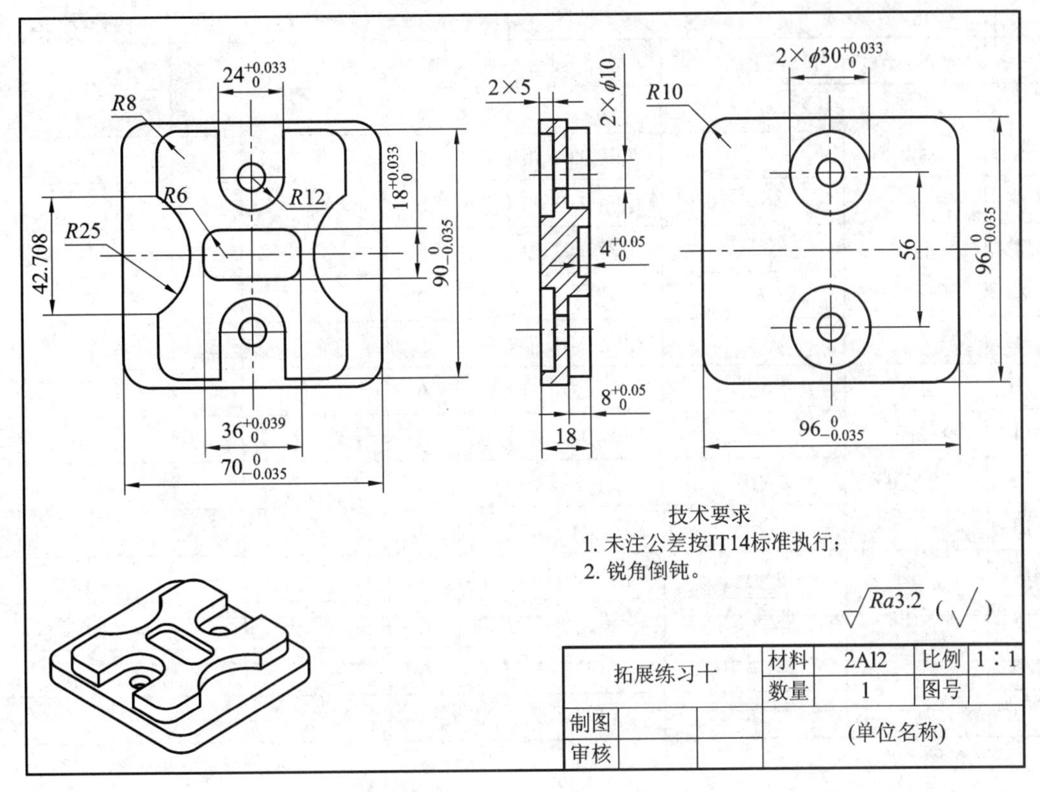

图 7-22　组合双面对称槽板零件图

组合双面对称槽板零件模拟评分表

姓名：______　得分：______

考试要求：

1. 无倒角加工要求的锐边倒钝，去毛刺；
2. 考试时间 180 分钟；
3. 总分 100 分。

操作技能得分：

评 分 指 标	配 分	得 分
工件加工质量	90	
职业素养及文明生产	10	
总配分	100	

评分表：

序号	考核位置	考核内容及要求	评分标准	配分	检测结果	得分	备 注
1	正面外轮廓	$90_{-0.035}^{0}$	超差 0.01 扣 1 分	6			
2		$90_{-0.035}^{0}$	超差 0.01 扣 1 分	6			
3		$2\times24_{0}^{+0.033}$	超差 0.01 扣 1 分	10			两处

续表

序号	考核位置	考核内容及要求	评分标准	配分	检测结果	得分	备注
4	正面外轮廓	$R25$，$R12$，$R8$	超差不得分	3			
5		$8^{+0.05}_{0}$	超差 0.01 扣 1 分	5			
6	正面内轮廓	$36^{+0.039}_{0}$	超差 0.01 扣 1 分	6			
7		$18^{+0.033}_{0}$	超差 0.01 扣 1 分	6			
8		$R6$	超差不得分	3			
9		$4^{+0.05}_{0}$	超差 0.01 扣 1 分	5			
10	反面外轮廓	$96^{-0.035}_{0}$	超差 0.01 扣 1 分	6			
11		$96^{-0.035}_{0}$	超差 0.01 扣 1 分	6			
12		$R10$	超差不得分	3			
13		18	超差 0.01 扣 1 分	3			
14	反面内轮廓	$2\times\phi 30^{+0.033}_{0}$	超差 0.01 扣 1 分	8			两处
15		2×5	超差不得分	5			两处
16	孔	$2\times\phi 10$	超差不得分	6			两处
17		56	超差不得分	3			

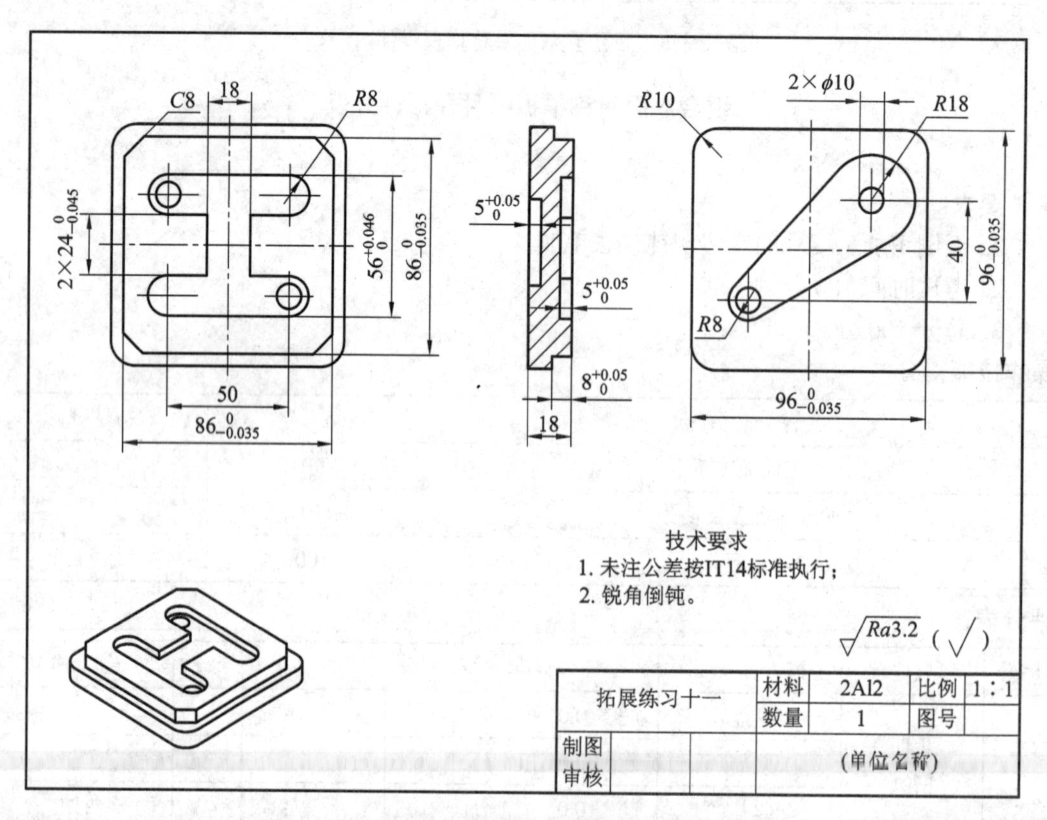

图 7-23　组合双面工字型槽板零件图

组合双面工字型槽板零件模拟评分表

姓名：______　得分：______

考试要求：

1. 无倒角加工要求的锐边倒钝，去毛刺；
2. 考试时间 180 分钟；
3. 总分 100 分。

操作技能得分：

评 分 指 标	配 分	得 分
工件加工质量	90	
职业素养及文明生产	10	
总配分	100	

评分表：

序号	考核位置	考核内容及要求	评分标准	配分	检测结果	得分	备 注
1	正面外轮廓	$86_{-0.035}^{0}$	超差 0.01 扣 1 分	6			
2		$86_{-0.035}^{0}$	超差 0.01 扣 1 分	6			
3		$C8$	超差 0.01 扣 1 分	3			两处
4		$8_{0}^{+0.05}$	超差不得分	5			
5	正面内轮廓	$56_{0}^{+0.046}$	超差 0.01 扣 1 分	6			
6		$2\times24_{-0.045}^{0}$	超差 0.01 扣 1 分	9			两处
7		18，50，$R8$	超差不得分	6			
8		$5_{0}^{+0.05}$	超差 0.01 扣 1 分	5			
9	反面外轮廓	$96_{-0.035}^{0}$	超差 0.01 扣 1 分	6			
10		$96_{-0.035}^{0}$	超差 0.01 扣 1 分	6			
11		$R10$	超差不得分	3			
12		18	超差不得分	3			
13	反面内轮廓	$R18$	超差不得分	6			
14		$R8$	超差不得分	6			
15		$5_{0}^{+0.05}$	超差不得分	5			
16	孔	$2\times\phi10$	超差不得分	6			两处
17		40	超差不得分	3			

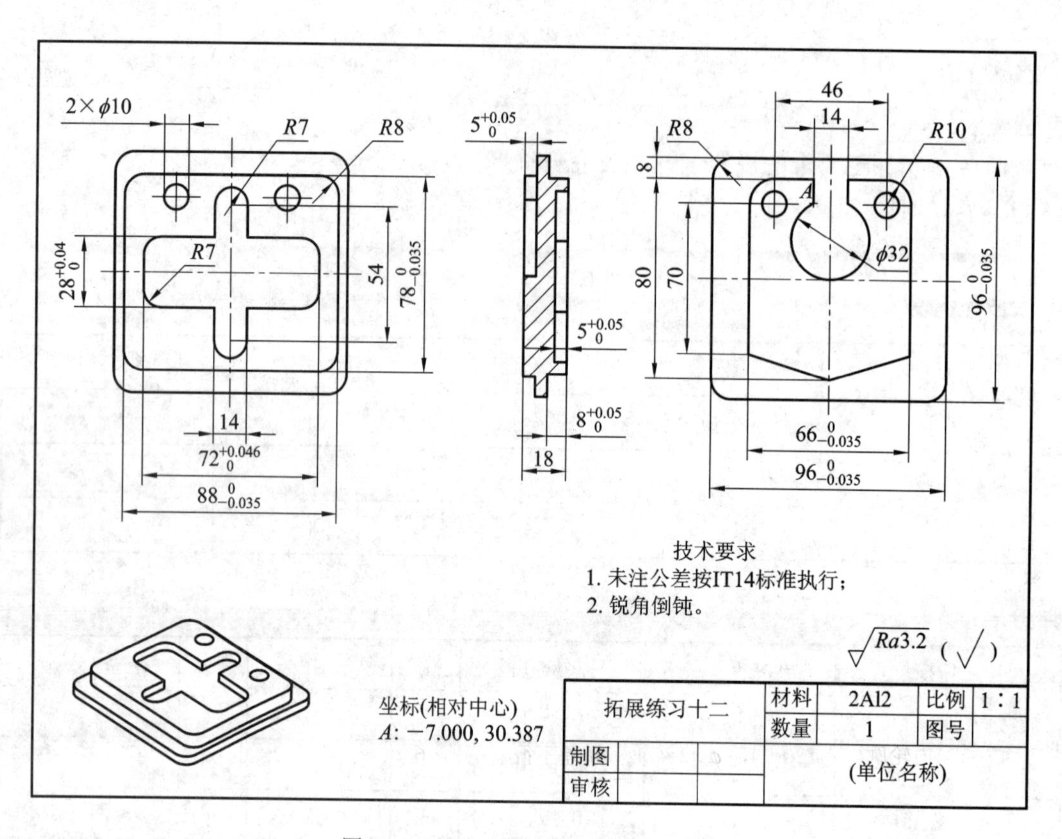

图 7-24　组合双面十字型槽板零件图

组合双面十字型槽板零件模拟评分表

姓名：______　得分：______

考试要求：

1. 无倒角加工要求的锐边倒钝，去毛刺；
2. 考试时间 180 分钟；
3. 总分 100 分。

操作技能得分：

评分指标	配　分	得　分
工件加工质量	90	
职业素养及文明生产	10	
总配分	100	

评分表：

序号	考核位置	考核内容及要求	评分标准	配分	检测结果	得分	备　注
1	正面外轮廓	$88_{-0.035}^{0}$	超差 0.01 扣 1 分	6			
2		$78_{-0.035}^{0}$	超差 0.01 扣 1 分	6			
3		$R8$	超差 0.01 扣 1 分	3			
4		$8_{0}^{+0.05}$	超差不得分	5			
5	正面内轮廓	$72_{0}^{+0.046}$	超差 0.01 扣 1 分	6			
6		$28_{0}^{+0.04}$	超差 0.01 扣 1 分	6			
7		14，54，$R7$，$R7$	超差不得分	3			
8		$5_{0}^{+0.05}$	超差 0.01 扣 1 分	5			
9	反面外轮廓	$96_{-0.035}^{0}$	超差 0.01 扣 1 分	6			
10		$96_{-0.035}^{0}$	超差 0.01 扣 1 分	6			
11		$R8$	超差不得分	3			
12		18	超差不得分	3			
13	反面内轮廓	$66_{-0.035}^{0}$	超差 0.01 扣 1 分	6			
14		8，80，70，$R10$	超差不得分	6			
15		14，ϕ32	超差不得分	6			
16		$5_{0}^{+0.05}$	超差不得分	5			
17	孔	$2\times\phi10$	超差不得分	6			
18		46	超差不得分	3			

椭圆凸台加工

◇◇◇◇◇◇◇◇◇ 一、项目导入与分析 ◇◇◇◇◇◇◇◇◇

本项目是典型的二次曲线——椭圆轮廓的加工，如图 8-1 所示。

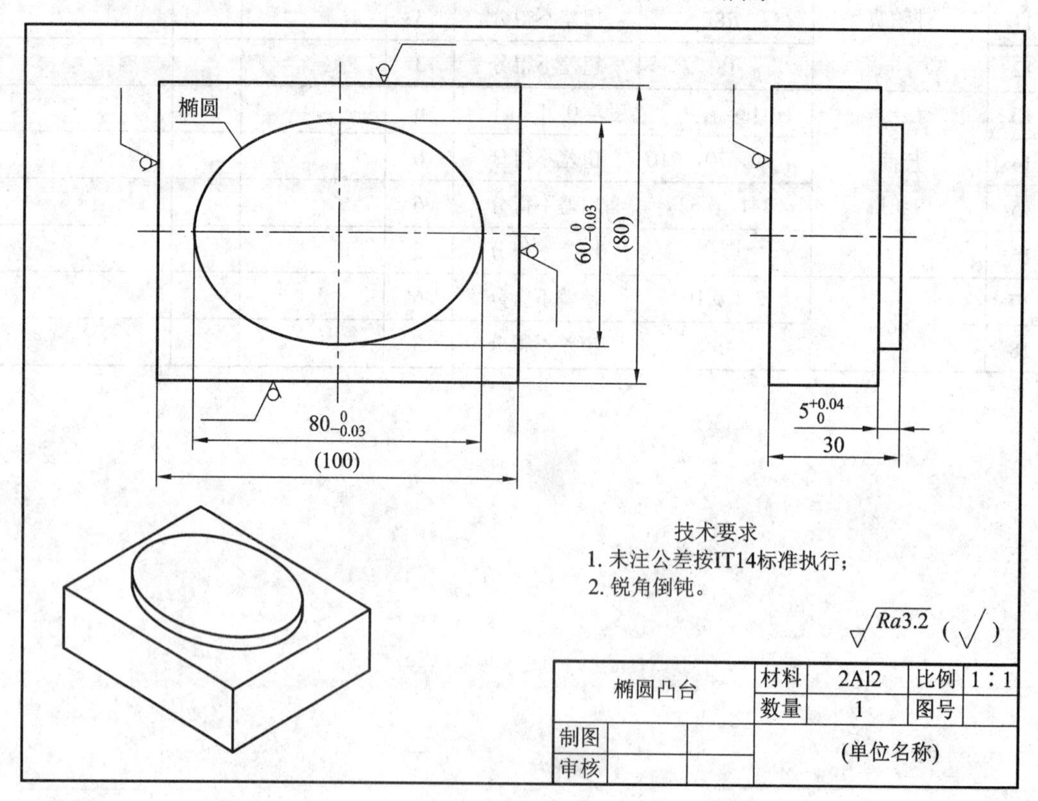

图 8-1　椭圆凸台零件图

1. 零件形状

图 8-1 为简单的二维铣削加工零件，其几何形状规则，主要加工轮廓是一个完整椭圆凸台。在加工时要选择合适的下刀点和设计进退刀路线，防止过切。

2. 尺寸精度

该零件的加工要素为椭圆轮廓，对椭圆的长轴、短轴尺寸有精度要求；对凸台加工深度有一定要求，对工件整体高度不做要求。加工时工艺设计要合理安排并操作正确。尺寸精度的保证一般采用调整刀具半径补偿的方法实现。

3. 表面粗糙度

本项目零件所有外形铣削的表面粗糙度 *Ra* 值均为 3.2 μm。

4. 技术要求

锐角倒钝。

◇◇◇◇◇◇◇◇◇ 二、项目目标 ◇◇◇◇◇◇◇◇◇

(1) 读懂二维轮廓零件图；掌握零件工艺分析步骤、切削用量的计算、二维轮廓零件的加工、工件的合理装夹定位以及二维轮廓编程加工方法。

(2) 掌握立铣刀铣削椭圆轮廓的宏参数编程方法，能够运用宏参数进行椭圆轮廓的铣削加工。

◇◇◇◇◇◇◇◇◇ 三、项目准备 ◇◇◇◇◇◇◇◇◇

1. 设备准备

本项目所需设备见表 8-1。

表 8-1 设备准备建议清单

序 号	名 称	机床型号	数 量
1	数控铣床	VDL600	1 台/2 人
2	机用虎钳	相应型号	1 台/工位
3	锁刀座	LD-BT40A	2 只/车间

2. 毛坯准备

按图 8-1 所示的要求备料，材料清单见表 8-2。

表 8-2 毛坯准备建议清单

序 号	材 料	规格/mm	数 量
1	2Al2	100 × 80 × 30	1 件/人

3. 工、量、刃具准备

本项目工、量、刃具准备清单见表 8-3。

表 8-3 工、量、刃具准备建议清单

类别	序 号	名 称	规格或型号	精度/mm	数 量
工具	1	机用虎钳扳手	配套		1 个/工位
	2	卸刀扳手	ER32		2 个
	3	等高垫铁	根据机用平口钳和工件自定		1 副
	4	锉刀、油石			自定
量具	1	外径千分尺	50～75、75～100	0.01	各 1 把
	2	游标卡尺	0～150	0.02	1 把
	3	深度千分尺	0～50	0.01	1 把
	4	杠杆百分表	0～0.8	0.01	1 个
	5	磁力表座			1 个
	6	机械偏摆式寻边器			
	7	Z 轴设定器	ZDI-50	0.01	1 个
刃具	1	平面铣刀刀片	SENN1203-AFTN1		6 片
	2	立铣刀	ϕ10、ϕ16		各 1 支

◇◇◇◇◇◇◇◇◇ 四、项目实施 ◇◇◇◇◇◇◇◇◇

【工作任务分解】

任务一　了解宏程序。
任务二　椭圆曲面的程序设计。
任务三　椭圆凸台的加工工艺。
任务四　工件加工。

任务一　了解宏程序

【知识链接】

宏程序是一种先进的编程形式，它使用了大量的编程技巧，如建立数学模型、加工工具和切削参数的选择等。采用宏程序加工的零件精度高。特别是对于具有中等加工难度的图形，采用宏程序编程要比自动编程快得多，所以应尽可能使用手动编程。椭圆是在编制宏程序时经常遇到的一种图形，它不仅要求编程人员掌握椭圆的有关方程，而且能巧妙地运用数学方法，以应对各种形式的椭圆编程。

宏程序是一个使用宏变量的程序，是用户编写的专业程序。它类似于子程序，可以用指定的指令代码进行调用。宏程序的代码名称为宏指令。

宏程序最大的特点是将有规律的图形用最短的程序表达，具有很好的可读性和易修改性，编写出来的程序简单，具有严密的逻辑性，通用性强，并且机床在执行这样的程序时，要比执行用CAD/CAM软件生成的程序更快、更敏感。

在一般编程中，程序字中的地址字符是常量，程序只能描述一个几何体，因此缺乏灵活性和适用性。在宏程序中，地址字符是一个变量(也称为宏变量)，根据需要可以对赋值语句进行修改，使程序具有通用性。使用循环语句、分支语句和子程序调用语句，可以编写各种复杂的程序。

宏程序是将一系列指令所构成的变量值、逻辑、条件功能，像调用子程序模式一样登录在数控系统内存里，再将此功能指令用一个命令作为执行载体，运行时只需调用这个代表指令，就能执行其相应应用功能。

宏程序可分为A、B两类。一般情况下，FANUC O系统采用A类宏程序，而FANUC Oi系统采用B类宏程序。

1．变量的表示(FANUC系统)

变量用变量符号(#)和后面的变量号指定，如：#1。表达式可以用于指定变量号，此时表达式必须封闭在中括号中，如#[#1+ #2−12]。

变量号可用变量代替，如#[#3]，设#3 = 1，则#[#3]为#1。

2．变量的类型

变量根据变量号可以分为四种类型，具体见表8-4。

表8-4 变量的类型

变量号	变量类型	功　能
#0	空变量	该变量总是空，没有值能赋给该变量
#1～#33	局部变量	局部变量只能用在宏程序中存储数据，例如，运算结果。当断电时，局部变量被初始化为空。调用宏程序时，自变量对局部变量赋值
#100～#199 #500～#999	公共变量	公共变量在不同的宏程序中意义相同。当断电时，变量#100～#199初始化为空；变量#500～#999的数据保存，即使断电也不丢失
#1000～	系统变量	系统变量用于读和写CNC的各种数据，例如，刀具的当前位置和补偿值

3．变量的引用

在地址后指定变量号，即可引用其变量值。当用表达式指定变量时，要把表达式放在括号中，如“G01 X[#1+　#2] F#3”。

改变引用变量值的符号时，要把负号“−”放在#的前面，如“G00 X−#1”。

当引用未定义的变量时，变量及地址字都被忽略，如：当变量#1的值为0，并且变量#2的值是空时，“G00 X#1 Y#2”的执行结果为“G00 X0 Y0”。

在编程时，变量的定义、变量的运算只允许每行写一个(见表 8-5)，否则会引起系统报警。

表 8-5　变量的正确和错误编程方法对比

正确的编程方法	错误的编程方法
N100 #1 = 0	N100 #1 = 0 #2 = 6 #3 = 8
N110 #2 = 6	N110 #4 = #2*SIN[#1]+#3 #5 = #2-#2*COS[#1]
N120 #3 = 8	
N130 #4 = #2*SIN[#1]+ #3	
N140 #5 = #2-#2*COS[#1]	

4．变量的算术和逻辑运算

变量的算术和逻辑运算见表 8-6。

表 8-6　算术和逻辑运算

功　能	格　式	备　注	功　能	格　式	备　注
定义	#i = #j		平方根	#i = SQRT[#j]	
加法	#i = #j+#k		绝对值	#i = ABS[#j]	
减法	#i = #j-#k		舍入	#i = ROUND[#j]	四舍五入取整
乘法	#i = #j*#k		上取整	#i = FUP[#j]	
除法	#i = #j/#k		下取整	#i = FIX[#j]	
			自然对数	#i = LN[#j]	
			指数函数	#i = EXP[#j]	
正弦	#i = SIN[#j]	角度以度指定。65°30′表示为 65.5°	或	#i = #jOR#k	逻辑运算一位一位地按二进制数执行
反正弦	#i = ASIN[#j]		异或	#i = #jXOR#k	
余弦	#i = COS[#j]		与	#i = #jAND#k	
反余弦	#i = ACOS[#j]		从 BCD 转为 BIN	#i = BIN[#j]	用于与 PMC 的信息交换
正切	#i = TAN[#j]		从 BIN 转为 BCD	#i = BCD[#j]	
反正切	#i = ATAN[#j]				

宏程序条件式种类如表 8-7 所示。

表 8-7　宏程序条件式种类

项 目 符 号	具 体 含 义	英　文　名
EQ	(=)等于	Equal
NE	(≠)不等于	Not Equal
GT	(>)大于	Great Than
GE	(≥)大于或等于	Great Than or Equal
LT	(<)小于	Less Than
LE	(≤)小于或等于	Less Than or Equal

在宏程序中，常用的转移和循环指令有 5 种，GOTO 语句和 IF 语句可改变程序流向，

使用 WHILE 指令可实现程序内循环。

以下控制指令可控制用户宏程序主体的程序流程。

(1) IF [<条件式>] GOTO n(n = 程序段号)。<条件式>成立，则程序跳转至程序段号为 n 的程序段向下执行；<条件式>不成立，则执行条件判断语句下一程序段。

(2) WHILE [<条件式>] DO m(m = 指定程序执行范围的标号) END m。<条件式>成立，则重复执行 DO m的程序段到 END m的程序段；<条件式>不成立，则执行 END m的下一程序段。DO 后的段号和 END 后的段号是确定程序执行范围的标识，标识通常为 1、2、3。不允许超出此数值范围。若用 1、2、3 以外的值，会有警报示意。

(3) IF [<条件式>] THEN。假如条件满足，则执行事先确定的宏程序语句，但只执行一个宏程序语句。例如：若#2 和#3 的值相同，0 赋给 #4，则可用语句“IF [#2 EQ #3] THEN #4 = 0”。

(4) 无条件转移(GOTO n)。转移到标有程序段号为 n 的程序段，不管目前条件如何。

(5) 宏程序非模态调用(G65 用户宏程序 B)。当使用 G65 调用以地址码 P 指定的用户宏程序时，数据(自变量)能传送到用户宏程序。G65 紧跟 P 指定调用的程序号，再接 L 需要重复的次数，一般是跟子程序相互配合调用。

【任务实施】

1. 通过任务书、多媒体教学以及教师演示等方式，初步了解宏程序的含义。
2. 以小组为单位，讨论并查阅资料，进一步了解宏程序的运用。

任务二　椭圆曲面的程序设计

【知识链接】

在设计椭圆曲面的程序时，一般先从曲面的规则公式或参数方程中选择一个变量作为自变量，另一个变量作为这个自变量的函数，并将公式或方程转化为这个自变量的函数表达式，再用数控系统中的变量(#i 或 R_i)来表示这个函数表达式，最后根据这个曲面的起始点和移动步距，采用直线逼近法或圆弧逼近法来进行程序设计。

在设定好椭圆的插补方式(一般为直线插补)后(见图 8-2)，即可求出插补节点的坐标计算通式。常采用等角度法，如图 8-3 所示，每增加一个转角 α，通过曲线方程就能算出一个节点坐标。因为采用了角度增量，所以曲面各加工部位所保持的精度是一致的。

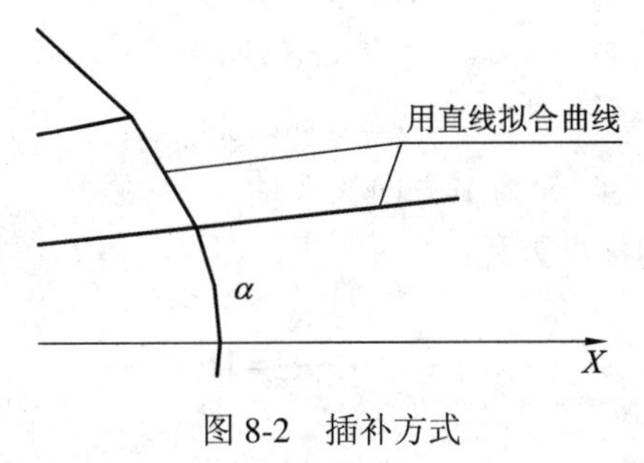

图 8-2　插补方式

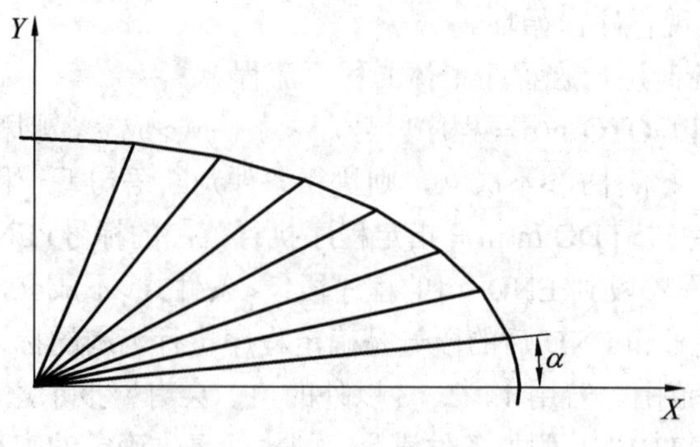

图 8-3　等角度法

1．椭圆的计算公式

如图 8-4 所示，以 O 点为圆心，以半径 a 和半径 $b(b>a>0)$画两个圆。点 a 是半径 Ob 与小圆的交点，点 b 是半径 Ob 与大圆的交点，过点 a 作 $ac\perp OX$，垂足为 c，过点 b 作 $bd\perp OX$，垂足为 d，过点 a 作 $ae\perp bd$，垂足为 e。求半径 Ob 绕点 O 旋转时点 e 轨迹的参数方程。

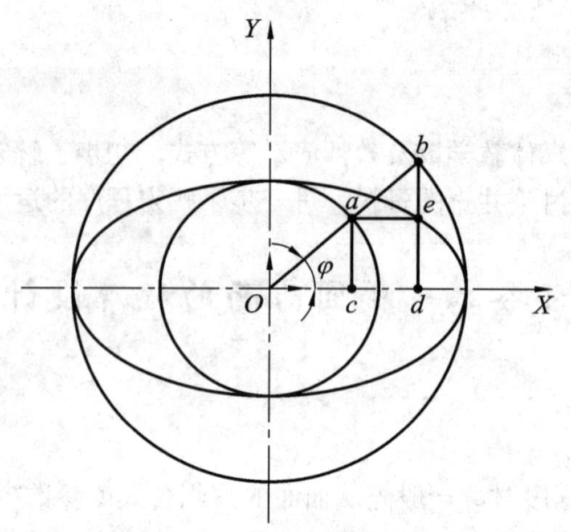

图 8-4　椭圆参数方程参考图

假定点 e 的坐标为(X,Y)，角度 φ 是以 OX 为起始边、Ob 为终止边的正角，那么

$$X=Od=|Ob|\cos\varphi$$

$$Y=ed=|Oa|\sin\varphi$$

因此椭圆的参数方程为

$$X=a\cos\varphi$$

$$Y=b\sin\varphi$$

式中：a 为椭圆 X 方向的半轴；b 为 Y 方向的半轴。

换算后可以得到椭圆的标准方程：

$$\frac{X^2}{a^2}+\frac{Y^2}{b^2}=1$$

2．椭圆加工思路

如图 8-3 所示，当我们把椭圆分为 N 等份，每个等份用直线段连接。当等分的线段分得足够多时，这些连接起来的直线段即可近似认为是一个椭圆。根据加工精度要求，对椭圆进行等分，精度越高，分段数量也越多。所以根据椭圆参数方程：$X = a\cos\varphi$，$Y = b\sin\varphi$，当我们编写加工程序时，可以每隔 0.5 度确定一点，用直线段连接即可。

椭圆宏程序编程既可以像抛物线的宏程序那样进行(刀具的中心轨迹编程)，也可以利用刀具半径补偿的功能进行。椭圆方程及刀具中心编程点的计算式见表 8-8。

表 8-8　椭圆方程及刀具中心编程点的计算式

图　　形	方程及特性点
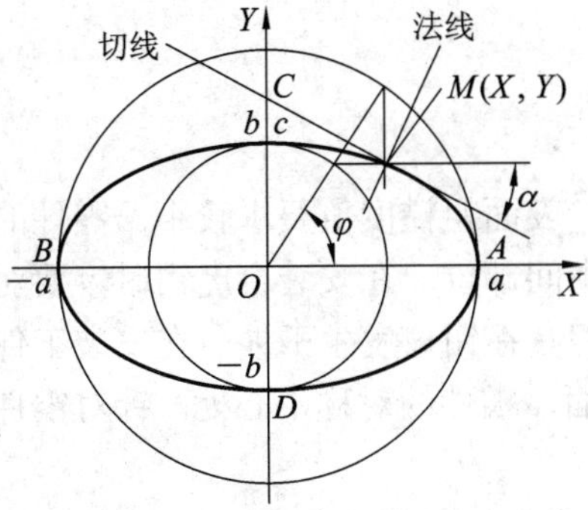	标准方程：$\dfrac{X^2}{a^2}+\dfrac{Y^2}{b^2}=1$ 参考方程：$\begin{cases}X=a\cos\varphi\\Y=b\sin\varphi\end{cases}$ 中心 $O(0，0)$，顶点 $A(a，0)$、$B(-a，0)$、$C(0，b)$、$D(0，-b)$，焦距 $=2c$，$c=\sqrt{a^2-b^2}$，$\tan\alpha=\dfrac{b\cos\varphi}{a\sin\varphi}$
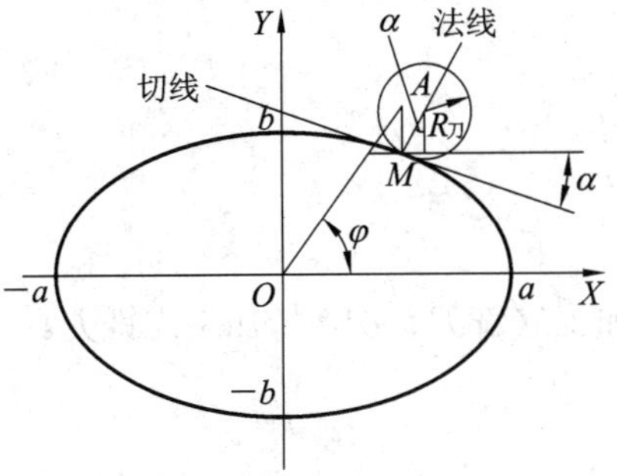	加工椭圆外形： $X_A = X + R_{刀}\sin\alpha = a\cos\varphi + R_{刀}\sin\alpha$ $Y_A = Y + R_{刀}\cos\alpha = b\sin\varphi + R_{刀}\cos\alpha$ 在 φ=0°及 180° 时，$\tan\alpha=\infty$，所以在编程时应避开这两个角度
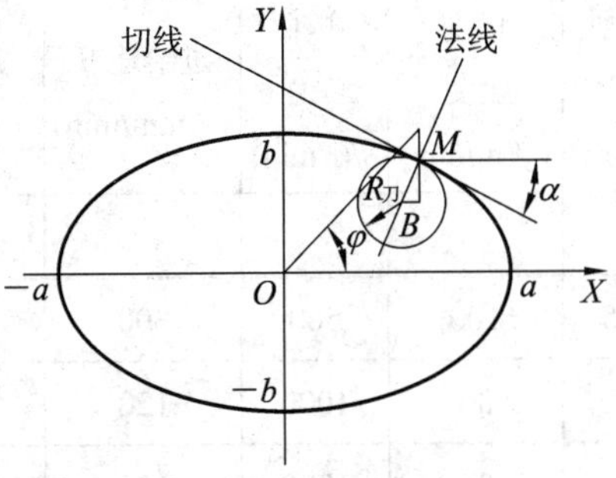	加工椭圆型腔： $X_A = X - R_{刀}\sin\alpha = a\cos\varphi - R_{刀}\sin\alpha$ $Y_A = Y - R_{刀}\cos\alpha = b\sin\varphi - R_{刀}\cos\alpha$ 在 φ=0° 及 180° 时，$\tan\alpha=\infty$，所以在编程时应避开这两个角度。所选的立铣刀半径应满足 $R_{刀}<b$

在用刀具的中心轨迹编程时，由于反正切函数的正、负问题，为避免出现程序错误，

我们不管参数 NO.6004#0 怎么设置，在编写椭圆的宏程序时只编写 0°～180°的部分，另一半采用旋转的指令完成。

【任务实施】

1．通过任务书、多媒体教学等方式，初步认识宏程序的变量、算术和逻辑运算。
2．以小组为单位，学习和讨论宏程序所用到的公式运算。

任务三　椭圆凸台的加工工艺

【知识链接】

1．工艺分析

从图样上可以看出此零件是一个椭圆形的凸台，表面粗糙度值要求较小，零件的装夹采用平口钳装夹。在安装工件时，工件要放在钳口中间部位。在安装台虎钳时，要对它的固定钳口找正，工件被加工部分要高出钳口，避免刀具在钳口发生干涉。在安装工件时，注意工件上浮。将工件坐标系 G54 建立在工件上表面，零件的对称中心处。针对零件图样要求给出加工工序：

(1) 铣上表面，保证工件上表面水平，以保证后面的加工深度，选用ϕ63 面铣刀(T1)。
(2) 粗铣椭圆外形并保证加工深度，选用ϕ10 粗加工立铣刀(T2)。
(3) 残料去除(T2)。
(4) 选用ϕ10 精加工立铣刀半精铣椭圆外形(T3)。
(5) 精铣椭圆外形，保证椭圆长轴和短轴尺寸(T3)。

2. 刀具选择

加工工序中采用的刀具为ϕ63 面铣刀、ϕ10 粗加工立铣刀、ϕ10 精加工立铣刀。

3. 加工方案的确定

各工序刀具的切削参数详见表 8-9。

表 8-9　数控加工工艺卡片

工步	加工内容	刀具			切削深度 a_p/mm	切削速度 v_c/(m/min)	主轴转速 S/(r/min)	进给速度 v_f/(mm/min)	刀具补偿号
		刀号	名称	直径/mm					
	平口钳装夹工件并找正								
1	铣上表面	T1	面铣刀	ϕ63	0.5	100	500	300	D1
2	粗铣外轮廓	T2	立铣刀	ϕ10	5	30	1000	120	D2
3	半精铣外轮廓	T3	立铣刀	ϕ10	5	36	1200	120	D3
4	精铣外轮廓	T3	立铣刀	ϕ10	5	36	1200	120	D3

4. **程序工艺**

程序工艺如图 8-5 所示。

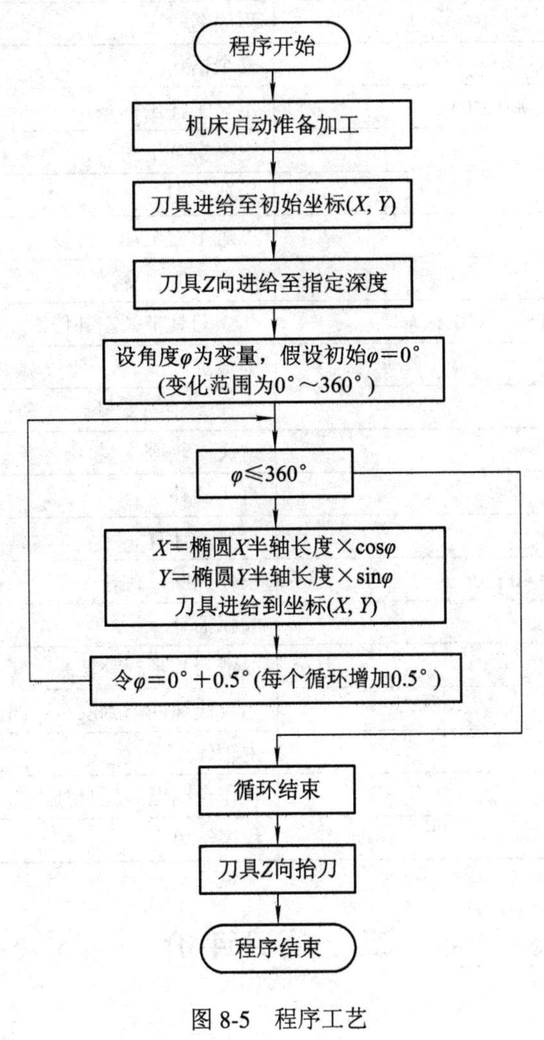

图 8-5　程序工艺

【任务实施】

1. 通过任务书、多媒体教学以及教师演示等方式，学会分析椭圆轮廓的加工工艺。
2. 以小组为单位，讨论并制订本项目工件的加工工艺卡片。

任务四　工 件 加 工

【任务实施】

1. 通过任务书、多媒体教学以及教师演示等方式，掌握零件加工的过程。
2. 以小组为单位，进行铣削加工(加工参考程序见表 8-10)，控制轮廓尺寸及公差。

表 8-10 加工参考程序

程 序	说 明
O1020 ;	程序名
N00 G90 G80 GG40 G21 G17 ;	安全语句
N05 G00 G54 X0. Y-50. S1000 M03 ;	定义工件坐标系
N10 Z100. ;	定义安全平面
N15 Z5. ;	快速下刀
N20 G01 Z-5. F30. ;	工进下刀至加工深度
N25 #1 = 270. ;	定义角度自变量
N30 G01 G41 X20. Y-50. D01 F120. ;	建立刀具半径左补偿
N35 G03 X0. Y-30. R20. ;	圆弧插补
N40 #2 = 40.*COS[#1] ;	定义 *X* 轴因变量
N45 #3 = 30.*SIN[#1] ;	定义 *Y* 轴因变量
N50 G01 X[#2] Y[#3] ;	直线插补
N55 #1 = #1-0.5 ;	自变量计算
N60 IF [#1 GE-90] GOTO 40 ;	条件判断，跳转
N65 G03 X-20. Y-50. R20. ;	圆弧插补
N70 G01 G40 X0. Y-50. ;	取消刀具半径补偿
N75 G00 Z100. ;	刀具快速回退到安全平面
N80 M05 ;	主轴停止
N85 G91 G28 Y0. ;	工作台回退到近身侧
N90 M30 ;	程序结束

◇◇◇◇◇◇◇◇◇ 五、项目评价 ◇◇◇◇◇◇◇◇◇

1. 操作过程评价

请考评员认真填写“现场工作任务考核评价记录表”。

现场工作任务考核评价记录表

姓　名：________　　　　学　号：________

班　级：________　　　　工件编号：________

序号	考核内容	考 核 方 法	考 核 评 定			考核记录
			优秀 (5 分)	合格 (2 分)	不合格 (0 分)	
1	熟悉实训基地内的数控铣床设备	(1) 会正确识别数控加工机床的型号	□	□	□	
		(2) 会正确识别数控铣床的主要结构	□	□	□	
		(3) 会正确阐述数控铣床的工作原理	□	□	□	
						总分：　　分

续表一

序号	考核内容	考核方法	考核评定			考核记录
			优秀(5分)	合格(2分)	不合格(0分)	
2	生产场所“7S”	(1) 工、量、刃具的放置是否依规定摆放整齐	□	□	□	
		(2) 会正确使用工、量具	□	□	□	
		(3) 会保持工作场地的干净整洁	□	□	□	
		(4) 有团队精神，遵守车间生产的规章制度	□	□	□	
		(5) 作业人员有较强的安全意识，能及时报告并消除有安全隐患的因素	□	□	□	
		(6) 作业人员有较强的节约意识	□	□	□	
		(7) 会对数控铣床正确进行日常维护和保养	□	□	□	
总分： 分						
3	刀具安装	(1) 刀具安装顺序正确	□	□	□	
		(2) 拆装姿势和力度规范	□	□	□	
		(3) 刀具装夹位置正确	□	□	□	
总分： 分						
4	工件安装及对刀找正	(1) 机床操作规范、熟练	□	□	□	
		(2) 工件装夹正确、规范	□	□	□	
		(3) 会熟练操作控制面板	□	□	□	
		(4) 会正确选择工件坐标系	□	□	□	
		(5) 熟悉对刀步骤	□	□	□	
		(6) 在规定时间内完成对刀流程	□	□	□	
		(7) 操作过程中行为、纪律表现	□	□	□	
		(8) 安全文明生产	□	□	□	
		(9) 设备维护保养正确	□	□	□	
总分： 分						
5	手工程序输入(EDIT)及校验	(1) 知道基本指令的功能	□	□	□	
		(2) 熟悉手工程序输入的过程	□	□	□	
		(3) 熟悉手工程序校验的过程	□	□	□	
总分： 分						

续表二

序号	考核内容	考核方法	考核评定			考核记录
			优秀(5分)	合格(2分)	不合格(0分)	
6	制订加工工艺卡片	(1) 知道基本指令的功能	□	□	□	
		(2) 会正确制订切削加工工艺卡片	□	□	□	
		(3) 会合理选择切削用量	□	□	□	
		(4) 会正确选择工件坐标系	□	□	□	
		(5) 所编写的程序正确、简单、规范	□	□	□	
总分： 分						
7	工件加工	(1) 机床操作规范、熟练	□	□	□	
		(2) 刀具选择与装夹正确、规范	□	□	□	
		(3) 工件装夹、找正正确、规范	□	□	□	
		(4) 正确选择工件坐标系，对刀正确、规范	□	□	□	
		(5) 切削加工工艺制订正确	□	□	□	
		(6) 正确输入和校验加工程序	□	□	□	
		(7) 操作过程中行为、纪律表现	□	□	□	
		(8) 安全文明生产	□	□	□	
		(9) 设备维护保养正确	□	□	□	
总分： 分						

加工总时间：________

总　　分：________

考评员签字：________

日　　期：________

2. 自我评价

学生对自己进行自我评价，并填写下表。

自 我 评 价

项　目	发现的问题及现象	产生的原因	解决方法
工艺编制			
程序编制			

续表

项　目	发现的问题及现象	产生的原因	解决方法
刀具选择及加工参数			
机床操作加工			
零件质量			
安全生产及文明生产			

3. 工件质量检测评价

请检测员填写“工件质量检测评价表”。

工件质量检测评价表

项　目	序号	技 术 要 求	配　分	评 分 标 准	检测记录	得　分
工件 (70 分)	1	$80_{-0.03}^{0}$	20	超差不得分		
	2	$60_{-0.03}^{0}$	20	超差不得分		
	3	$5_{0}^{+0.04}$	20	超差不得分		
	4	*Ra* 3.2 μm	5	超差不得分		
	5	锐角倒钝	5	未做不得分		
程序 (10 分)	6	程序正确合理	10	视严重性，不合理每处扣 1～3 分		
操作 (10 分)	7	机床操作规范	10	视严重性，不合理每处扣 1～3 分		
工件完整 (10 分)	8	工件按时加工完成	10	超 10 分钟扣 3 分		
缺陷	9	工件缺陷、尺寸误差 0.5 以上、外形与图纸不符	倒扣分	倒扣 3 分/处		
文明生产	10	人身、机床、刀具安全		倒扣 5～20 分/次		

【知识拓展】

部分椭圆加工程序编制

某角度椭圆上的点由长、短轴共同确认，并不是简单的该角度线与椭圆的交点。所以当给定部分椭圆时，很难确定该部分椭圆的起始角度，无法用参数方程编写。如图 8-6 所示，图中椭圆长、短半轴分别为 80 mm、40 mm。

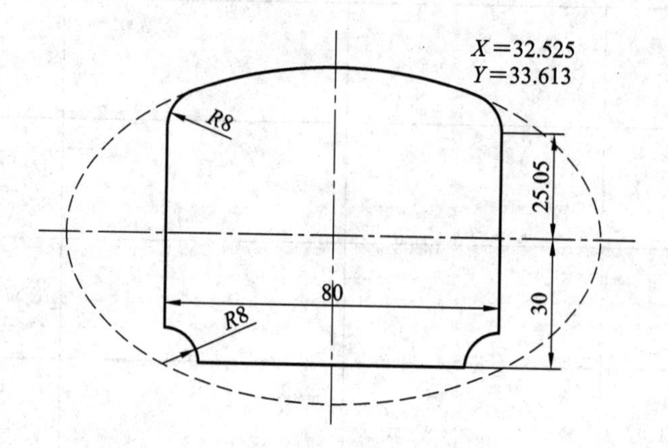

图 8-6　局部椭圆零件图

其局部椭圆加工参考程序如下：

```
O4000 ;
G90 G69 G40 G17 ;
G0 G54 X50. Y-40. ;
S1000 M3 ;
Z100. ;
Z5. ;
#2 = -32.525 ;
G1 Z-3. F50 ;
G41 X50. Y-30. D01 F200 ;
X-32. ;
G3 X-40. Y-22. R8 ;
G1 Y25.05 ;
G2 X-32.525 Y33.613 R8 ;
N10 G1 X#1 Y[40*SQRT[1-#1*#1/3600]] ;
#1 = #1+0.2 ;
IF [#1LE32.525] GOTO 10 ;
G2 X40. Y25.05 R8 ;
G1 Y-22. ;
G3 X32. Y-30. R8 ;
G1 Y-40. ;
G40 X50. ;
G0 Z100. ;
M5 ;
M30 ;
```

【拓展训练】

运用所学知识，编写图 8-7 和图 8-8 所示零件的加工程序并校验。

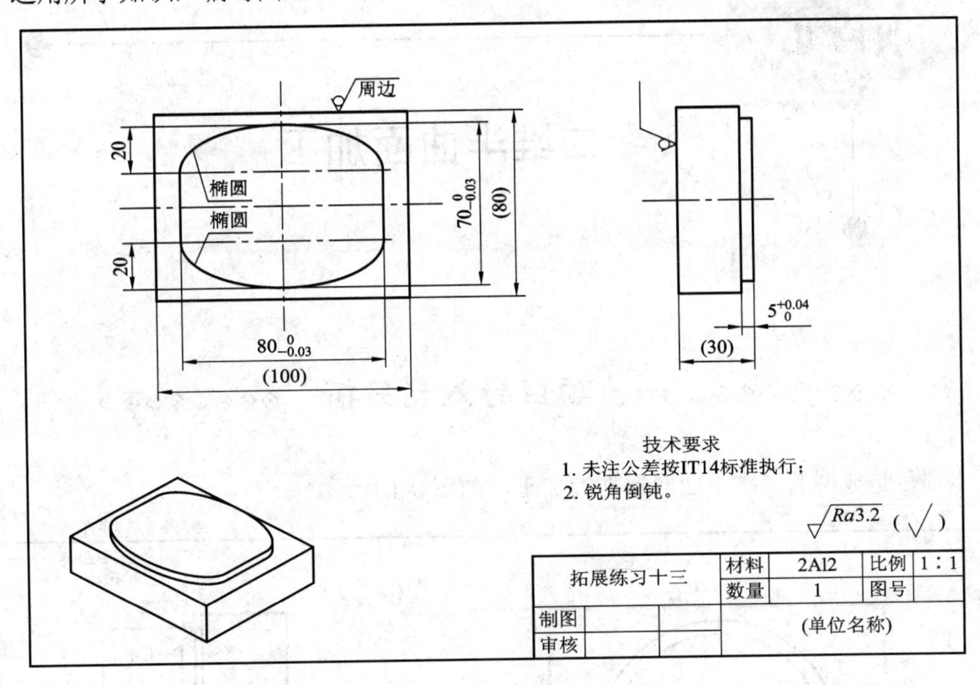

图 8-7　偏置半椭圆

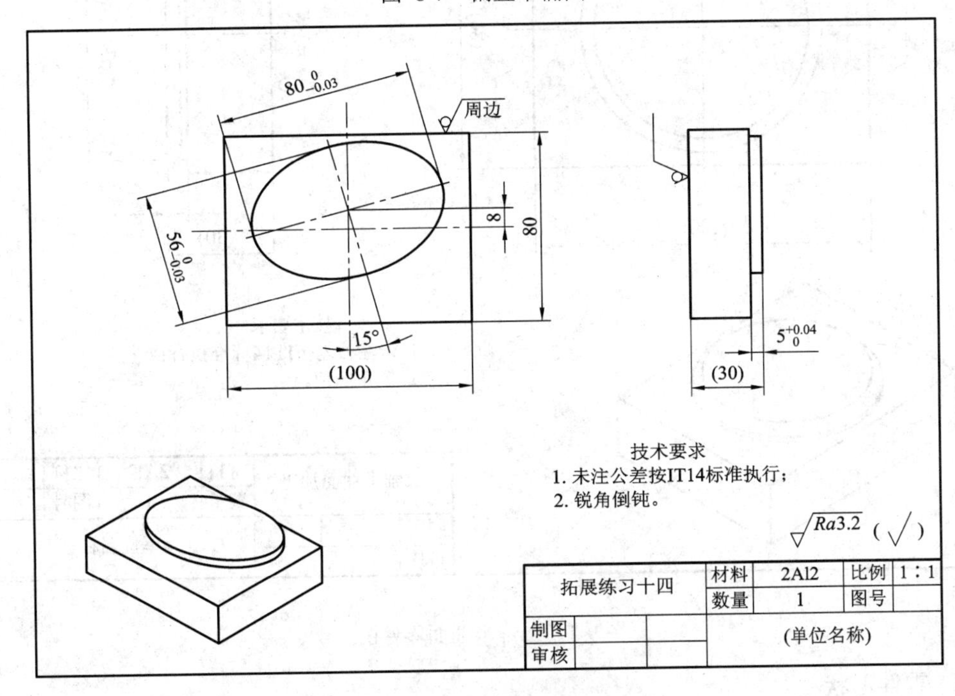

图 8-8　旋转偏置整椭圆

二维半曲面加工

◇◇◇◇◇◇◇◇◇ 一、项目导入与分析 ◇◇◇◇◇◇◇◇◇

本项目是典型的二维半曲面零件的加工，如图 9-1 所示。

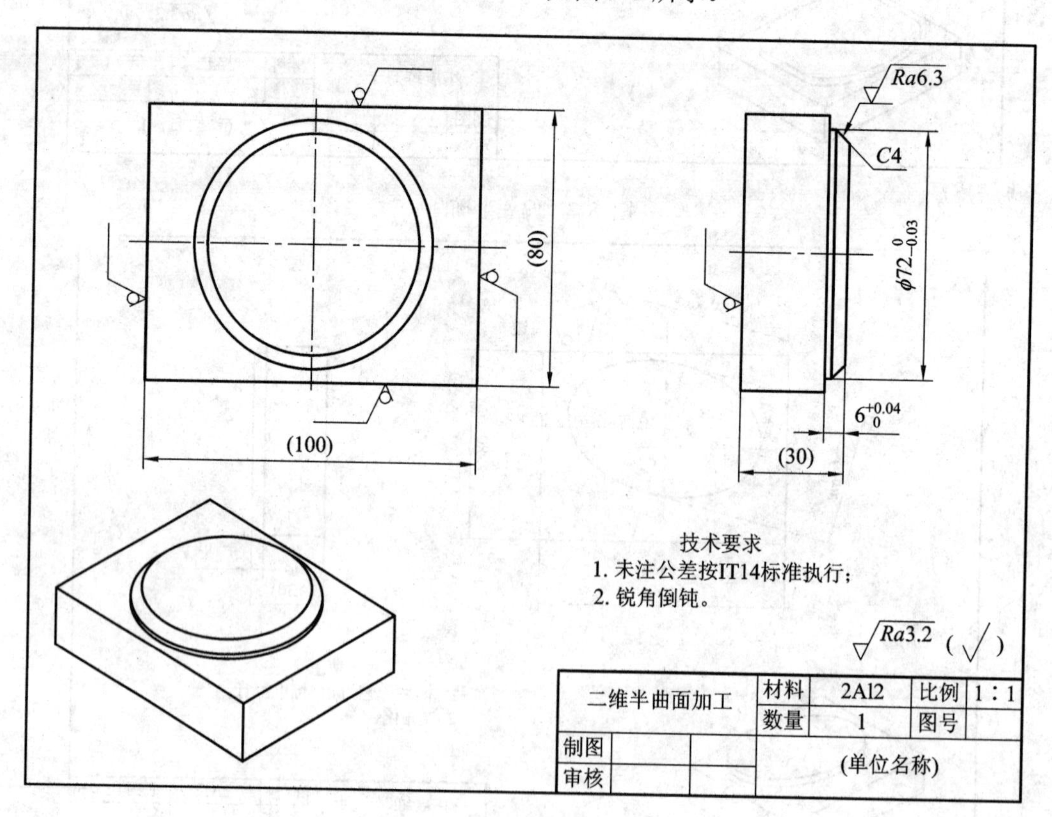

图 9-1　二维半曲面零件图

1. 零件形状

图 9-1 为二维半铣削加工零件，其几何形状规则，主要加工轮廓是一个完整圆形凸台

以及二维半曲面。在加工时要选择合适的下刀点和设计进退刀路线，防止过切。

2. 尺寸精度

该零件的加工要素为二维半曲面加工和圆形直径的精度要求。加工时工艺设计要合理安排并操作正确。

3. 表面粗糙度

本项目零件所有外形铣削的表面粗糙度 *Ra* 值均为 3.2 μm，二维半曲面的表面粗糙度 *Ra* 值为 6.3 μm。

4. 技术要求

锐角倒钝。

◇◇◇◇◇◇◇◇◇ 二、项目目标 ◇◇◇◇◇◇◇◇◇

(1) 读懂零件图；掌握零件工艺分析步骤、切削用量的计算、零件的加工、工件的合理装夹定位以及轮廓编程加工方法。

(2) 掌握立铣刀铣削二维半曲面的宏参数编程方法，能够运用宏参数进行二维半曲面的铣削加工。

◇◇◇◇◇◇◇◇◇ 三、项目准备 ◇◇◇◇◇◇◇◇◇

1. 设备准备

本项目所需设备见表 9-1。

表 9-1　设备准备建议清单

序　号	名　称	机床型号	数　量
1	数控铣床	VDL600	1 台/2 人
2	机用虎钳	相应型号	1 台/工位
3	锁刀座	LD-BT40A	2 只/车间

2. 毛坯准备

按图 9-1 所示的要求备料，材料清单见表 9-2。

表 9-2　毛坯准备建议清单

序　号	材　料	规格/mm	数　量
1	2Al2	100 × 80 × 30	1 件/人

3. 工、量、刃具准备

本项目工、量、刃具准备清单见表 9-3。

表 9-3　工、量、刃具准备建议清单

类 别	序 号	名 称	规格或型号	精度/mm	数 量
工具	1	机用虎钳扳手	配套		1 个/工位
	2	卸刀扳手	ER32		2 个
	3	等高垫铁	根据机用平口钳和工件自定		1 副
	4	锉刀、油石			自定
量具	1	外径千分尺	50～75、75～100	0.01	各 1 把
	2	游标卡尺	0～150	0.02	1 把
	3	深度千分尺	0～50	0.01	1 把
	4	杠杆百分表	0～0.8	0.01	1 个
	5	磁力表座			1 个
	6	机械偏摆式寻边器			
	7	Z 轴设定器	ZDI-50	0.01	1 个
刃具	1	平面铣刀刀片	SENN1203-AFTN1		6 片
	2	立铣刀	ϕ10、ϕ16		各 1 支

◇◇◇◇◇◇◇◇◇　四、项目实施　◇◇◇◇◇◇◇◇◇

【工作任务分解】

任务一　倒角的宏程序编制。
任务二　倒凸圆角的宏程序编制。
任务三　G10 指令的二维半曲面应用。
任务四　二维半曲面的加工工艺。
任务五　工件加工。

任务一　倒角的宏程序编制

【知识链接】

所谓二维半加工，就是数控机床的两坐标轴联动，第三轴作周期进给来完成加工的一种加工方法。这种加工方法介于两轴联动加工(即通常用的平面加工)和三轴联动加工(即三维加工)之间，习惯上称之为二维半加工。一般曲率变化不大、精度要求不高的曲面轮廓都可采用二维半加工。

常规加工中会遇到工件轮廓的倒角或倒圆角需要用专用刀具的情况，这些刀具有时需要专门定制，从而增加了加工成本。在数控机床应用日益推广的今天，这部分加工内容也逐渐在数控机床上加工，利用宏程序控制机床作两轴半联动即可实现。

对于轮廓的倒圆角、倒角加工，一般应先加工其轮廓，然后在其轮廓上进行宏程序的加工。从俯视图中观察刀具中心的轨迹，就好像把轮廓不断地等距偏移。编写轮廓倒圆角、倒角宏程序的关键在于找出刀具中心线(点)到已加工侧轮廓之间的法向距离。

倒角的变量及计算见表 9-4。

表 9-4 轮廓倒任意角的变量及计算

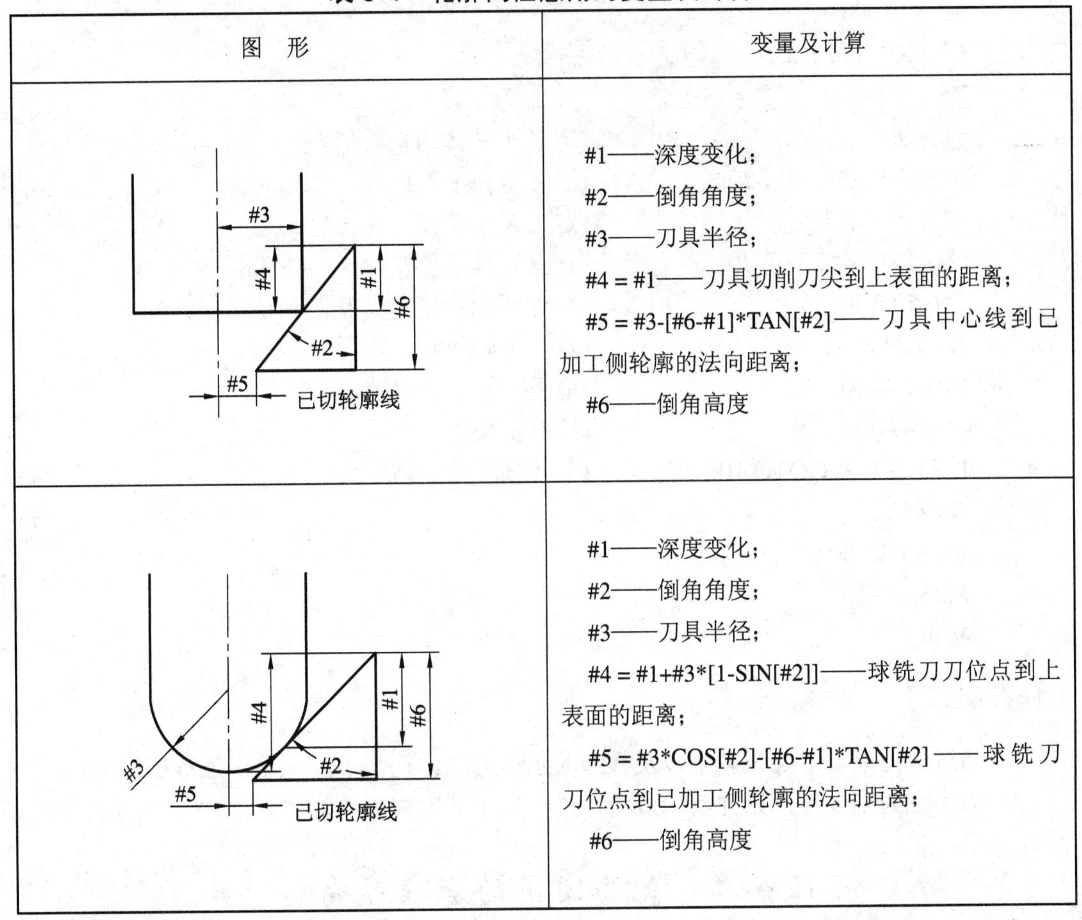

图 形	变量及计算
#3 #4 #1 #6 #2 #5 已切轮廓线	#1——深度变化； #2——倒角角度； #3——刀具半径； #4 = #1——刀具切削刀尖到上表面的距离； #5 = #3-[#6-#1]*TAN[#2]——刀具中心线到已加工侧轮廓的法向距离； #6——倒角高度
#4 #1 #6 #3 #2 #5 已切轮廓线	#1——深度变化； #2——倒角角度； #3——刀具半径； #4 = #1+#3*[1-SIN[#2]]——球铣刀刀位点到上表面的距离； #5 = #3*COS[#2]-[#6-#1]*TAN[#2]——球铣刀刀位点到已加工侧轮廓的法向距离； #6——倒角高度

通过表 9-4 的变量及计算进行加工。如图 9-2 所示，孔口倒角 *C*2 可分解为在 *XOY* 平面内的整圆与 *XOZ* 平面内的直线的加工组合。加工时使用普通立铣刀，采用刀具半径左补偿，逆时针方向走刀。设 #1 为 *Z* 的变量，取值范围为 0～2，初始值为 0，步长为 0.1 mm，加工时从下到上；#2 为圆弧半径的变量。加工中，当 #1 发生变化时，#2 相应变化，当倒角角度为 45° 时，两者之间按 1∶1 的规律变化。

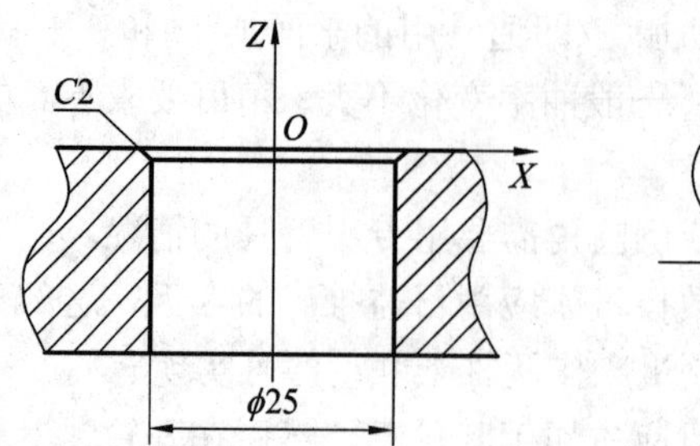

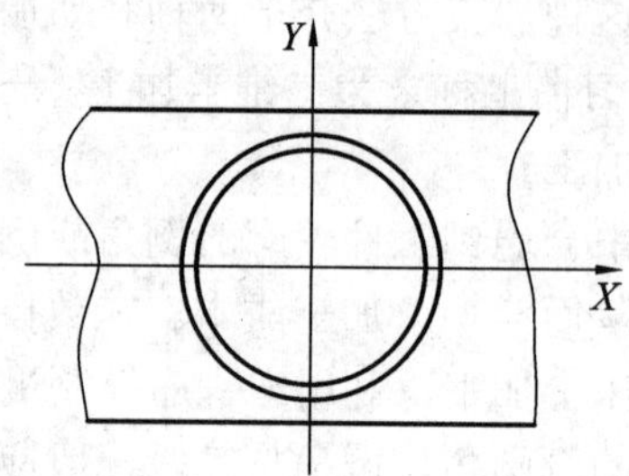

图 9-2　例图 1

参考程序如下：

```
O0001;
G54;
M03 S1000;
G00 X0. Y0. Z50.;
Z5.;
#1 = 0;                    (定义变量 Z 的初始值)
N10 G01 Z[#1-2] F20;       (沿 Z 方向下刀)
#2 = #1+12.5;              (定义 X 变量值)
G41 D01 X#2 Y0 F20;        (建立刀具半径补偿)
G03 I-#2 J0;               (XOY 平面内逆时针整圆补偿)
X0 Y#2 R#2;                (重复 1/4 圆弧)
G01 G40 X0 Y0;             (退至中心，并取消半径补偿)
#1 = #+0.1;                (控制步长)
IF [#1 LE 2] GOTO 10;      (条件判断控制循环)
G0 Z10.;
X-100. Y100.;
M05;
M30;
```

【任务实施】

1．通过任务书、多媒体教学以及教师演示等方式，初步了解二维半宏程序的编写。

2．以小组为单位，讨论并查阅资料，进一步了解宏程序的运用。

任务二　倒凸圆角的宏程序编制

【知识链接】

在加工零件中，常常会遇到倒圆角的问题，此类加工原来多采用手工完成，费事费力，对操作工人的要求极高，加工获得的质量也不稳定。使用普通机床倒圆角时，一般要根据倒角半径定制专用刀具，当倒角圆弧半径变化时，需要采用不同的定制刀具。在数控机床上一般采用编制宏程序的方法加工倒圆角，以减少定制刀具造成的高额生产成本。

倒凸圆角的变量及计算见表 9-5。

表 9-5　轮廓倒凸圆角的变量及计算

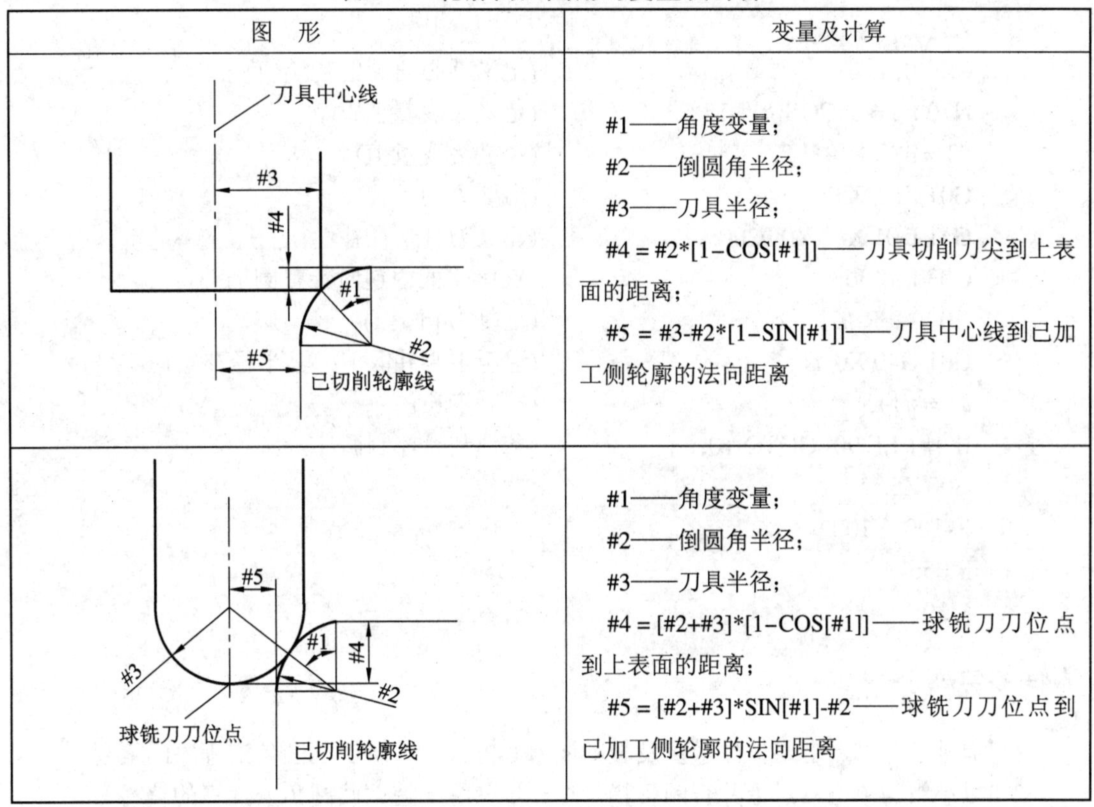

图　形	变量及计算
刀具中心线 #3 #4 #1 #2 #5 已切削轮廓线	#1——角度变量； #2——倒圆角半径； #3——刀具半径； #4 = #2*[1−COS[#1]]——刀具切削刀尖到上表面的距离； #5 = #3-#2*[1−SIN[#1]]——刀具中心线到已加工侧轮廓的法向距离
#5 #3 #1 #4 #2 球铣刀刀位点 已切削轮廓线	#1——角度变量； #2——倒圆角半径； #3——刀具半径； #4 = [#2+#3]*[1−COS[#1]]——球铣刀刀位点到上表面的距离； #5 = [#2+#3]*SIN[#1]-#2——球铣刀刀位点到已加工侧轮廓的法向距离

通过表 9-5 的变量及计算进行加工。如图 9-3 所示，孔口倒凸圆角与孔口倒角类似，可将孔口倒圆分解为在 *XOY* 平面内的整圆与 *XOZ* 平面内 1/4 圆弧的加工组合。加工时使用普通立铣刀，采用刀具半径补偿，逆时针方向走刀。设 #1 为圆心角 α 的变量，初始值为 0，步长为 5°，加工时从下往上，故 #1 的取值范围为 0°～90°；#2 为 *X* 的变量，以位置 *A* 为例，#2 = −[3−3*COS[#1]+25/2] = 3*COS[#1]−15.5；#3 为 *Z* 的变量，#3 = −[3−3*SIN[#1]] = 3*SIN[#1]−3。

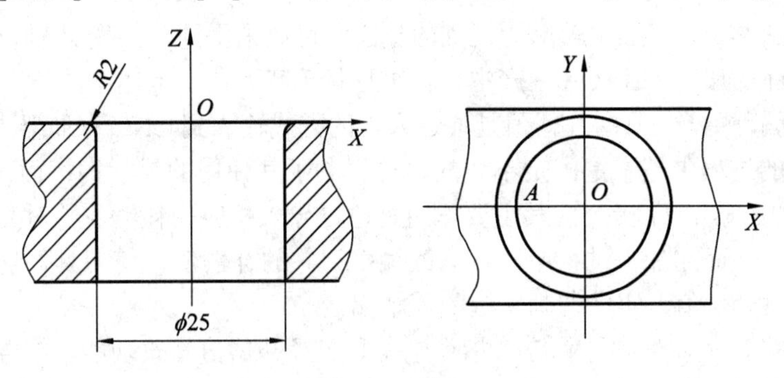

图 9-3　例图 2

参考程序如下：

O0002;

```
G54;
M03 S1000;
G0 X0 Y0 Z50.;
Z5.;
#1 = 0;                          (定义圆心角α的初始值)
N10 #2 = 3*COS[#1]-15.5;         (定义X变量值)
#3 = 3*SIN[#1]-3;                (定义Z变量值)
G01 Z#3 F20;                     (沿Z方向下刀)
G41 D01 X#2 Y0 F200;             (建立刀具半径补偿)
G03 I-#2 J0;                     (XOY平面内逆时针整圆插补)
X0 Y#2 R-#2;                     (重复1/4圆弧)
G01 G40 X0 Y0;                   (退至中心并取消刀具半径补偿)
#1 = #1+5;                       (控制步长)
IF [#1 LE 90] GOTO 10;           (条件判断控制循环)
G00 Z5.;
X-100. Y100.;
M05;
M30;
```

【任务实施】

1．通过任务书、多媒体教学以及教师演示等方式，了解倒凸圆角宏程序的编写。

2．以小组为单位，讨论并查阅资料，进一步熟练掌握倒凸圆角宏程序的编写。

任务三　G10指令的二维半曲面应用

【知识链接】

图9-2和图9-3中，加工轮廓为规则的整圆，可以采用同时改变Z轴以及圆弧半径来实现二维半曲面的加工。而实际生产中，轮廓形状千变万化，上述方法不太适用。

在传统的编程中，刀具的补偿值是通过人工的方式输入到CNC存储器中的，刀具补偿值在机床加工的过程中基本是固定不变的，这限制了其使用的灵活性；而G10指令作为FANUC系统中的典型G指令，其主要作用是通过导入相应的补偿参数对刀具几何参数进行设定和编写，从而在加工过程中实现修改加工刀具的补偿值，使刀具每切削一层，便获得一个新的刀具补偿值，实现切削轨迹的等距偏移。

倒角加工的编程原理是利用G10指令中刀具半径补偿值修改功能，结合宏程序编程的格式，根据变量的递增或递减变化，多次为FANUC系统输入不同的刀具半径补偿值，从而根据Z向自变量的变化控制刀具半径补偿值的变化，最终实现二维半曲面的加工。

G10指令的格式为

G10 L_ P_ R_ X_ Y_ Z_ ;

说明：

① L 为选择的偏置种类。

② L12 为刀具几何页面半径补偿(D 代码)。

③ L13 为刀具磨损页面半径补偿(D 代码)。

④ P 为选择的特殊偏移。

⑤ R 为长度或直径偏置量的绝对值或相对量。

⑥ L12/L13 中，P1～P100 用来指定刀具半径补偿 D 代码。例如，“G10 L12 P1”中 P1 表示 D01。

⑦ L12 中，R 用来表示半径偏置的绝对值；L13 中，R 用来表示半径偏置的增量值。例如，“G10 L12 P1 R6.1”表示半径补偿 D01 里输入刀具半径补偿 6.1；“G10 L13 P1 R-0.1”表示从原有的半径 D01 里减去 0.1。

结合公式运用 G10 指令对本项目图形进行宏程序的编写，参考程序见表 9-6。

表 9-6　G10 指令方式宏程序编制二维半曲面程序

程　序	说　明
O1021 ;	程序名
N00 G90 G80 G40 G21 G17;	安全语句
N05 G00 G54 X0. Y-50. S3000 M03;	定义工件坐标系、进刀位置，主轴转
N10 Z100. ;	定义安全平面
N15 Z5. ;	快速下刀
N20 #1 = 0 ;	定义自变量(Z 轴)
N25 G01 Z#1 F100. ;	工进下刀至加工深度
N30 #2 = -4 - #1;	变量计算(刀具半径补偿值)
N35 G10 L12 P01 R#2 ;	可编程参数输入
N40 G01 G41 X18. Y-50. D01 F1500. ;	建立刀具半径补偿
N45 G03 X0. Y-32. R18. ;	圆弧插补
N50 G02 X0. Y-32. I0. J32. ;	圆弧插补
N55 G03 X-18. Y-50. R18. ;	圆弧插补
N60 G01 G40 X0. Y-50. ;	取消刀具半径补偿
N65 #1 = #1-0.5 ;	自变量计算
N70 IF [#1 GE-4] GOTO 25 ;	条件判断语句
N75 G00 Z100. ;	快速抬刀
N80 M05 ;	主轴停止
N85 G91 G28 Y0. ;	工作台快速回退至近身侧
N90 M30 ;	程序结束并返回

【任务实施】

1．通过任务书、多媒体教学以及教师演示等方式，了解 G10 指令宏程序的编写。
2．以小组为单位，讨论并查阅资料，进一步熟练掌握 G10 指令宏程序的编写。

任务四　二维半曲面的加工工艺

【知识链接】

1. 工艺分析

从图样上可以看出此零件是一个圆形凸台，凸台的外延有一圈 4 mm 的 45°倒角。其表面粗糙度值要求较小，零件的装夹采用平口钳装夹。在安装工件时，工件要放在钳口中间部位。在安装台虎钳时，要对它的固定钳口找正，工件被加工部分要高出钳口，避免刀具在钳口发生干涉。在安装工件时，注意工件上浮。将工件坐标系 G54 建立在工件上表面，零件的对称中心处。针对零件图样要求给出加工工序：

(1) 铣上表面，保证加工深度，选用ϕ63 面铣刀(T1)。
(2) 粗铣整圆外形，选用ϕ10 粗加工立铣刀(T2)。
(3) 铣削 *C*4 倒角，选用ϕ10 粗加工立铣刀(T2)。
(4) 半精铣整圆外形，选用ϕ10 精加工立铣刀(T3)。
(5) 精铣整圆外形，保证整圆直径尺寸和深度尺寸(T3)。

2．刀具选择

加工工序中采用的刀具为ϕ63 面铣刀、ϕ10 粗加工立铣刀、ϕ10 精加工立铣刀。

3. 加工方案的确定

各工序刀具的切削参数详见表 9-7。

表 9-7　数控加工工艺卡片

工步	加 工 内 容	刀 具			切削深度 a_p/mm	切削速度 v_c/(m/min)	主轴转速 S/(r/min)	进给速度 v_f/(mm/min)	刀具补偿号
		刀号	名称	直径/mm					
	平口钳装夹工件并找正								
1	铣上表面	T1	面铣刀	ϕ63	0.5	100	500	300	D1
2	粗铣外轮廓	T2	立铣刀	ϕ10	5	30	1000	120	D2
3	铣削 *C*4 倒角	T2	立铣刀	ϕ10	0.2	100	3200	1500	D2
4	半精铣外轮廓	T3	立铣刀	ϕ10	5	36	1200	120	D3
5	精铣外轮廓	T3	立铣刀	ϕ10	5	36	1200	120	D3

【任务实施】

1．通过任务书、多媒体教学以及教师演示等方式，学会分析二维半曲面的加工工艺。

2．以小组为单位，讨论并制订本项目工件的加工工艺卡片。

任务五　工 件 加 工

【任务实施】

1．通过任务书、多媒体教学以及教师演示等方式，掌握零件加工的过程。

2．以小组为单位，进行铣削加工(加工参考程序见表 9-8)，控制轮廓尺寸及公差。

表 9-8　加工参考程序

程　序	说　明
O1021 ;	程序名
N00 G90 G80 G40 G21 G17 ;	安全语句
N05 G00 G54 X0. Y-50. S3000 M03 ;	定义工件坐标系、进刀位置，主轴转
N10 Z100. ;	定义安全平面
N15 Z5. ;	快速下刀
N20 #1 = 0 ;	第一自变量(Z 轴)
N25 G01 Z#1 F100. ;	工进下刀至加工深度
N30 #2 = -4-#1 ;	变量计算(刀具半径补偿值)
N35 G10 L12 P01 R#2 ;	可编程参数输入
N40 G01 G41 X18. Y-50. D01 F1500. ;	建立刀具半径补偿
N45 G03 X0. Y-32. R18. ;	圆弧插补
N50 G02 X0. Y-32. I0. J32. ;	圆弧插补
N55 G03 X-18. Y-50. R18. ;	圆弧插补
N60 G01 G40 X0. Y-50. ;	取消刀具半径补偿
N65 #1 = #1-0.2 ;	自变量计算
N70 IF [#1 GE-4] GOTO 25 ;	条件判断语句
N75 G00 Z100. ;	快速抬刀
N80 M05 ;	主轴停止
N85 G91 G28 Y0. ;	工作台快速回退至近身侧
N90 M30 ;	程序结束并返回

◇◇◇◇◇◇◇◇◇ 五、项目评价 ◇◇◇◇◇◇◇◇◇

1. 操作过程评价

请考评员认真填写“现场工作任务考核评价记录表”。

现场工作任务考核评价记录表

姓　名：____________　　　　　　　　学　号：____________

班　级：____________　　　　　　　　工件编号：____________

序号	考核内容	考核方法	考核评定			考核记录
			优秀(5分)	合格(2分)	不合格(0分)	
1	熟悉实训基地内的数控铣床设备	(1) 会正确识别数控加工机床的型号	□	□	□	
		(2) 会正确识别数控铣床的主要结构	□	□	□	
		(3) 会正确阐述数控铣床的工作原理	□	□	□	
						总分：　　分
2	生产场所“7S”	(1) 工、量、刃具的放置是否依规定摆放整齐	□	□	□	
		(2) 会正确使用工、量具	□	□	□	
		(3) 会保持工作场地的干净整洁	□	□	□	
		(4) 有团队精神，遵守车间生产的规章制度	□	□	□	
		(5) 作业人员有较强的安全意识，能及时报告并消除有安全隐患的因素	□	□	□	
		(6) 作业人员有较强的节约意识	□	□	□	
		(7) 会对数控铣床正确进行日常维护和保养	□	□	□	
						总分：　　分
3	刀具安装	(1) 刀具安装顺序正确	□	□	□	
		(2) 拆装姿势和力度规范	□	□	□	
		(3) 刀具装夹位置正确	□	□	□	
						总分：　　分
4	工件安装及对刀找正	(1) 机床操作规范、熟练	□	□	□	
		(2) 工件装夹正确、规范	□	□	□	
		(3) 会熟练操作控制面板	□	□	□	
		(4) 会正确选择工件坐标系	□	□	□	

续表

序号	考核内容	考 核 方 法	考核评定			考核记录
			优秀 (5分)	合格 (2分)	不合格 (0分)	
4	工件安装及对刀找正	(5) 熟悉对刀步骤	□	□	□	
		(6) 在规定时间内完成对刀流程	□	□	□	
		(7) 操作过程中行为、纪律表现	□	□	□	
		(8) 安全文明生产	□	□	□	
		(9) 设备维护保养正确	□	□	□	
总分：　　分						
5	手工程序输入(EDIT)及校验	(1) 知道基本指令的功能	□	□	□	
		(2) 熟悉手工程序输入的过程	□	□	□	
		(3) 熟悉手工程序校验的过程	□	□	□	
总分：　　分						
6	制订加工工艺卡片	(1) 知道基本指令的功能	□	□	□	
		(2) 会正确制订切削加工工艺卡片	□	□	□	
		(3) 会合理选择切削用量	□	□	□	
		(4) 会正确选择工件坐标系	□	□	□	
		(5) 所编写的程序正确、简单、规范	□	□	□	
总分：　　分						
7	工件加工	(1) 机床操作规范、熟练	□	□	□	
		(2) 刀具选择与装夹正确、规范	□	□	□	
		(3) 工件装夹、找正正确、规范	□	□	□	
		(4) 正确选择工件坐标系，对刀正确、规范	□	□	□	
		(5) 切削加工工艺制订正确	□	□	□	
		(6) 正确输入和校验加工程序	□	□	□	
		(7) 操作过程中行为、纪律表现	□	□	□	
		(8) 安全文明生产	□	□	□	
		(9) 设备维护保养正确	□	□	□	
总分：　　分						

加工总时间：________________

总　　分：________________

考评员签字：________________

日　　期：________________

2. 自我评价

学生对自己进行自我评价，并填写下表。

自 我 评 价

项　目	发现的问题及现象	产生的原因	解决方法
工艺编制			
程序编制			
刀具选择及加工参数			
机床操作加工			
零件质量			
安全生产及文明生产			

3. 工件质量检测评价

请检测员填写“工件质量检测评价表”。

工件质量检测评价表

项　目	序号	技术要求	配分	评分标准	检测记录	得分
工件 (70 分)	1	$\phi 72_{-0.03}^{0}$	20	超差不得分		
	2	$6_{0}^{+0.04}$	10	超差不得分		
	3	$C4$	20	超差不得分		
	4	$Ra3.2\ \mu m$	5	超差不得分		
	5	$Ra6.3\ \mu m$	10	超差不得分		
	6	锐角倒钝	5	未做不得分		
程序(10 分)	7	程序正确合理	10	视严重性，不合理每处扣 1～3 分		
操作(10 分)	8	机床操作规范	10	视严重性，不合理每处扣 1～3 分		
工件完整(10 分)	9	工件按时加工完成	10	超 10 分钟扣 3 分		
缺陷	10	工件缺陷、尺寸误差 0.5 以上、外形与图纸不符	倒扣分	倒扣 3 分/处		
文明生产	11	人身、机床、刀具安全		倒扣 5～20 分/次		

【知识拓展】

倒凹圆角的宏程序编制

倒凹圆角的变量及计算见表 9-9。

表 9-9 倒凹圆角的变量及计算

图　形	变量及计算
#3　#1　#4　#2　#5　已切轮廓线	#1——角度变量； #2——倒圆角半径； #3——刀具半径； #4 = #2*SIN[#1]——刀具切削刀尖到上表面的距离； #5 = #3-#2*COS[#1]——刀具中心线到已加工侧轮廓的法向距离
#3＜#2　#5　#1　#4　#3　#2　已切轮廓线	#1——角度变量； #2——倒圆角半径； #3——刀具半径(必须小于圆角半径)； #4 = #2*SIN[#1]+#3*[1-SIN[#1]] —— 球头铣刀刀位点到上表面的距离； #5 = [#2-#3]*COS[#1]——球头铣刀刀位点到已加工侧轮廓的法向距离(在使用刀具半径补偿时，该变量应设为“–”)

参考表 9-9 的计算完成图 9-4 的编程。

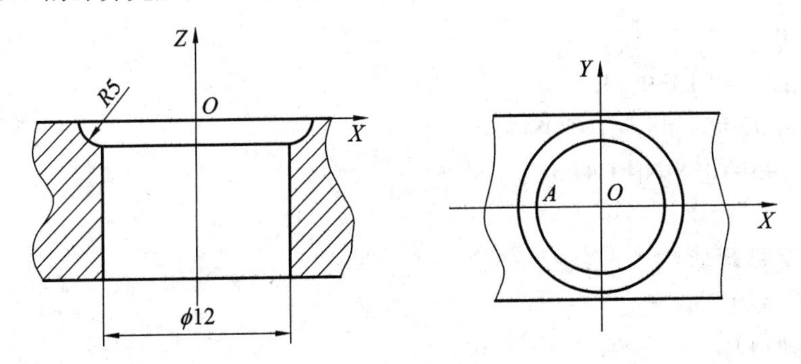

图 9-4　图例 3

平头铣刀倒凹圆角的加工参考程序如下：

```
O0001;
#4 = 12 ;                    (孔直径)
```

```
#5 = 5;                      (孔口圆弧半径)
#6 = 4;                      (刀半径)
G54;
G00 X0 Y0 Z100.;
M03 S1000;
Z5;
#1 = 0;
WHILE [ #1 LE 90] DO1;
#2 = #4/2+#5*COS[#1]-#6-#5;
#3 = #5*SIN[#1];
G01 X#2 F50;
G01 Z#3 F50;
G03 I-#2 F50;
#1 = #1+1;
END 1;
G00 Z100.;
M05;
M30;
```

球头刀倒凹圆角的加工参考程序如下：

```
O0001;
#4 = 12;                     (孔直径)
#5 = 5;                      (孔口圆弧半径)
#6 = 4;                      (刀半径)
G54;
G00 X0 Y0 Z100.;
M03 S1000;
Z5.;
#1 = 0;
WHILE [ #1 LE 90] DO1;
#2 = #4/2-#5+[#5-#6]*COS[#1];
#3 = [#5-#6]*SIN[#1]+#6;
G01 X#2 F50;
G01 Z#3 F50;
G03 I-#2 F50;
#1 = #1+1;
END 1;
G00 Z100.;
M05;
M30;
```

【拓展训练】

运用所学知识，编写图 9-5 和图 9-6 所示零件的加工程序并校验。

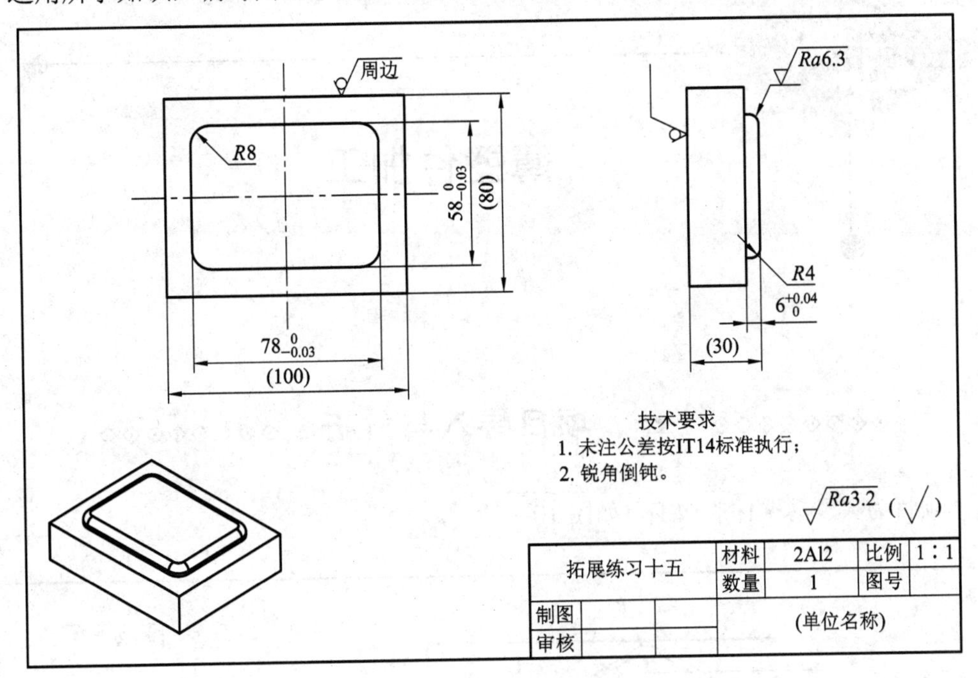

图 9-5　二维半拓展一

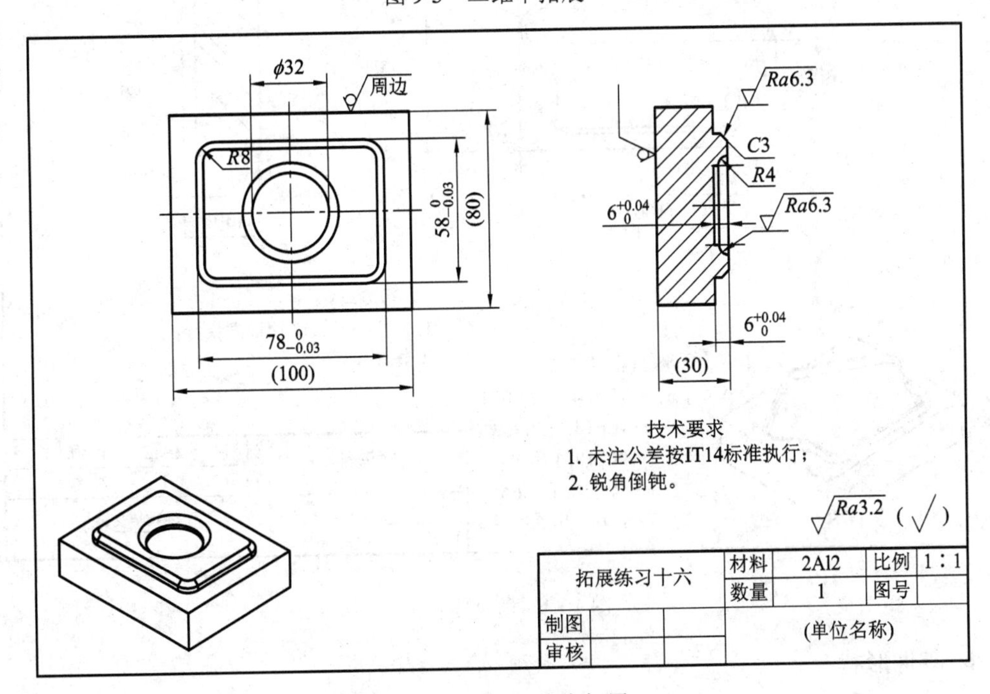

图 9-6　带盲孔二维半拓展二

项目十

薄壁件加工

一、项目导入与分析

本项目为典型薄壁件的加工，如图 10-1 所示。

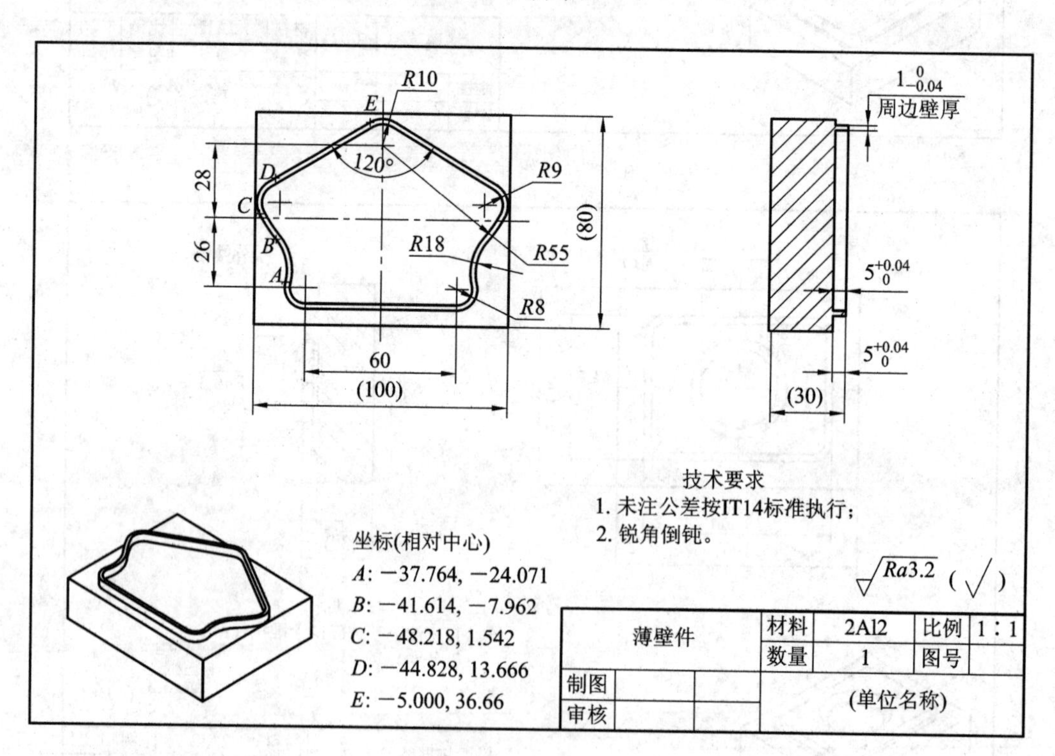

图 10-1　薄壁零件图

1. 零件形状

图 10-1 为薄壁加工零件，其几何形状规则，主要加工轮廓是一个外轮廓和一个内轮廓形成的薄壁。在加工时要选择合适的下刀点、设计进退刀路线、刀补方向，防止过切、破

壁以及薄壁变形等现象。

2. 尺寸精度

该零件的加工要素为薄壁，有壁厚精度要求。加工时工艺设计要合理安排并操作正确。

3. 表面粗糙度

本项目零件所有外形铣削的表面粗糙度 *Ra* 值均为 3.2 μm。

4. 技术要求

锐角倒钝。

◇◇◇◇◇◇◇◇◇ 二、项目目标 ◇◇◇◇◇◇◇◇◇

(1) 读懂二维轮廓零件图；掌握零件工艺分析步骤、切削用量的计算、二维轮廓零件的加工、工件的合理装夹定位以及二维轮廓编程加工方法。

(2) 掌握如何控制薄壁变形以达到尺寸要求，以及改变进刀位置、刀具补偿方向和刀具补偿值的方法。

◇◇◇◇◇◇◇◇◇ 三、项目准备 ◇◇◇◇◇◇◇◇◇

1. 设备准备

本项目所需设备见表 10-1。

表 10-1 设备准备建议清单

序　号	名　称	机床型号	数　量
1	数控铣床	VDL600	1 台/2 人
2	机用虎钳	相应型号	1 台/工位
3	锁刀座	LD-BT40A	2 只/车间

2. 毛坯准备

按图 10-1 所示的要求备料，材料清单见表 10-2。

表 10-2 毛坯准备建议清单

序　号	材　料	规格/mm	数　量
1	2Al2	100 × 80 × 30	1 件/人

3. 工、量、刃具准备

本项目工、量、刃具准备清单见表 10-3。

表 10-3　工、量、刃具准备建议清单

类别	序号	名称	规格或型号	精度/mm	数量
工具	1	机用虎钳扳手	配套		1 个/工位
	2	卸刀扳手	ER32		2 个
	3	等高垫铁	根据机用平口钳和工件自定		1 副
	4	锉刀、油石			自定
量具	1	外径千分尺	50～75、75～100	0.01	各 1 把
	2	游标卡尺	0～150	0.02	1 把
	3	深度千分尺	0～50	0.01	1 把
	4	杠杆百分表	0～0.8	0.01	1 个
	5	磁力表座			1 个
	6	机械偏摆式寻边器			
	7	Z 轴设定器	ZDI-50	0.01	1 个
刃具	1	平面铣刀刀片	SENN1203-AFTN1		6 片
	2	立铣刀	ϕ10、ϕ16		各 1 支

◇◇◇◇◇◇◇◇◇　四、项目实施　◇◇◇◇◇◇◇◇◇

【工作任务分解】

任务一　了解薄壁零件铣削加工变形的原因。
任务二　薄壁零件铣削加工中刀具几何参数及铣削工艺参数的选择。
任务三　薄壁零件的工艺分析。
任务四　工件加工。

任务一　了解薄壁零件铣削加工变形的原因

【知识链接】

随着我国制造业的飞速发展，薄壁件在工程中的应用日益广泛。由于薄壁件的刚度较低、加工工艺性较差，在数控铣削过程中极易产生弯曲变形，因此薄壁件的铣削加工一直是机械加工中的难题。

高精度薄壁类零件在各行各业应用越来越广泛，精加工走刀形式直接影响加工出来的表面质量，要达到图纸要求的尺寸精度和表面粗糙度值，需要在编制刀具路径时针对零件特点合理选择走刀方式。对于同一零件，可能在不同的部位需要不同的走刀方式；对于零件的特殊部位(如薄壁、圆弧过渡面等)，还需要专门的走刀来处理；此外，还需要合理选择刀具，优化走刀路径。可见，工件的变形和加工效率问题已成为影响薄壁零件加工中最主要的因素。

薄壁零件铣削加工过程中引起变形的因素有很多，与毛坯的材料、几何形状以及一些外界环境等有关。

(1) 毛坯件的初始残余应力。毛坯经热处理后，在冷却过程中产生内应力，铣削后内应力重新分配，产生变形。

(2) 刀具对工件的影响。铣削加工中，由于工件与刀具间摩擦所做的功，绝大部分转变为切削热，导致工件各部位的温度分布不均，引起工件的变形。刀具的切削分力，使零件表面在弹性恢复后产生不平度，引起壁厚加工误差，同时，刀具的材料磨损等原因也会不同程度地导致工件的变形。

(3) 工件的装夹方式。由于薄壁零件的自身特点，装夹后产生的弹性变形会影响零件表面的尺寸、位置、形状的精度，最终导致工件的变形。

(4) 刀具下刀方式的影响。薄壁零件的加工包括对腹板加工的垂直进刀和对侧壁加工的水平进刀两种进刀方式，而垂直进刀又分为直接垂直向下进刀、斜线轨迹进刀以及螺旋式轨迹进刀三种方式，分别用于键槽、端部的铣削。不同的进刀方式直接影响着零件的加工精度，因此合适的下刀方式对于减少工件的变形也是很重要的。

【任务实施】

1. 通过任务书、多媒体教学以及教师演示等方式，初步了解薄壁件的变形原因。
2. 以小组为单位，讨论并查阅资料，进一步了解薄壁件。

任务二　薄壁零件铣削加工中刀具几何参数及铣削工艺参数的选择

【知识链接】

选择刀具的几何参数时，主要注意以下几个方面：

(1) 前角的选择不能太小。前角过小，切削力增大，前刀面的磨损增大，从而加剧了刀具的使用寿命；但前角过大，由于刀具散热体积较小，也会引起刀具的磨损，因此要进行合理的选择。当薄壁件的强度较高时，可以适当地增大前角。

(2) 增大刀具后角的大小可以增强刀具的刚度，同时为了减小刀具与工件的摩擦，后角也应选择大一些，从而提高了刀具的使用寿命。

(3) 刃倾角的大小影响着切屑的排出方式以及各切削力的分配比例。铣削薄壁零件中涉及的铣削参数主要包括轴向切深、径向切深、进给速度、切削速度、切削方式以及冷却方式等，在满足零件表面加工精度、确保刀具使用寿命的前提下，精加工过程中应采用较小的轴向、径向切深和较小的进给量，切深和进给量确定后，选择合理的切削深度。

(4) 进给量和进给速度的选择。在刀具转速一定的情况下，进给速度和进给量成正比，而进给量是齿数与每齿进给量的乘积，每齿进给量增大时，引起切削力的增大，不利于薄壁件的加工，而较小的进给量使得切削时产生挤压，进而产生较大的切削热，加剧了刀具的磨损，因此精加工中，应选用适当的进给量，粗加工中，应尽可能地增大进给量来提高加工效率。

(5) 切削速度的选用。为了提高刀具的使用寿命，应选用较低的切削速度；在增大铣刀直径的前提下，有利于改善散热条件，可以适当提高切削速度。

【任务实施】

1. 通过任务书、多媒体教学以及教师演示等方式，了解刀具工艺参数的选择原则。
2. 以小组为单位，讨论并查阅资料，进一步了解刀具工艺参数的选择原则。

任务三　薄壁零件的工艺分析

【知识链接】

1. 工艺分析

图 10-1 所示的由一个外轮廓和一个内轮廓形成的薄壁件，主要难点就是 1 mm 的薄壁尺寸以及各线段的圆弧倒角，此图形所有圆弧件都是通过圆弧连接的，不管外轮廓还是内轮廓；另外，图纸中所示的圆弧连接部分只提供了外轮廓的坐标点，所以在编程过程中内轮廓的程序可以用外轮廓的程序进行修改。通常加工薄壁零件的方法是：将工件轮廓部分按图样编写成子程序，或是编写一段单独的轮廓程序，在编写内、外轮廓时调用子程序或复制单独的轮廓程序。

需要注意的是，在内、外轮廓程序的编制时应注意不同的下刀位置及进刀方向和刀具补偿方向。

针对零件图样要求给出加工工序：

(1) 铣上表面，保证加工深度，选用ϕ63 面铣刀(T1)。

(2) 粗铣内型腔，选用ϕ10 粗加工立铣刀(T2)。

(3) 粗铣外轮廓，选用ϕ10 粗加工立铣刀(T2)。

(4) 残料去除(T2)。

(5) 选用ϕ10 精加工立铣刀半精铣内型腔(T3)。

(6) 选用ϕ10 精加工立铣刀半精铣外轮廓(T3)。

(7) 精铣内型腔，保证型腔尺寸和深度尺寸(T3)。

(8) 精铣外轮廓，保证轮廓尺寸和深度尺寸(T3)。

2. 刀具选择

加工工序中采用的刀具为ϕ63 面铣刀、ϕ10 粗加工立铣刀、ϕ10 精加工立铣刀。

3. 加工方案的确定

各工序刀具的切削参数见表 10-4。

表 10-4 数控加工工艺卡片

工步	加工内容	刀具			切削深度 a_p/mm	切削速度 v_c/(m/min)	主轴转速 S/(r/min)	进给速度 v_f/(mm/min)	刀具补偿号
		刀号	名称	直径/mm					
	平口钳装夹工件并找正								
1	铣上表面	T1	面铣刀	ϕ63	0.5	100	500	300	D1
2	粗铣内型腔	T2	立铣刀	ϕ10	5	30	1000	120	D2
3	粗铣外轮廓	T2	立铣刀	ϕ10	5	30	1000	120	D2
4	半精铣内型腔	T3	立铣刀	ϕ10	5	36	1200	120	D3
5	半精铣外轮廓	T3	立铣刀	ϕ10	5	36	1200	120	D3
6	精铣内型腔	T3	立铣刀	ϕ10	5	36	1200	120	D3
7	精铣外轮廓	T3	立铣刀	ϕ10	5	36	1200	120	D3

【任务实施】

1. 通过任务书、多媒体教学以及教师演示等方式，学会分析薄壁件的加工工艺。
2. 以小组为单位，讨论并制订本项目工件的加工工艺卡片。

任务四 工 件 加 工

【任务实施】

1. 通过任务书、多媒体教学以及教师演示等方式，学会零件加工的方法。
2. 以小组为单位，进行铣削加工(加工参考程序见表 10-5，外轮廓程序说明见表 10-6)，控制轮廓尺寸及公差。

表 10-5　内、外轮廓加工程序

外轮廓程序	内轮廓程序
O1023 ;	O0122 ;
N00 G90 G80 G40 G21 G17 ;	N00 G90 G80 G40 G21 G17 ;
N05 G10 L12 P01 R5.1 ;	N05 G10 L12 P01 R6.5 ;
N10 G0 G54 X0. Y-50. S1000 M03 ;	N10 G0 G54 X0. Y-18. S1000 M03 ;
N15 Z100. ;	N15 Z100. ;
N20 Z5. ;	N20 Z5. ;
N25 G01 Z-5. F30. ;	N25 G01 Z-5. F30. ;
N30 G01 G41 X16. Y-50. D01 F120. ;	N30 G01 G42 X16. Y-18. D01 F120. ;
N35 G03 X0. Y-34. R16. ;	N35 G02 X0. Y-34. R16. ;
N40 G01 X-30. Y-34. ;	N40 G01 X-30. Y-34. ;
N45 G02 X-37.764 Y-24.071 R8. ;	N45 G02 X-37.764 Y-24.071 R8. ;
N50 G03 X-41.614 Y-7.962 R18. ;	N50 G03 X-41.614 Y-7.962 R18. ;
N55 G02 X-48.218 Y1.542 R55. ;	N55 G02 X-48.218 Y1.542 R55. ;
N60 G02 X-44.828 Y13.666 R9. ;	N60 G02 X-44.828 Y13.666 R9. ;
N65 G01 X-5. Y36.66 ;	N65 G01 X-5. Y36.66 ;
N70 G02 X5. Y36.66 R10. ;	N70 G02 X5. Y36.66 R10. ;
N75 G01 X44.828 Y13.666 ;	N75 G01 X44.828 Y13.666 ;
N80 G02 X48.218 Y1.542 R9. ;	N80 G02 X48.218 Y1.542 R9. ;
N85 G02 X41.614 Y-7.962 R55. ;	N85 G02 X41.614 Y-7.962 R55. ;
N90 G03 X37.764 Y-24.071 R18. ;	N90 G03 X37.764 Y-24.071 R18. ;
N95 G02 X30. Y-34. R8. ;	N95 G02 X30. Y-34. R8. ;
N100 G01 X0. Y-34. ;	N100 G01 X0. Y-34. ;
N105 G03 X-16. Y-50. R16. ;	N105 G02 X-16. Y-18. R16. ;
N110 G01 G40 X0. Y-50. ;	N110 G01 G40 X0. Y-18. ;
N115 G00 Z100. ;	N115 G00 Z100. ;
N120 M05 ;	N120 M05 ;
N125 G91 G28 Y0. ;	N125 G91 G28 Y0. ;
N130 M30 ;	N130 M30 ;

表 10-6　加工参考程序(外轮廓)说明

外轮廓程序	说　明
O1023 ;	程序名
N00 G90 G80 G40 G21 G17 ;	安全语句
N05 G10 L12 P01 R5.1 ;	可编程参数输入
N10 G0 G54 X0. Y-50. S1000 M03 ;	定义工件坐标系、进刀位置，主轴转
N15 Z100. ;	定义安全平面
N20 Z5. ;	快速下刀
N25 G01 Z-5. F30. ;	工进下刀至加工深度
N30 G01 G41 X16. Y-50. D01 F120. ;	建立刀具半径补偿
N35 G03 X0. Y-34. R16. ;	圆弧插补
N40 G01 X-30. Y-34. ;	直线插补
N45 G02 X-37.764 Y-24.071 R8. ;	圆弧插补
N50 G03 X-41.614 Y-7.962 R18. ;	圆弧插补
N55 G02 X-48.218 Y1.542 R55. ;	圆弧插补
N60 G02 X-44.828 Y13.666 R9. ;	圆弧插补
N65 G01 X-5. Y36.66 ;	直线插补
N70 G02 X5. Y36.66 R10. ;	圆弧插补
N75 G01 X44.828 Y13.666 ;	直线插补
N80 G02 X48.218 Y1.542 R9. ;	圆弧插补
N85 G02 X41.614 Y-7.962 R55. ;	圆弧插补
N90 G03 X37.764 Y-24.071 R18. ;	圆弧插补
N95 G02 X30. Y-34. R8. ;	圆弧插补
N100 G01 X0. Y-34. ;	直线插补
N105 G03 X-16. Y-50. R16. ;	圆弧插补
N110 G01 G40 X0. Y-50. ;	取消刀具半径补偿
N115 G00 Z100. ;	快速抬刀
N120 M05 ;	主轴停止
N125 G91 G28 Y0. ;	工作台快速回退至近身侧
N130 M30 ;	程序结束并返回

◇◇◇◇◇◇◇◇◇ 五、项目评价 ◇◇◇◇◇◇◇◇◇

1. 操作过程评价

请考评员认真填写“现场工作任务考核评价记录表”。

现场工作任务考核评价记录表

姓　名：____________　　　　学　号：____________

班　级：____________　　　　工件编号：____________

序号	考核内容	考核方法	考核评定			考核记录
			优秀(5分)	合格(2分)	不合格(0分)	
1	熟悉实训基地内的数控铣床设备	(1) 会正确识别数控加工机床的型号	□	□	□	
		(2) 会正确识别数控铣床的主要结构	□	□	□	
		(3) 会正确阐述数控铣床的工作原理	□	□	□	
						总分：　　分
2	生产场所“7S”	(1) 工、量、刃具的放置是否依规定摆放整齐	□	□	□	
		(2) 会正确使用工、量具	□	□	□	
		(3) 会保持工作场地的干净整洁	□	□	□	
		(4) 有团队精神，遵守车间生产的规章制度	□	□	□	
		(5) 作业人员有较强的安全意识，能及时报告并消除有安全隐患的因素	□	□	□	
		(6) 作业人员有较强的节约意识	□	□	□	
		(7) 会对数控铣床正确进行日常维护和保养	□	□	□	
						总分：　　分
3	刀具安装	(1) 刀具安装顺序正确	□	□	□	
		(2) 拆装姿势和力度规范	□	□	□	
		(3) 刀具装夹位置正确	□	□	□	
						总分：　　分
4	工件安装及对刀找正	(1) 机床操作规范、熟练	□	□	□	
		(2) 工件装夹正确、规范	□	□	□	
		(3) 会熟练操作控制面板	□	□	□	
		(4) 会正确选择工件坐标系	□	□	□	

续表

序号	考核内容	考 核 方 法	考 核 评 定			考核记录
			优秀(5分)	合格(2分)	不合格(0分)	
4	工件安装及对刀找正	(5) 熟悉对刀步骤	☐	☐	☐	
		(6) 在规定时间内完成对刀流程	☐	☐	☐	
		(7) 操作过程中行为、纪律表现	☐	☐	☐	
		(8) 安全文明生产	☐	☐	☐	
		(9) 设备维护保养正确	☐	☐	☐	
总分： 分						
5	手工程序输入(EDIT)及校验	(1) 知道基本指令的功能	☐	☐	☐	
		(2) 熟悉手工程序输入的过程	☐	☐	☐	
		(3) 熟悉手工程序校验的过程	☐	☐	☐	
总分： 分						
6	制订加工工艺卡片	(1) 知道基本指令的功能	☐	☐	☐	
		(2) 会正确制订切削加工工艺卡片	☐	☐	☐	
		(3) 会合理选择切削用量	☐	☐	☐	
		(4) 会正确选择工件坐标系	☐	☐	☐	
		(5) 所编写的程序正确、简单、规范	☐	☐	☐	
总分： 分						
7	工件加工	(1) 机床操作规范、熟练	☐	☐	☐	
		(2) 刀具选择与装夹正确、规范	☐	☐	☐	
		(3) 工件装夹、找正正确、规范	☐	☐	☐	
		(4) 正确选择工件坐标系，对刀正确、规范	☐	☐	☐	
		(5) 切削加工工艺制订正确	☐	☐	☐	
		(6) 正确输入和校验加工程序	☐	☐	☐	
		(7) 操作过程中行为、纪律表现	☐	☐	☐	
		(8) 安全文明生产	☐	☐	☐	
		(9) 设备维护保养正确	☐	☐	☐	
总分： 分						

加工总时间：__________

总　　分：__________

考评员签字：__________

日　　期：__________

2. 自我评价

学生对自己进行自我评价，并填写下表。

自 我 评 价

项　　目	发现的问题及现象	产生的原因	解决方法
工艺编制			
程序编制			
刀具选择及加工参数			
机床操作加工			
零件质量			
安全生产及文明生产			

3. 工件质量检测评价

请检测员填写“工件质量检测评价表”。

工件质量检测评价表

项　目	序　号	技术要求	配　分	评分标准	检测记录	得分
工件 (75 分)	1	$1^{0}_{-0.04}$	20	超差不得分		
	2	$5^{+0.04}_{0}$	10	超差不得分		
	3	$5^{+0.04}_{0}$	10	超差不得分		
	4	$R10$	5	超差不得分		
	5	$R9$	5	超差不得分		
	6	$R55$	5	超差不得分		
	7	$R18$	5	超差不得分		
	8	$R8$	5	超差不得分		
	9	120°	5	超差不得分		
	10	锐角倒钝	5	未做不得分		
程序(10 分)	11	程序正确合理	10	视严重性，不合理每处扣 1～3 分		

续表

项　目	序　号	技术要求	配　分	评分标准	检测记录	得分
操作(5分)	12	机床操作规范	5	视严重性，不合理每处扣1～3分		
工件完整(10分)	13	工件按时加工完成	10	超10分钟扣3分		
缺陷	14	工件缺陷、尺寸误差0.5以上、外形与图纸不符	倒扣分	倒扣3分/处		
文明生产	15	人身、机床、刀具安全		倒扣5～20分/次		

【知识拓展】

薄壁零件半径补偿编程方法

数控铣削刀具半径补偿功能分为取消刀具半径补偿(G40)、刀具半径左补偿(G41)和刀具半径右补偿(G42)。G41是相对于刀具前进方向左侧进行补偿，也称左刀补；G42是相对于刀具前进方向右侧进行补偿，也称右刀补。

注意：在使用刀具半径补偿功能时，必须把刀具半径补偿值输写到刀具补偿的地址参数中。

刀具半径补偿功能除了使编程人员直接按轮廓编程，简化了编程工作外，在实际加工中还有许多其他方面的应用。例如：采用同一程序段，对零件进行粗、半精、精加工；采用同一程序段，加工同一公称直径的凸、凹型面。

数控铣削加工的薄壁零件，其外形轮廓和型腔轮廓是一致的，可以看做是同一公称尺寸轮廓的零件，分别加工成凸、凹型面。因此，在数控编程时，可以编制一个数控加工程序，采用不同的刀补指令来完成加工。

对于薄壁零件，应用半径补偿编程可以采用两种方法：

(1) 内、外轮廓编写成同一程序，改变刀具半径补偿值。在加工外轮廓时，将偏置值设为 $+D = R + \Delta$，其中 R 为刀具的半径，为精加工余量，刀具中心将沿轮廓的外侧切削；当加工内轮廓时，只需要改变进刀，将偏置值设为 $-D = -(R + \Delta)$，这时刀具中心将沿轮廓的内侧切削。

(2) 内、外轮廓编写成同一程序，将半径补偿G41、G42互换，此时刀具的运动轨迹互换。例如：编写外轮廓半径补偿如用G41，刀具轨迹沿顺时针走时，偏置值设为 $+D = R + \Delta$；内轮廓编程时半径补偿就用G42，刀具轨迹沿逆时针走时，偏置值设为 $+D = R +$ 壁厚 $+ \Delta$。注意，采用逆铣加工时，加工过程中会产生“扎刀”现象，容易造成过切，所以需要将此时的刀具半径补偿值适当增大。

【拓展训练】

运用所学知识，编写图10-2和图10-3所示零件的加工程序并校验。

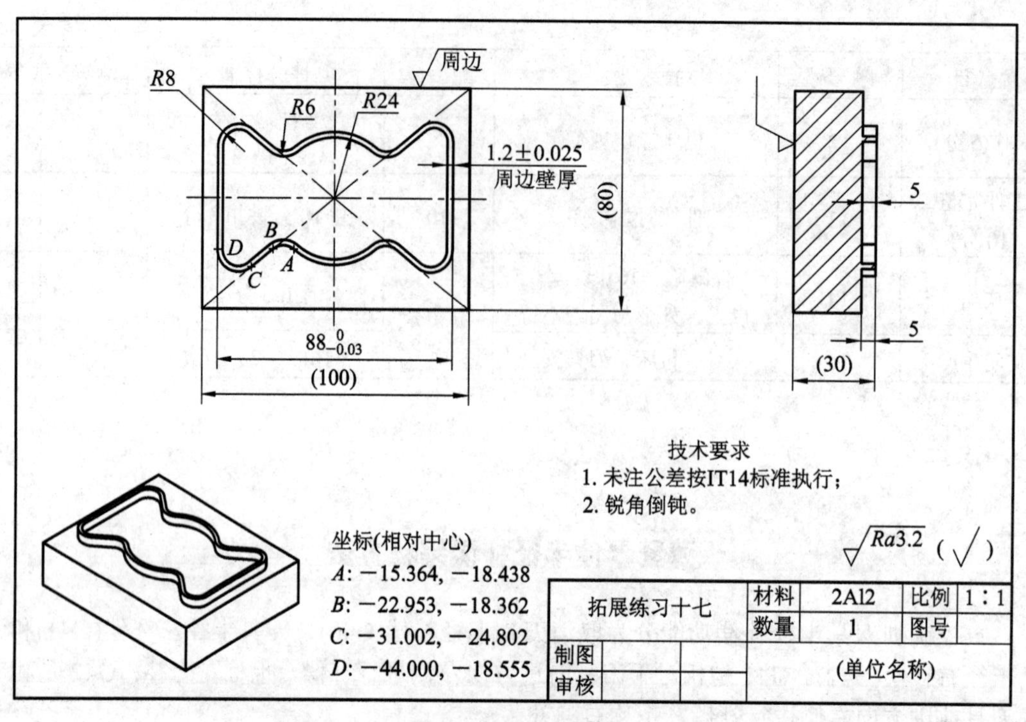

图 10-2　薄壁件拓展一

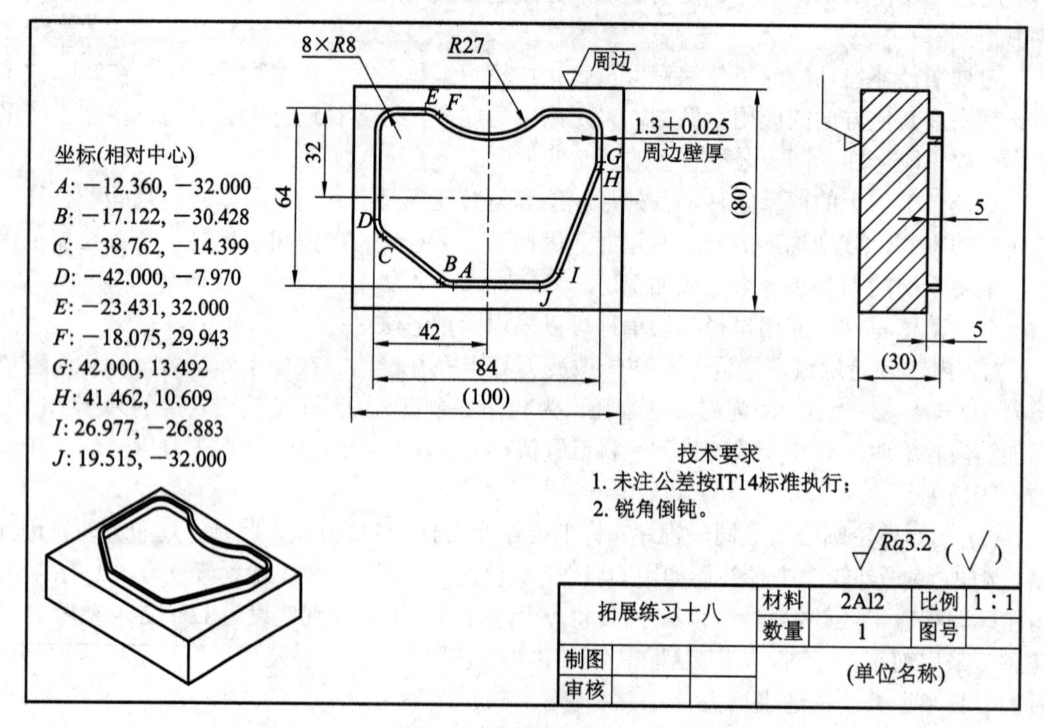

图 10-3　薄壁件拓展二

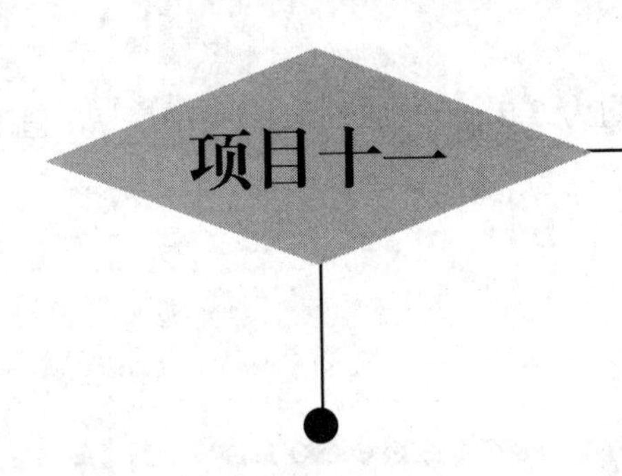

项目十一 综合件加工

一、项目导入与分析

本项目是典型零件两面综合加工，如图 11-1 所示。

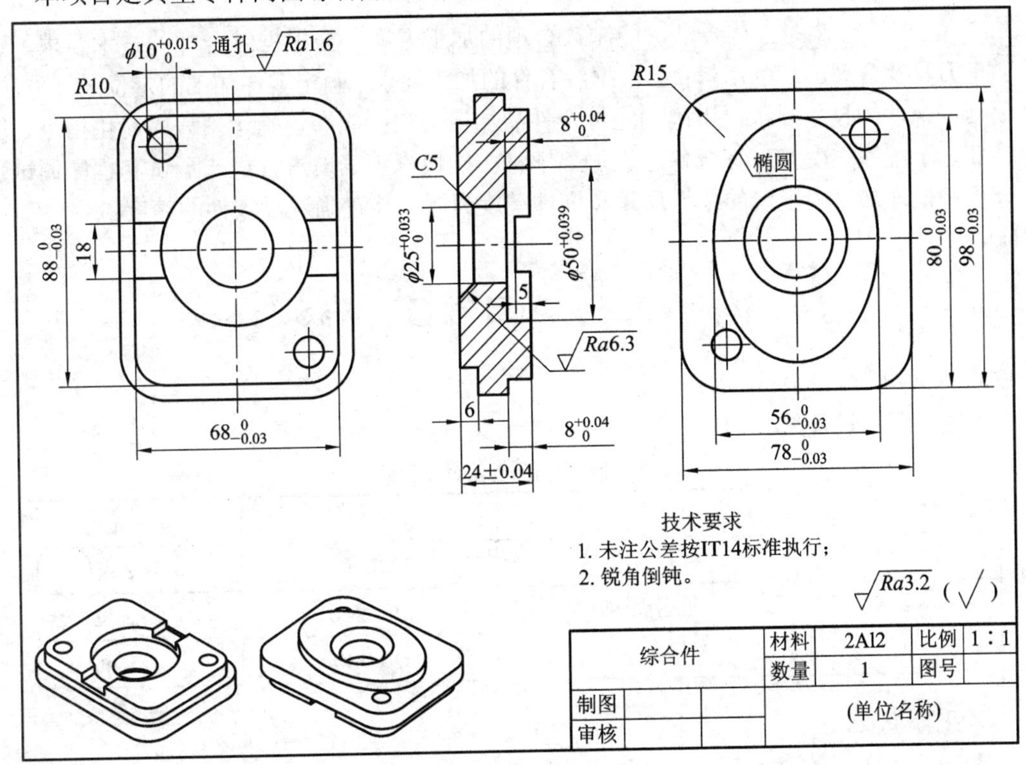

图 11-1　综合零件图

1. 零件形状

图 11-1 为综合零件，其几何形状规则，主要加工内容包括椭圆轮廓加工、二维半曲面加工、孔加工、通孔加工等，零件需要正反面加工。

2. 尺寸精度

该零件的加工为综合件加工，大部分轮廓加工对尺寸都有较高的要求，通孔为 IT7 级。

加工时工艺设计要合理安排并操作正确。

3. 表面粗糙度

本项目零件所有外形铣削的表面粗糙度 Ra 值均为 3.2 μm，曲面表面粗糙度 Ra 值为 6.3 μm，通孔表面粗糙度 Ra 值为 1.6 μm。

4. 技术要求

锐角倒钝。

◇◇◇◇◇◇◇◇◇ 二、项目目标 ◇◇◇◇◇◇◇◇◇

(1) 读懂二维轮廓零件图；掌握零件工艺分析步骤、切削用量的计算、二维轮廓零件的加工、工件的合理装夹定位以及二维轮廓编程加工方法。

(2) 根据工艺要求掌握通孔的加工方案；会选择加工通孔的刀具及合理的切削用量；掌握钻孔走刀路线。

(3) 根据综合件的工艺要求，能制订合理的加工方案；会根据综合件的技术要求，选择加工刀具及合理的切削用量；会根据综合件的加工要求，确定零件加工的定位装夹方法；会根据综合件的技术要求，正确确定综合件的加工工艺；能够正确运用程序简化指令、固定循环、子程序、变量对综合件进行加工编程；能快速正确地进行机床调试和程序调试；会分析和处理加工中出现的零件质量和零件精度问题；能正确进行零件的精度检测。

◇◇◇◇◇◇◇◇◇ 三、项目准备 ◇◇◇◇◇◇◇◇◇

1. 设备准备

本项目所需设备见表 11-1。

表 11-1 设备准备建议清单

序 号	名 称	机床型号	数 量
1	数控铣床	VDL600	1 台/2 人
2	机用虎钳	相应型号	1 台/工位
3	锁刀座	LD-BT40A	2 只/车间

2. 毛坯准备

按图 11-1 所示的要求备料，材料清单见表 11-2。

表 11-2 毛坯准备建议清单

序 号	材 料	规格/mm	数 量
1	2Al2	100 × 80 × 30	1 件/人

3. 工、量、刃具准备

本项目工、量、刃具准备清单见表 11-3。

表 11-3　工、量、刃具准备建议清单

类别	序　号	名　称	规格或型号	精度/mm	数　量
工具	1	机用虎钳扳手	配套		1 个/工位
	2	卸刀扳手	ER32		2 个
	3	等高垫铁	根据机用平口钳和工件自定		1 副
	4	锉刀、油石			自定
量具	1	外径千分尺	50～75、75～100	0.01	各 1 把
	2	游标卡尺	0～150	0.02	1 把
	3	深度千分尺	0～50	0.01	1 把
	5	杠杆百分表	0～0.8	0.01	1 个
	6	磁力表座			1 个
	7	机械偏摆式寻边器			
	8	Z 轴设定器	ZDI-50	0.01	1 个
刃具	1	平面铣刀刀片	SENN1203-AFTN1		6 片
	2	钻头	ϕ9.7		1 个
	3	立铣刀	ϕ10、ϕ16		各 1 支
	4	铰刀	ϕ10		1 支
	5	中心钻	A3		1 个

◇◇◇◇◇◇◇◇◇　四、项目实施　◇◇◇◇◇◇◇◇◇

【工作任务分解】

任务一　综合零件工艺分析。

任务二　工件加工。

任务一　综合零件工艺分析

【知识链接】

1．工艺分析

图 11-1 所示的零件为正反两面加工零件，首先需要分析的是加工顺序问题。在这张零件图上由于椭圆形凸台那一面加工完后没有可装夹的面，所以应后加工，即先加工长方形凸台那一面，然后通过装夹长方形来加工反面的椭圆形凸台。本张零件图上还有一个需要注意的元素——中间的ϕ25 的通孔，因为我们用到的毛坯有 30 mm 厚，如果在一个面上下

刀 30 mm 比较深，对尺寸、刀具使用寿命都有影响，并且在椭圆凸台那一面上对孔有一个 $C5$ 的倒角，为了避免位置偏移及下刀过深现象，$\phi25$ 的通孔应在第二面中进行加工。由于图纸上要求两个$\phi10$ 的通孔表面粗糙度 Ra 值为 1.6 μm，所以必须对通孔做铰孔处理。

针对零件图样要求给出加工工序：

(1) 铣上表面，保证加工深度，选用$\phi63$ 面铣刀(T1)。

(2) 粗铣 68 mm × 88 mm 长方形外轮廓，选用$\phi10$ 粗加工立铣刀(T2)。

(3) 粗铣$\phi50$ 内孔，选用$\phi10$ 粗加工立铣刀(T2)。

(4) 粗铣 18 mm 宽的键槽，选用$\phi10$ 粗加工立铣刀(T2)。

(5) 半精铣 68 mm × 88 mm 长方形外轮廓，选用$\phi10$ 精加工立铣刀(T3)。

(6) 半精铣$\phi50$ 内孔，选用$\phi10$ 精加工立铣刀(T3)。

(7) 半精铣 18 mm 宽的键槽，选用$\phi10$ 精加工立铣刀(T3)。

(8) 精铣 68 mm × 88 mm 长方形外轮廓，保证轮廓尺寸和深度尺寸(T3)。

(9) 精铣$\phi50$ 内孔，保证型腔尺寸和深度尺寸(T3)。

(10) 精铣 18 mm 宽的键槽，保证键槽尺寸和深度尺寸(T3)。

(11) 预钻$\phi10$ 点孔，选用 A3 中心钻(T4)。

(12) 钻$\phi10$ 通孔，选用$\phi9.7$ 钻头(T5)。

(13) 铰$\phi10$ 通孔，选用$\phi10$ 铰刀(T6)。

(14) 锐角倒钝，拆工件。

(15) 翻面,用等高垫块垫在下面,确保垫块到钳口的距离小于 8 mm,最好在 5～6 mm 之间。

(16) 铣上表面，保证厚度尺寸为 24 ± 0.04 mm，选用$\phi63$ 面铣刀(T1)。

(17) 粗铣 56 mm × 80 mm 椭圆凸台，选用$\phi10$ 粗加工立铣刀(T2)。

(18) 粗铣 78 mm × 98 mm 长方形外轮廓，选用$\phi10$ 粗加工立铣刀(T2)。

(19) 粗铣$\phi25$ 通孔，选用$\phi10$ 粗加工立铣刀(T2)。

(20) 粗铣 $C5$ 倒角，选用$\phi10$ 粗加工立铣刀(T2)。

(21) 半精铣 56 mm × 80 mm 椭圆凸台，选用$\phi10$ 精加工立铣刀(T3)。

(22) 半精铣 78 mm × 98 mm 长方形外轮廓，选用$\phi10$ 精加工立铣刀(T3)。

(23) 半精铣$\phi25$ 通孔，选用$\phi10$ 精加工立铣刀(T3)。

(24) 精铣 $C5$ 倒角，保证表面粗糙度(T3)。

(25) 精铣 56 mm × 80 mm 椭圆凸台，保证凸台尺寸和深度尺寸(T3)。

(26) 精铣 78 mm × 98 mm 长方形外轮廓，保证外轮廓尺寸(T3)。

(27) 精铣$\phi25$ 通孔，保证通孔尺寸(T3)。

(28) 锐角倒钝，拆工件。

2．刀具的选择

加工工序中采用的刀具为$\phi63$ 面铣刀、$\phi10$ 粗加工立铣刀、$\phi10$ 精加工立铣刀、A3 中心钻、$\phi9.7$ 钻头、$\phi10$ 铰刀。

3．加工方案的确定

各工序刀具的切削参数见表 11-4。

表 11-4　数控加工工艺卡片

工步	加工内容	刀具			切削深度 a_p/mm	切削速度 v_c/(m/min)	主轴转速 S(r/min)	进给速度 v_f(mm/min)	刀具补偿号
		刀号	名称	直径/mm					
	平口钳装夹工件并找正								
1	铣上表面	T1	面铣刀	ϕ63	0.5	100	500	300	D1
2	粗铣 68 mm × 88 mm 长方形外轮廓	T2	立铣刀	ϕ10	5	30	1000	120	D2
3	粗铣ϕ50 内孔	T2	立铣刀	ϕ10	5	30	1000	120	D2
4	粗铣 18 mm 宽的键槽	T2	立铣刀	ϕ10	5	30	1000	120	D2
5	半精铣 68 mm × 88 mm 长方形外轮廓	T3	立铣刀	ϕ10	5	36	1200	120	D3
6	半精铣ϕ50 内孔	T3	立铣刀	ϕ10	5	36	1200	120	D3
7	半精铣 18 mm 宽的键槽	T3	立铣刀	ϕ10	5	36	1200	120	D3
8	精铣 68 mm × 88 mm 长方形外轮廓	T3	立铣刀	ϕ10	5	36	1200	120	D3
9	精铣ϕ50 内孔	T3	立铣刀	ϕ10	5	36	1200	120	D3
10	精铣 18 mm 宽的键槽	T3	立铣刀	ϕ10	5	36	1200	120	D3
11	预钻ϕ10 点孔	T4	中心钻	A3	5	30	1000	30	D4
12	钻ϕ10 通孔	T5	钻头	ϕ9.7	5	20	600	50	D5
13	铰ϕ10 通孔	T6	铰刀	ϕ10	5	5	150	50	D6
14	粗铣 56 mm × 80 mm 椭圆凸台	T2	立铣刀	ϕ10	5	30	1000	120	D2
15	粗铣 78 mm × 98 mm 长方形外轮廓	T2	立铣刀	ϕ10	5	30	1000	120	D2
16	粗铣ϕ25 通孔	T2	立铣刀	ϕ10	5	30	1000	120	D2
17	粗铣 C5 倒角	T2	立铣刀	ϕ10	5	100	3200	1500	D2
18	半精铣 56 mm × 80 mm 椭圆凸台	T3	立铣刀	ϕ10	5	36	1200	120	D3
19	半精铣 78 mm×98 mm 长方形外轮廓	T3	立铣刀	ϕ10	5	36	1200	120	D3
20	半精铣ϕ25 通孔	T3	立铣刀	ϕ10	5	36	1200	120	D3
21	精铣 C5 倒角	T3	立铣刀	ϕ10	5	100	3200	1500	D3

续表

工步	加工内容	刀具			切削深度 a_p/mm	切削速度 v_c/(m/min)	主轴转速 S(r/min)	进给速度 v_f(mm/min)	刀具补偿号
		刀号	名称	直径/mm					
22	精铣 56 mm×80 mm 椭圆凸台	T3	立铣刀	ϕ10	5	36	1200	120	D3
23	精铣 78 mm×98 mm 长方形外轮廓	T3	立铣刀	ϕ10	5	36	1200	120	D3
24	精铣ϕ25 通孔	T1	立铣刀	ϕ10	5	36	1200	120	D3

【任务实施】

1．通过任务书、多媒体教学以及教师演示等方式，学会分析综合件的加工工艺。

2．以小组为单位，讨论并制订本项目工件的加工工艺卡片。

任务二　工件加工

【任务实施】

1．通过任务书、多媒体教学以及教师演示等方式，学会零件加工的方法。

2．以小组为单位，进行铣削加工(加工参考程序见表 11-5 和表 11-6)，控制轮廓尺寸及公差。

表 11-5　C5 倒角加工参考程序

程　序	说　明
O1301 ;	程序名
N00 G90 G80 G40 G21 G17 ;	安全语句
N05 G00 G54 X0. Y2.5 S3000 M03 ;	定义工件坐标系、进刀位置，主轴转
N10 Z100. ;	定义安全平面
N15 Z5. ;	快速下刀
N20 #1 = 0 ;	定义自变量(Z 轴)
N25 G01 Z#1 F100. ;	工进下刀至加工深度
N30 #2 = -5- #1 ;	变量计算(刀具半径补偿值)
N35 G10 L12 P01 R#2 ;	可编程参数输入
N40 G01 G41 X10. Y2.5 D01 F1500. ;	建立刀具半径补偿
N45 G03 X0. Y12.5 R10. ;	圆弧插补

续表

程　序	说　明
N50 G03 X0. Y12.5 I0. J-12.5 ;	圆弧插补
N55 G03 X-10. Y2.5 R10. ;	圆弧插补
N60 G01 G40 X0. Y2.5 ;	取消刀具半径补偿
N65 #1 = #1-0.2 ;	自变量计算
N70 IF [#1 GE-5] GOTO 25 ;	条件判断语句
N75 G00 Z100. ;	快速抬刀
N80 M05 ;	主轴停止
N85 G91 G28 Y0. ;	工作台快速回退至近身侧
N90 M30 ;	程序结束并返回

表 11-6　椭圆凸台加工参考程序

程　序	说　明
O1032 ;	程序名
00 G90 G80 G40 G21 G17 ;	安全语句
N05 G0 G54 X0. Y-60. S1000 M03 ;	定义工件坐标系、进刀位置，主轴转
N10 Z100. ;	定义安全平面
N15 Z5. ;	快速下刀
N20 G01 Z-6. F30. ;	工进下刀至加工深度
N25 G01 G41 X32. Y-60. D01 F120. ;	建立刀具半径补偿
N30 G03 X0. Y-28. R32. ;	圆弧插补
N35 #1 = 270 ;	定义角度自变量
N40 G01 X[40 *COS[#1]] Y[28 *SIN[#1]] ;	直线插补
N45 #1 = #1-0.5 ;	自变量计算
N50 IF [#1 GE-90] GOTO 40 ;	条件判断，跳转
N55 G03 X-32. Y-60. R32. ;	圆弧插补
N60 G01 G40 X0. Y-60. ;	取消刀具半径补偿
N65 G0 Z100. ;	刀具快速回退到安全平面
N70 M05 ;	主轴停止
N75 G91 G28 Y0. ;	工作台回退到近身侧
N80 M30 ;	程序结束

◇◇◇◇◇◇◇◇◇ 五、项目评价 ◇◇◇◇◇◇◇◇◇

1. 操作过程评价

请考评员认真填写“现场工作任务考核评价记录表”。

现场工作任务考核评价记录表

姓　名：____________　　　　学　　号：____________

班　级：____________　　　　工件编号：____________

序号	考核内容	考核方法	考核评定			考核记录
			优秀 (5分)	合格 (2分)	不合格 (0分)	
1	熟悉实训基地内的数控铣床设备	(1) 会正确识别数控加工机床的型号	□	□	□	
		(2) 会正确识别数控铣床的主要结构	□	□	□	
		(3) 会正确阐述数控铣床的工作原理	□	□	□	
						总分：　　分
2	生产场所“7S”	(1) 工、量、刃具的放置是否依规定摆放整齐	□	□	□	
		(2) 会正确使用工、量具	□	□	□	
		(3) 会保持工作场地的干净整洁	□	□	□	
		(4) 有团队精神，遵守车间生产的规章制度	□	□	□	
		(5) 作业人员有较强的安全意识，能及时报告并消除有安全隐患的因素	□	□	□	
		(6) 作业人员有较强的节约意识	□	□	□	
		(7) 会对数控铣床正确进行日常维护和保养	□	□	□	
						总分：　　分
3	刀具安装	(1) 刀具安装顺序正确	□	□	□	
		(2) 拆装姿势和力度规范	□	□	□	
		(3) 刀具装夹位置正确	□	□	□	
						总分：　　分
4	工件安装及对刀找正	(1) 机床操作规范、熟练	□	□	□	
		(2) 工件装夹正确、规范	□	□	□	
		(3) 会熟练操作控制面板	□	□	□	
		(4) 会正确选择工件坐标系	□	□	□	

续表

序号	考核内容	考核方法	考核评定			考核记录
			优秀（5分）	合格（2分）	不合格（0分）	
4	工件安装及对刀找正	(5) 熟悉对刀步骤	□	□	□	
		(6) 在规定时间内完成对刀流程	□	□	□	
		(7) 操作过程中行为、纪律表现	□	□	□	
		(8) 安全文明生产	□	□	□	
		(9) 设备维护保养正确	□	□	□	
总分：　　　分						
5	手工程序输入(EDIT)及校验	(1) 知道基本指令的功能	□	□	□	
		(2) 熟悉手工程序输入的过程	□	□	□	
		(3) 熟悉手工程序校验的过程	□	□	□	
总分：　　　分						
6	制订加工工艺卡片	(1) 知道基本指令的功能	□	□	□	
		(2) 会正确制订切削加工工艺卡片	□	□	□	
		(3) 会合理选择切削用量	□	□	□	
		(4) 会正确选择工件坐标系	□	□	□	
		(5) 所编写的程序正确、简单、规范	□	□	□	
总分：　　　分						
7	工件加工	(1) 机床操作规范、熟练	□	□	□	
		(2) 刀具选择与装夹正确、规范	□	□	□	
		(3) 工件装夹、找正正确、规范	□	□	□	
		(4) 正确选择工件坐标系，对刀正确、规范	□	□	□	
		(5) 切削加工工艺制订正确	□	□	□	
		(6) 正确输入和校验加工程序	□	□	□	
		(7) 操作过程中行为、纪律表现	□	□	□	
		(8) 安全文明生产	□	□	□	
		(9) 设备维护保养正确	□	□	□	
总分：　　　分						

加工总时间：____________

总　　分：____________

考评员签字：____________

日　　期：____________

2. 自我评价

学生对自己进行自我评价，并填写下表。

自 我 评 价

项　　目	发现的问题及现象	产生的原因	解决方法
工艺编制			
程序编制			
刀具选择及加工参数			
机床操作加工			
零件质量			
安全生产及文明生产			

3. 工件质量检测评价

请检测员填写“工件质量检测评价表”。

工件质量检测评价表

序号	考核位置	考核内容及要求	评分标准	配分	检测结果	得分	备注
1	正面外轮廓	$88^{0}_{-0.03}$	超差 0.01 扣 1 分	5			
2		$68^{0}_{-0.03}$	超差 0.01 扣 1 分	5			
3		$8^{+0.04}_{0}$	超差 0.01 扣 1 分	5			
4		$R10$	超差不得分	2			四处
5	正面直槽	18	超差不得分	3			
6		5	超差不得分	2			
7	正面圆孔	$\psi 30^{+0.030}_{0}$	超差 0.01 扣 1 分	5			
8		$8^{+0.04}_{0}$	超差 0.01 扣 1 分	5			

续表

序号	考核位置	考核内容及要求	评分标准	配分	检测结果	得分	备注
9	反面外轮廓	$98_{-0.03}^{\ 0}$	超差 0.01 扣 1 分	5			
10		$78_{-0.03}^{\ 0}$	超差 0.01 扣 1 分	5			
11		24 ± 0.04	超差 0.01 扣 1 分	5			
12		*R*15	超差不得分	2			四处
13	椭圆凸台	$80_{-0.03}^{\ 0}$	超差 0.01 扣 1 分	5			
14		$56_{-0.03}^{\ 0}$	超差 0.01 扣 1 分	5			
15		6	超差不得分	3			
16	孔	$\phi25_{\ 0}^{+0.033}$	超差 0.01 扣 1 分	6			
17		*C*5	超差不得分	8			
18		*Ra*6.3	超差不得分	3			
19		$\phi10_{\ 0}^{+0.015}$	超差 0.01 扣 1 分	8			两处
20		*Ra*1.6	超差不得分	3			两处

【拓展训练】

运用所学知识，编写图 11-2～图 11-7 所示零件的加工程序并校验(后附相应的模拟评分表)。

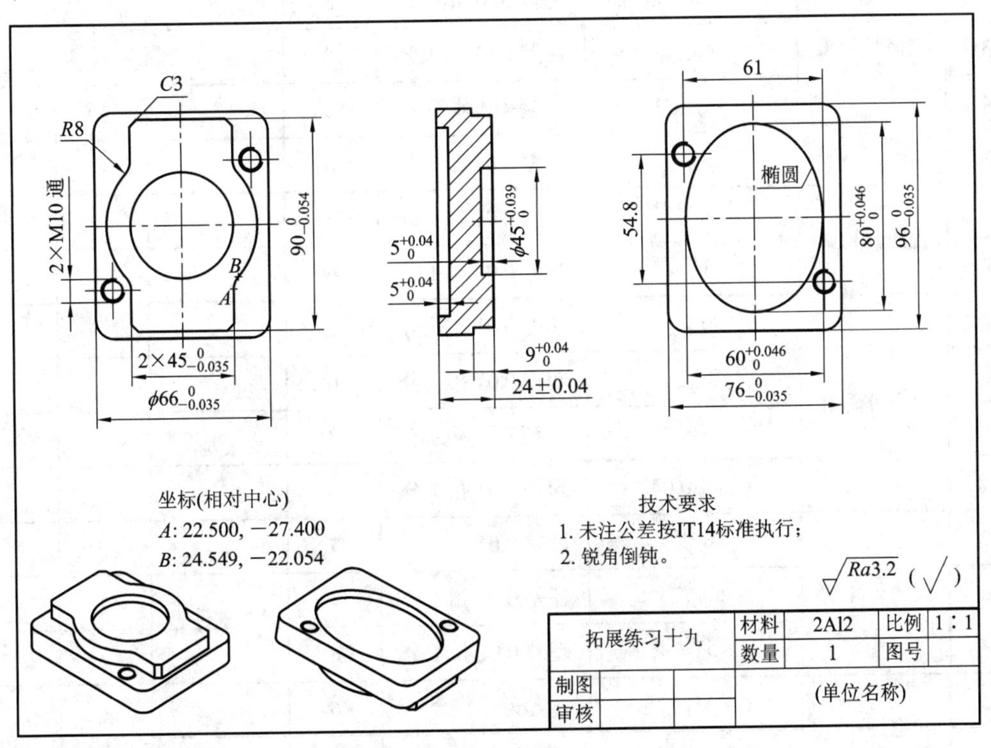

图 11-2　综合件一

综合件一模拟评分表

姓名：_____ 得分：_____

考试要求：

1. 无倒角加工要求的锐边倒钝，去毛刺；
2. 考试时间 210 分钟；
3. 总分 100 分。

操作技能得分：

评 分 指 标	配 分	得 分
工件加工质量	90	
职业素养及文明生产	10	
总配分	100	

评分表：

序号	考核位置	考核内容及要求	评分标准	配分	检测结果	得分	备注
1	正面外轮廓	$90_{-0.054}^{0}$	超差 0.01 扣 1 分	6			
2		$2\times45_{-0.035}^{0}$	超差 0.01 扣 1 分	6			
3		$\phi66_{-0.035}^{0}$	超差 0.01 扣 1 分	6			
4		$R8$，$C3$	超差不得分	3			
5		$9_{0}^{+0.04}$	超差 0.01 扣 1 分	6			
6	正面内轮廓	$\phi45_{0}^{+0.039}$	超差 0.01 扣 1 分	6			
7		$5_{0}^{+0.04}$	超差 0.01 扣 1 分	6			
8	反面外轮廓	$96_{-0.035}^{0}$	超差 0.01 扣 1 分	6			
9		$76_{-0.035}^{0}$	超差 0.01 扣 1 分	6			
10		$R8$	超差不得分	3			
11		24 ± 0.04	超差 0.01 扣 1 分	6			
12	反面外轮廓	$80_{0}^{+0.046}$	超差 0.01 扣 1 分	7			
13		$60_{0}^{+0.046}$	超差 0.01 扣 1 分	7			
14		$5_{0}^{+0.04}$	超差 0.01 扣 1 分	6			
15	螺纹孔	2×M10 通	超差不得分	6			
16		61，54.8	超差不得分	4			

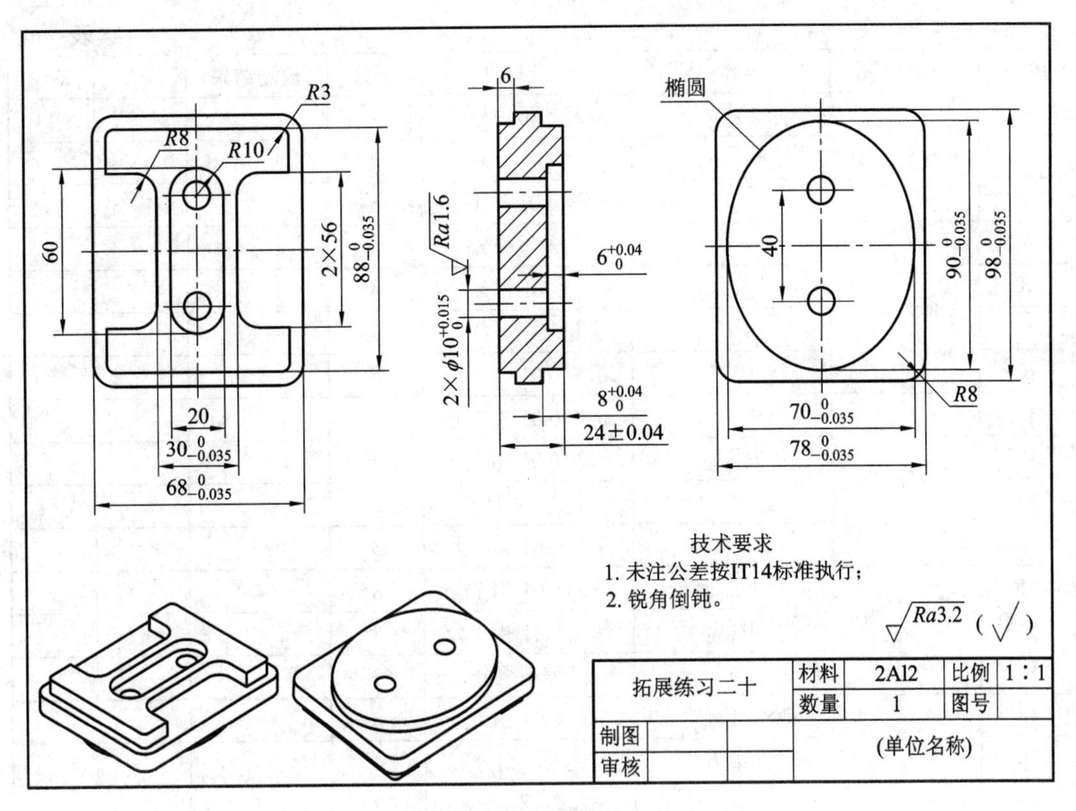

图 11-3　综合件二

综合件二模拟评分表

姓名：_____　得分：_____

考试要求：

1. 无倒角加工要求的锐边倒钝，去毛刺；
2. 考试时间 210 分钟；
3. 总分 100 分。

操作技能得分：

评 分 指 标	配　分	得　分
工件加工质量	90	
职业素养及文明生产	10	
总配分	100	

评分表：

序号	考核位置	考核内容及要求	评分标准	配分	检测结果	得分	备注
1	正面外轮廓	$88_{-0.035}^{0}$	超差 0.01 扣 1 分	5			
2		$68_{-0.035}^{0}$	超差 0.01 扣 1 分	5			
3		$30_{-0.035}^{0}$	超差 0.01 扣 1 分	5			

续表

序号	考核位置	考核内容及要求	评分标准	配分	检测结果	得分	备注
4	正面外轮廓	2×56	超差不得分	2			
5		$R8$，$R3$	超差不得分	2			
6		$8^{+0.04}_{0}$	超差 0.01 扣 1 分	5			
7	正面内轮廓	60	超差不得分	4			
8		20	超差不得分	4			
9		$R10$	超差不得分	3			
10		$6^{+0.04}_{0}$	超差 0.01 扣 1 分	5			
11	反面外轮廓	$98^{0}_{-0.035}$	超差 0.01 扣 1 分	5			
12		$78^{0}_{-0.035}$	超差 0.01 扣 1 分	5			
13		$R8$	超差不得分	2			
14		24 ± 0.04	超差 0.01 扣 1 分	5			
15	反面椭圆凸台	$90^{0}_{-0.035}$	超差 0.01 扣 1 分	8			
16		$70^{0}_{-0.035}$	超差 0.01 扣 1 分	8			
17		6	超差不得分	3			
18	孔	$2\times\phi10^{+0.015}_{0}$	超差 0.01 扣 1 分	8			
19		$Ra1.6$	超差不得分	4			
20		40	超差不得分	2			

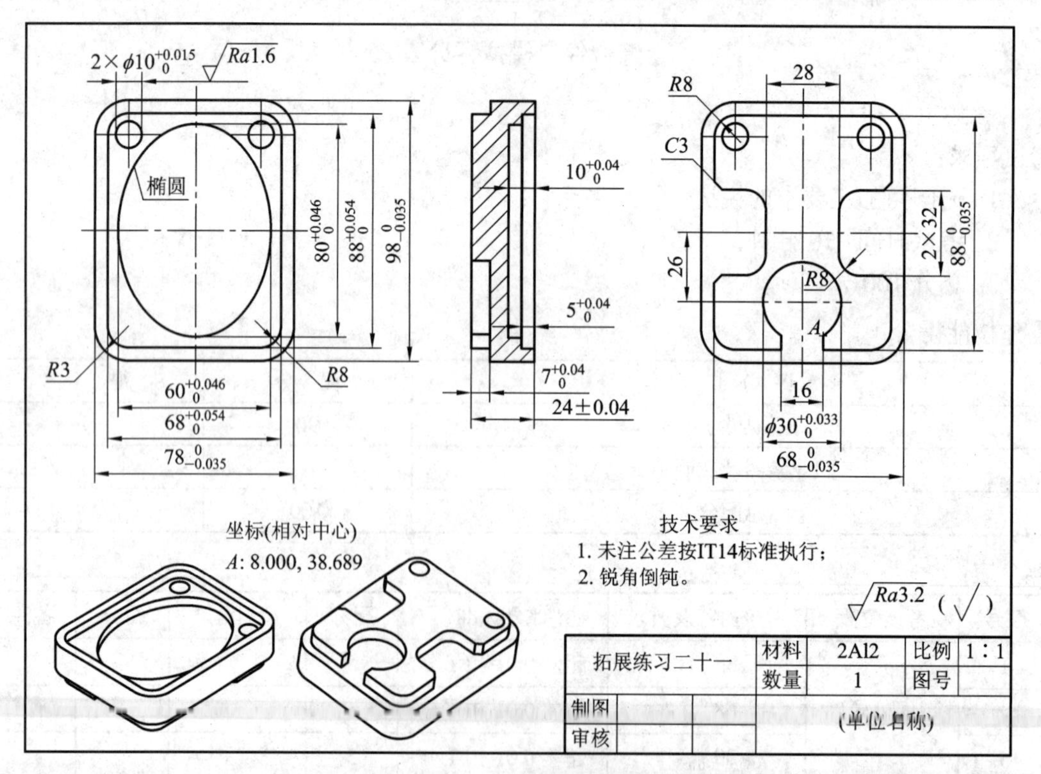

图 11-4　综合件三

综合件三模拟评分表

姓名：______ 得分：______

考试要求：

1. 无倒角加工要求的锐边倒钝，去毛刺；
2. 考试时间 210 分钟；
3. 总分 100 分。

操作技能得分：

评 分 指 标	配 分	得 分
工件加工质量	90	
职业素养及文明生产	10	
总配分	100	

评分表：

序号	考核位置	考核内容及要求	评分标准	配分	检测结果	得分	备注
1	正面方形槽	$88^{+0.054}_{0}$	超差 0.01 扣 1 分	5			
2		$68^{+0.054}_{0}$	超差 0.01 扣 1 分	5			
3		$R8$	超差不得分	2			
4		$5^{+0.04}_{0}$	超差 0.01 扣 1 分	4			
5	正面椭圆槽	$80^{+0.046}_{0}$	超差 0.01 扣 1 分	8			
6		$60^{+0.046}_{0}$	超差 0.01 扣 1 分	8			
7		$10^{+0.04}_{0}$	超差 0.01 扣 1 分	4			
8	工件外形	$98^{0}_{-0.035}$	超差 0.01 扣 1 分	5			
9		$78^{0}_{-0.035}$	超差 0.01 扣 1 分	5			
10		$R13$	超差不得分	2			
11		24 ± 0.04	超差 0.01 扣 1 分	5			
12	反面凸台	$88^{0}_{-0.035}$	超差 0.01 扣 1 分	5			
13		$68^{0}_{-0.035}$	超差 0.01 扣 1 分	5			
14		$\phi 30^{+0.033}_{0}$	超差 0.01 扣 1 分	5			
15		16	超差不得分	2			
16		2×32，28	超差不得分	3			
17		$R8$，$C3$，26	超差不得分	3			
18		$70^{+0.04}_{0}$	超差 0.01 扣 1 分	4			
19	孔	$2 \times \phi 10^{+0.015}_{0}$	超差 0.01 扣 1 分	6			
20		$Ra1.6$	超差不得分	4			

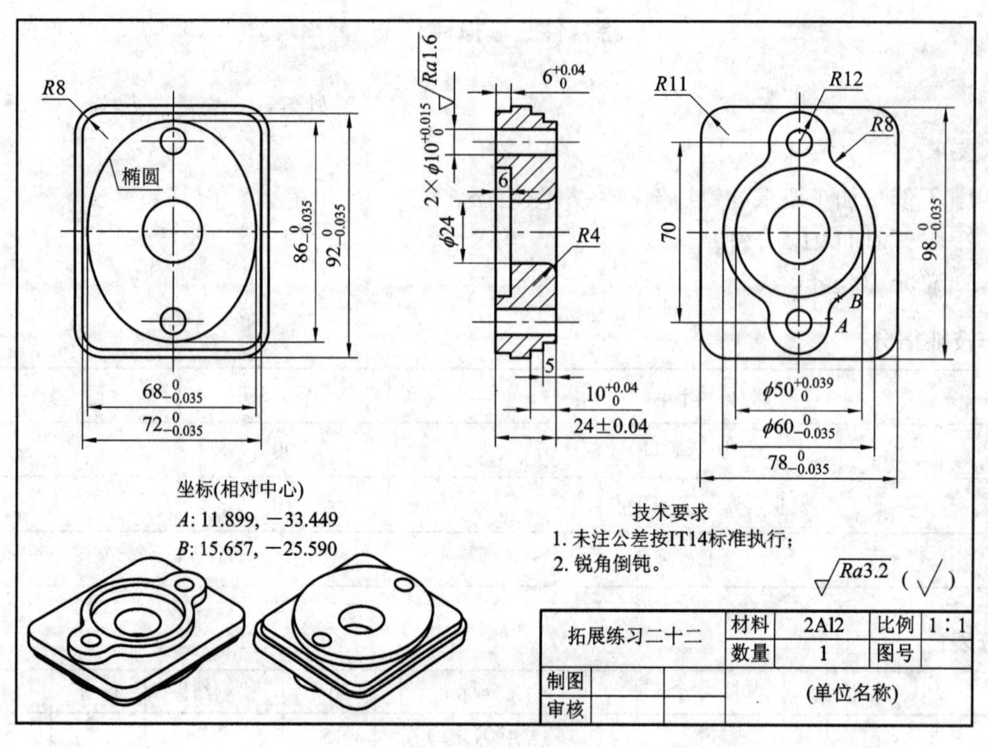

图 11-5　综合件四

综合件四模拟评分表

姓名：______　得分：______

考试要求：

1. 无倒角加工要求的锐边倒钝，去毛刺；
2. 考试时间 210 分钟；
3. 总分 100 分。

操作技能得分：

评 分 指 标	配 分	得 分
工件加工质量	90	
职业素养及文明生产	10	
总配分	100	

评分表：

序号	考核位置	考核内容及要求	评分标准	配分	检测结果	得分	备 注
1	正面方形凸台	$92^{\ 0}_{-0.035}$	超差 0.01 扣 1 分	5			
2		$72^{\ 0}_{-0.035}$	超差 0.01 扣 1 分	5			
3		*R*8	超差不得分	2			
4		$10^{+0.04}_{\ 0}$	超差 0.01 扣 1 分	4			

续表

序号	考核位置	考核内容及要求	评分标准	配分	检测结果	得分	备　注
5	正面椭圆凸台	$86_{-0.035}^{\ 0}$	超差 0.01 扣 1 分	5			
6		$68_{-0.035}^{\ 0}$	超差 0.01 扣 1 分	5			
7		5	超差不得分	2			
8	工件外形	$98_{-0.035}^{\ 0}$	超差 0.01 扣 1 分	5			
9		$78_{-0.035}^{\ 0}$	超差 0.01 扣 1 分	5			
10		$R11$	超差不得分	2			
11		24 ± 0.04	超差 0.01 扣 1 分	4			
12	反面凸台	$\phi 60_{-0.035}^{\ 0}$	超差 0.01 扣 1 分	5			
13		$R12$，$R8$	超差不得分	4			两处，四处
14		70	超差不得分	2			
15		$60_{\ 0}^{+0.04}$	超差 0.01 扣 1 分	4			
16	反面圆槽	$\phi 50_{\ 0}^{+0.039}$	超差 0.01 扣 1 分	5			
17		6	超差不得分	2			
18	孔	$2 \times \phi 10_{\ 0}^{+0.015}$	超差 0.01 扣 1 分	8			
19		$Ra1.6$	超差不得分	4			
20		$\phi 24$	超差不得分	4			
21		$R4$	超差不得分	8			倒角

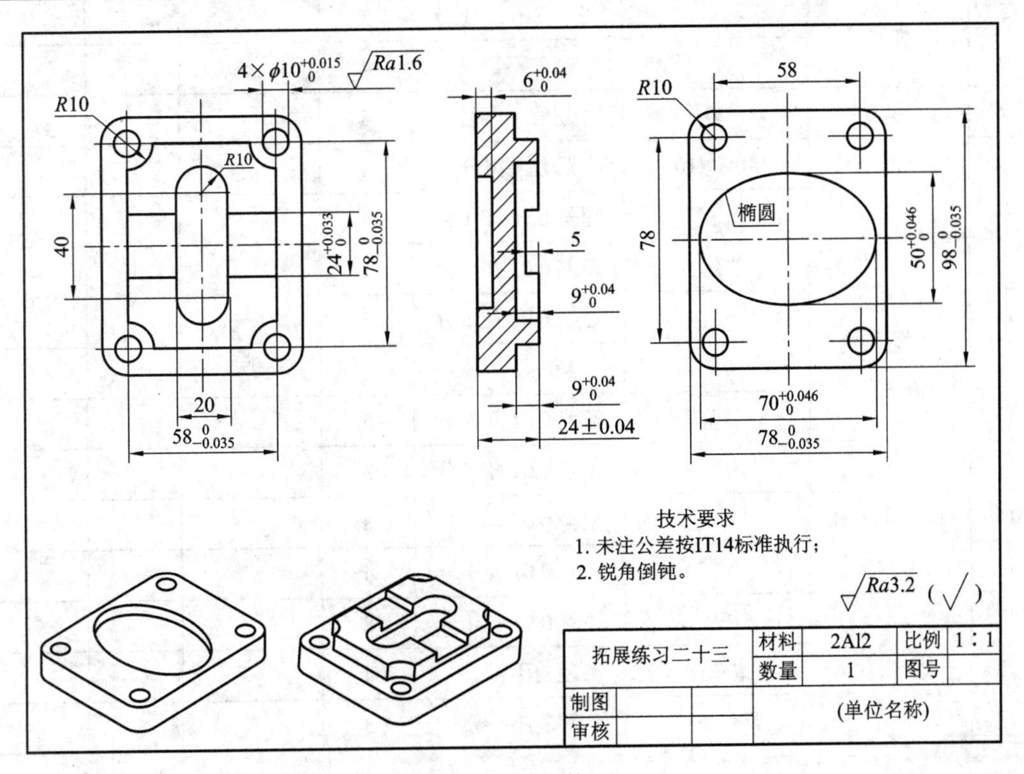

图 11-6　综合件五

综合件五模拟评分表

姓名：______ 得分：______

考试要求：

1. 无倒角加工要求的锐边倒钝，去毛刺；
2. 考试时间 210 分钟；
3. 总分 100 分。

操作技能得分：

评 分 指 标	配 分	得 分
工件加工质量	90	
职业素养及文明生产	10	
总配分	100	

评分表：

序号	考核位置	考核内容及要求	评分标准	配分	检测结果	得分	备 注
1	正面凸台	$78_{-0.035}^{0}$	超差 0.01 扣 1 分	5			
2		$58_{-0.035}^{0}$	超差 0.01 扣 1 分	5			
3		$R10$	超差不得分	2			四处
4		$9_{0}^{+0.04}$	超差 0.01 扣 1 分	5			
5	正面直槽	$24_{0}^{+0.033}$	超差 0.01 扣 1 分	5			
6		5	超差不得分	4			
7	正面腰形槽	20	超差不得分	4			
8		40，$R10$	超差不得分	4			
9		$9_{0}^{+0.04}$	超差 0.01 扣 1 分	4			
10	工件外形	$98_{-0.035}^{0}$	超差 0.01 扣 1 分	5			
11		$78_{-0.035}^{0}$	超差 0.01 扣 1 分	5			
12		$R10$	超差不得分	2			
13		$24_{0}^{+0.04}$	超差 0.01 扣 1 分	5			
14	反面椭圆槽	$70_{0}^{+0.046}$	超差 0.01 扣 1 分	8			
15		$50_{0}^{+0.046}$	超差 0.01 扣 1 分	8			
16		$6_{0}^{+0.04}$	超差 0.01 扣 1 分	4			
17	孔	$4\times\phi10_{0}^{+0.015}$	超差 0.01 扣 1 分	8			
18		$Ra1.6$	超差不得分	4			
19		78，58	超差不得分	3			

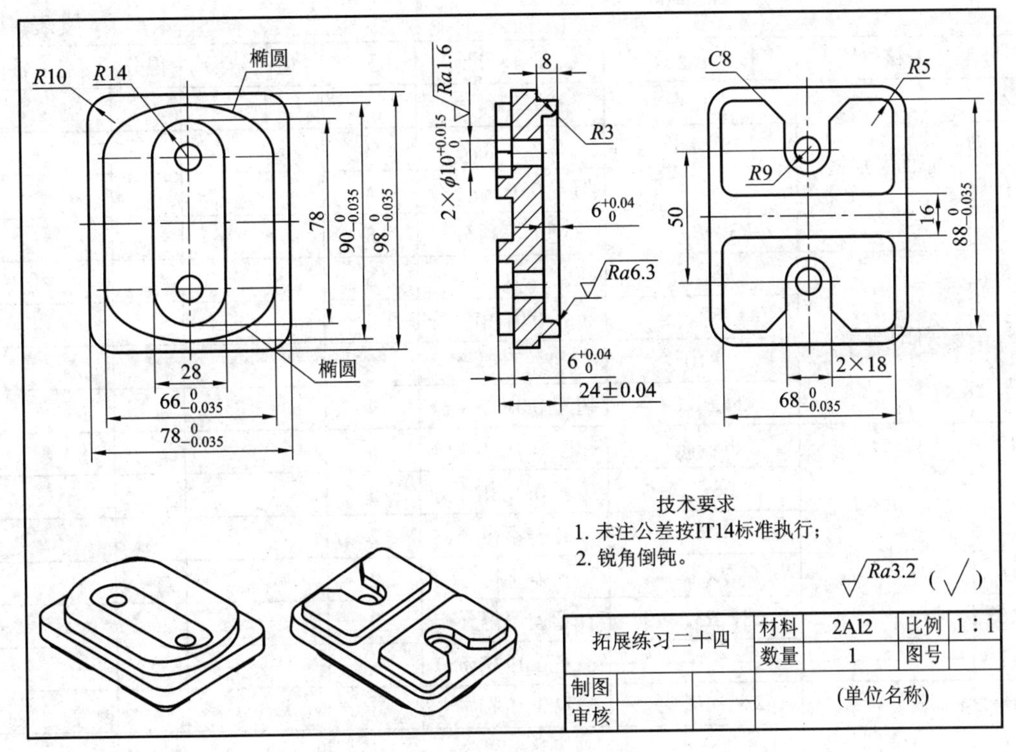

图 11-7　综合件六

综合件六模拟评分表

姓名：_____　得分：_____

考试要求：

1. 无倒角加工要求的锐边倒钝，去毛刺；
2. 考试时间 210 分钟；
3. 总分 100 分。

操作技能得分：

评 分 指 标	配　分	得　分
工件加工质量	90	
职业素养及文明生产	10	
总配分	100	

评分表：

序号	考核位置	考核内容及要求	评分标准	配分	检测结果	得分	备　注
1	正面凸台	$90_{-0.035}^{\ 0}$	超差 0.01 扣 1 分	10			
2		$66_{-0.035}^{\ 0}$	超差 0.01 扣 1 分	8			
3		8	超差不得分	3			

续表

序号	考核位置	考核内容及要求	评分标准	配分	检测结果	得分	备　注
4	正面腰形槽	28	超差不得分	3			
5		78，$R14$	超差不得分	3			
6		$6^{+0.04}_{0}$	超差 0.01 扣 1 分	4			
7		$R3$，$Ra6.3$	超差不得分	8			
8	工件外形	$98^{0}_{-0.035}$	超差 0.01 扣 1 分	5			
9		$78^{0}_{-0.035}$	超差 0.01 扣 1 分	5			
10		$R10$	超差不得分	2			
11		24 ± 0.04	超差 0.01 扣 1 分	4			
12	反面凸台	$88^{0}_{-0.035}$	超差 0.01 扣 1 分	5			
13		$68^{0}_{-0.035}$	超差 0.01 扣 1 分	5			
14		16	超差不得分	2			
15		2×18	超差不得分	2			
16		$C8$，$R5$，$R9$	超差不得分	2			
17		$6^{+0.04}_{0}$	超差 0.01 扣 1 分	5			
18	孔	$2 \times \phi 10^{+0.015}_{0}$	超差 0.01 扣 1 分	8			
19		$Ra1.6$	超差不得分	4			
20		50	超差不得分	2			

项目十二 配合件加工

一、项目导入与分析

本项目是典型的配合件加工，如图 12-1 所示，其装配图如图 12-2 所示。

1. 零件形状

图 12-1(a)为配合件 1-1，其几何形状规则，主要加工内容为外轮廓。在加工时要选择合适的下刀点和设计进退刀路线，防止过切。

图 12-1(b)为配合件 1-2，其几何形状规则，主要加工内容为内轮廓。在加工时要选择合适的下刀点和设计进退刀路线，防止过切。

2. 尺寸精度

该零件的加工为综合件加工。加工时工艺设计要合理安排并操作正确。

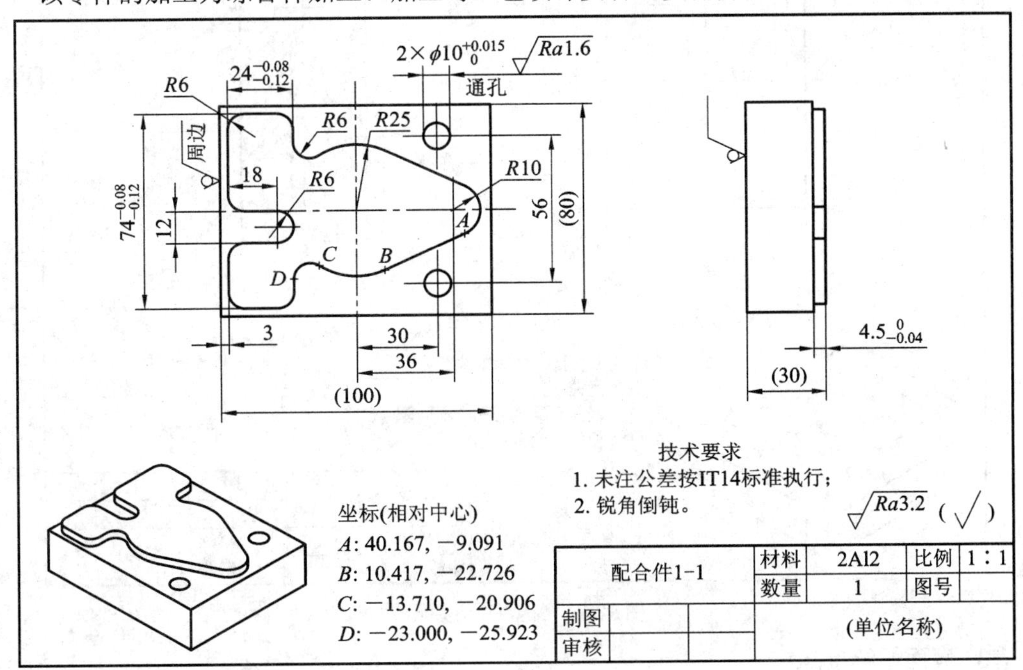

(a)

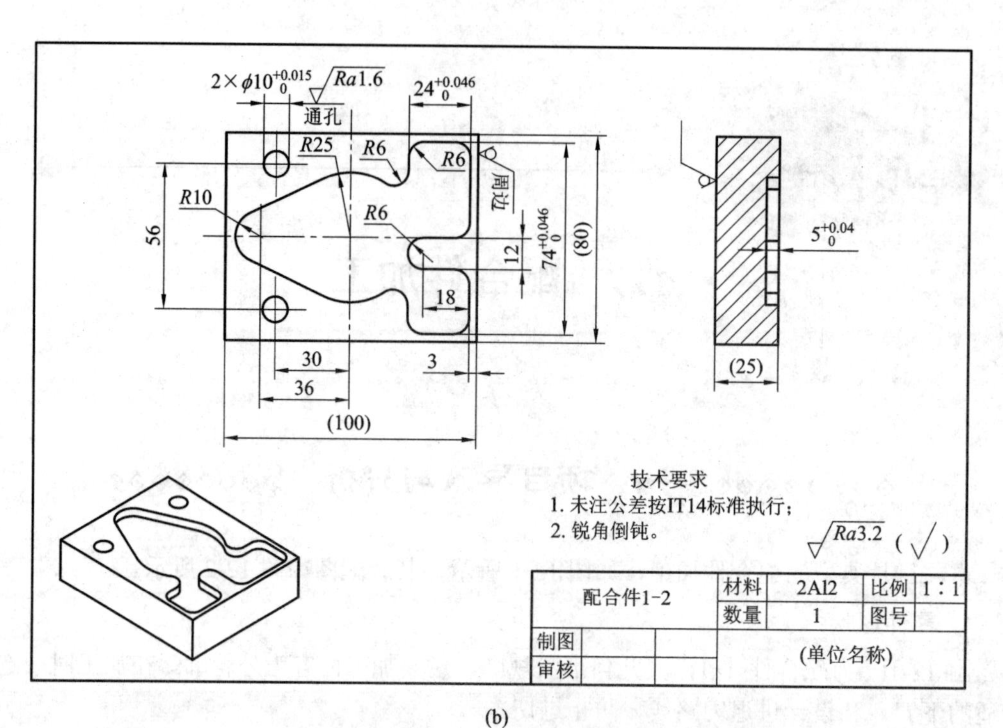

(b)

图 12-1　配合件一零件图

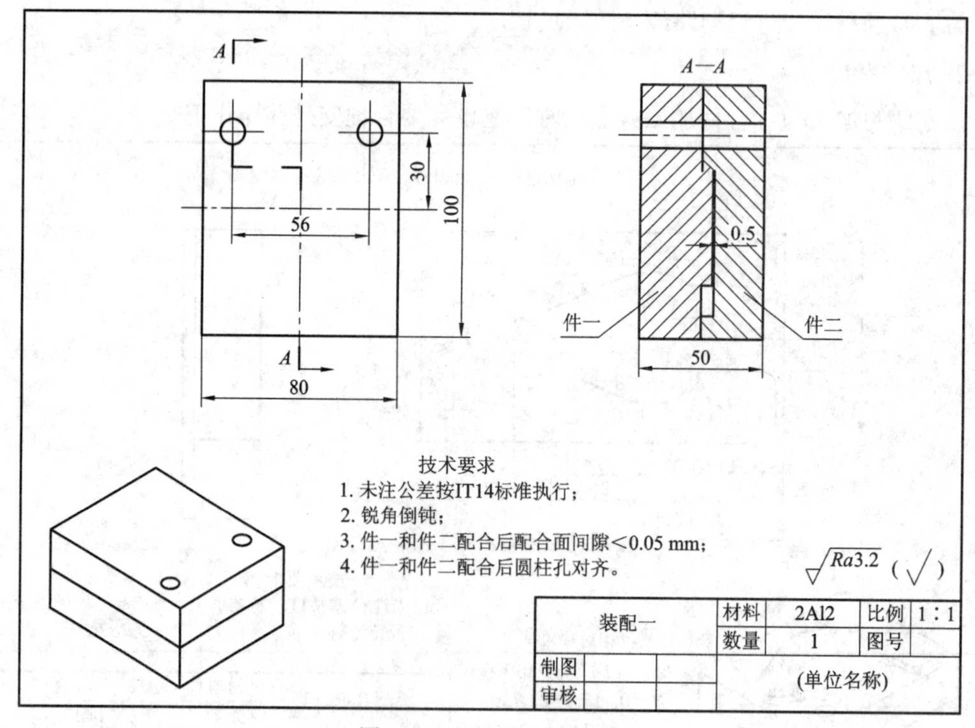

图 12-2　配合件一装配图

3. 表面粗糙度

本项目零件所有外形铣削的表面粗糙度 Ra 值均为 3.2 μm。

4. 技术要求

锐角倒钝。

◇◇◇◇◇◇◇◇◇ 二、项目目标 ◇◇◇◇◇◇◇◇◇

(1) 读懂二维轮廓零件图；掌握零件工艺分析步骤、切削用量的计算、二维轮廓零件的加工、工件的合理装夹定位以及二维轮廓编程加工方法。

(2) 根据工艺要求，掌握通孔的加工方案；会选择加工通孔的刀具及合理的切削用量；掌握钻孔走刀路线。

(3) 能够控制零件的尺寸精度、配合精度、形位公差。

◇◇◇◇◇◇◇◇◇ 三、项目准备 ◇◇◇◇◇◇◇◇◇

1. 设备准备

本项目所需设备见表 12-1。

表 12-1 设备准备建议清单

序 号	名 称	机床型号	数 量
1	数控铣床	VDL600	1 台/2 人
2	机用虎钳	相应型号	1 台/工位
3	锁刀座	LD-BT40A	2 只/车间

2. 毛坯准备

按图 12-1 所示的要求备料，材料清单见表 12-2。

表 12-2 毛坯准备建议清单

序 号	材 料	规格/mm	数 量
1	2Al2	100 × 80 × 30	1 件/人

3. 工、量、刃具准备

本项目工、量、刃具准备清单见表 12-3。

表 12-3 工、量、刃具准备建议清单

类 别	序 号	名 称	规格或型号	精度/mm	数 量
工具	1	机用虎钳扳手	配套		1 个/工位
	2	卸刀扳手	ER32		2 个
	3	等高垫铁	根据机用平口钳和工件自定		1 副
	4	锉刀、油石			自定

续表

类别	序号	名称	规格或型号	精度/mm	数量
量具	1	外径千分尺	50～75、75～100	0.01	各1把
	2	游标卡尺	0～150	0.02	1把
	3	深度千分尺	0～50	0.01	1把
	4	杠杆百分表	0～0.8	0.01	1个
	5	磁力表座			1个
	6	机械偏摆式寻边器			
	7	Z轴设定器	ZDI-50	0.01	1个
刃具	1	平面铣刀刀片	SENN1203-AFTN1		6片
	2	钻头	ϕ9.7		1个
	3	立铣刀	ϕ10、ϕ16		各1支
	4	铰刀	ϕ10		1把
	5	中心钻	A3		1个

◇◇◇◇◇◇◇◇◇ 四、项目实施 ◇◇◇◇◇◇◇◇◇

【工作任务分解】

任务一　配合尺寸公差等级。
任务二　配合零件工艺分析。
任务三　工件加工。

任务一　配合尺寸公差等级

【知识链接】

选择尺寸公差等级的实质就是要具体解决机械零件使用要求与制造工艺及成本之间的矛盾。

选择公差等级的原则是：在满足零件使用要求的前提下，尽可能选用较低的公差等级。精度要求应与生产的可能性协调一致。

公差等级的选择依据是不同用途对产品所提出的精度要求和保证使用要求的配合特性。无论是过盈配合还是间隙配合，配合公差等于根据配合要求所确定的过盈量或间隙量的变动范围。

下面是配合尺寸公差等级一般的应用情况，可供选择时参考。

(1) 公差等级IT5：使用得比较少，用于间隙或过盈的一致性要求比较高的特别精密的配合。

(2) 公差等级 IT6 和 IT7：用于机构的重要配合。在这种联结中，为了保证零件的机械强度、精确位移、平稳运行、联结的密封和其他性能，以及保证零件装配的需要，在间隙或过盈方面对配合提出了较高的要求。

(3) 公差等级 IT8 和 IT9：用于间隙或过盈的一致性要求较低，但能保证零件完成一定使用功能(传力、位移等)的配合，也用于保证中等装配精度的配合。

(4) 公差等级 IT10：用于与 IT9 情况相同的间隙配合。若为了降低零件加工成本，可扩大公差，而且装配或使用条件又允许结合间隙的波动范围略微加大。

(5) 公差等级 IT11 和 IT12：用于需要大间隙且允许间隙有很大波动(粗装配)的配合中。

由上可见，孔、轴配合尺寸的公差等级或公差影响间隙或过盈的变动，即影响配合的一致性与稳定性，所以应根据配合所要求的特性和重要程度选择孔、轴的公差等级。

表 12-4 为公差在基孔制配合中的应用及特性说明。

表 12-4　公差在基孔制配合中的应用及特性说明

配合(基孔制)	基本偏差	配合特性及应用	优先配合	
			基孔制	基轴制
间隙配合	ab	可得到特别大的间隙，应用很少		
	c	可得到很大的间隙，一般适用于缓慢、松弛的动配合	H11/c11	C11/h11
	d	一般用于 IT7～IT11 级公差配合，适用于松的转动配合	H9/d9	D9/h9
	e	多用于 IT7～IT11 级公差配合，适用于要求有明显间隙、易于转动的支承等配合		
	f	多用于 IT6～IT8 级公差的一般转动配合	H8/f7	F8/h7
	g	配合间隙很小，制造成本高，除很轻负荷的精密装置外，不推荐用于转动配合，多用于 IT5～IT7 级公差配合，最适合不回转的精密滑动配合，也用于插销等定位配合	H7/g6	G7/h6
	h	多用于 IT4～IT11 级公差配合，广泛用于无相对转动的零件，作为一般的定位配合	H7/h6、H8/h7、H9/h8、H11/h11	H7/h6、H8/h7、H9/h8、H11/h11
过渡配合	js	为完全对称偏差(±IT/2)，平均起来为稍有间隙的配合，多用于 IT4～IT7 级公差配合，要求间隙比 h 轴小，并允许略有过盈的定位配合		
	k	平均起来没有间隙的配合，适用于 IT4～IT7 级公差配合，推荐用于稍有过盈的定位配合	H7/k6	K7/h6
	m	平均起来具有不大过盈的过渡配合，适用于 IT4～IT7 级公差配合，一般可用木锤装配，但在最大过盈时，要求相当的压入力		
	n	平均过盈比 m 轴稍大，很少得到间隙，适用于 IT4～IT7 级公差配合，用锤或压力机装配，通常推荐用于紧密的组件配合	H7/n6	N7/h6

续表

配合(基孔制)	基本偏差	配合特性及应用	优先配合	
			基孔制	基轴制
过盈配合	p	与 H6 或 H7 配合时是过盈性配合，与 H8 孔配合时则为过渡配合	H7/p6	P7/h6
	r	对铁类零件为中等打入的配合，对非铁类零件为轻打入的配合，当需要时可以拆卸与 H8 孔配合		
	s	用于钢和铁制零件的永久性和半永久性装配，可产生相当大的结合力	H7/s6	S7/h6
	tu、vxyz	过盈量依次增大，一般不推荐	H7/u6	U7/h6

【任务实施】

1. 通过任务书、多媒体教学以及教师演示等方式，了解基孔制配合的含义。
2. 以小组为单位，讨论并查阅资料，进一步了解基孔制配合的运用。

任务二　配合零件工艺分析

【知识链接】

1. 工艺分析

图 12-1(a)所示的零件为配合件的凸形零件，通过图纸可以看出此凸形件的尺寸公差为负公差，公差范围也比较大，为了使其与凹形件配合，在加工时应尽量使实际加工尺寸接近下偏差。这个零件图形不是对称的，所以在建立工件坐标系时要注意，所对应的坐标点需要计算。在安装工件时，工件要放在钳口中间部位。在安装台虎钳时，要对它的固定钳口找正，工件被加工部分要高出钳口，避免刀具在钳口发生干涉。在安装工件时，注意工件上浮。将工件坐标系 G54 建立在工件上表面。

针对零件图样要求给出加工工序：

(1) 铣上表面，保证厚度尺寸为 30 mm(未注公差要求)，选用ϕ63 面铣刀(T1)。

(2) 粗铣外轮廓，选用ϕ10 粗加工立铣刀(T2)。

(3) 半精铣外轮廓，选用ϕ10 精加工立铣刀(T3)。

(4) 精铣外轮廓，保证轮廓尺寸和深度尺寸(T3)。

(5) 预钻ϕ10 点孔，选用 A3 中心钻(T4)。

(6) 钻ϕ10 通孔，选用ϕ9.7 钻头(T5)。

(7) 铰ϕ10 通孔，选用ϕ10 铰刀(T6)。

(8) 锐角倒钝，拆工件。

图 12-1(b)所示的零件为配合件的凹形零件，通过图纸可以看出此凹形件的尺寸公差为正公差，公差范围也比较大，为了使其与凸形件配合，在加工时应尽量使实际加工尺寸接

近上偏差。在加工过程中要注意下刀位置和下刀速度。因为是内轮廓，在下刀时要注意位置，防止过切现象；要在工件表面下刀，所以要降低下刀速度。

针对零件图样给出加工工序：

(1) 铣上表面，保证厚度尺寸为 25 mm(未注公差要求)，选用ϕ30 面铣刀(T1)。

(2) 粗铣内轮廓，选用ϕ10 粗加工立铣刀(T2)。

(3) 半精铣内轮廓，选用ϕ10 精加工立铣刀(T3)。

(4) 精铣内轮廓，保证轮廓尺寸和深度尺寸(T3)。

(5) 预装配，调整。

(6) 预钻ϕ10 点孔，选用 A3 中心钻(T4)。

(7) 钻ϕ10 通孔，选用ϕ9.7 钻头(T5)。

(8) 铰ϕ10 通孔，选用ϕ10 铰刀(T6)。

(9) 锐角倒钝，拆工件。

2. 刀具选择

加工工序中采用的刀具为ϕ63 面铣刀、ϕ10 粗加工立铣刀、ϕ10 精加工立铣刀、A3 中心钻、ϕ9.8 钻头、ϕ10 铰刀。

3. 加工方案的确定

各工序刀具的切削参数见表 12-5。

表 12-5 数控加工工艺卡片

工步	加工内容	刀具			切削深度 a_p/mm	切削速度 v_c/(m/min)	主轴转速 S/(r/min)	进给速度 v_f/(mm/min)	刀具补偿号
		刀号	名称	直径/mm					
	平口钳装夹工件并找正								
1	铣上表面	T1	面铣刀	ϕ63	0.5	100	500	300	D1
2	粗铣外轮廓	T2	立铣刀	ϕ10	5	30	1000	120	D2
3	半精铣外轮廓	T3	立铣刀	ϕ10	5	30	1200	120	D3
4	精铣外轮廓	T3	立铣刀	ϕ10	5	30	1200	120	D3
5	预钻ϕ10 点孔	T4	中心钻	A3	5	30	1000	120	D4
6	钻ϕ10 通孔	T5	钻头	ϕ9.7	5	20	600	50	D5
7	铰ϕ10 通孔	T6	铰刀	ϕ10	5	5	150	50	D6
8	换装工件并找正								
9	铣上表面	T1	面铣刀	ϕ63	5	100	500	300	D1
10	粗铣内轮廓	T2	立铣刀	ϕ10	5	30	1000	120	D2
11	半精铣内轮廓	T3	立铣刀	ϕ10	5	36	1200	120	D3
12	精铣内轮廓	T3	立铣刀	ϕ10	5	36	1200	120	D3
13	预装配及调整精加工								
14	预钻ϕ10 点孔	T4	中心钻	A3	5	30	1000	30	D4
15	钻ϕ10 通孔	T5	钻头	ϕ9.7	5	20	600	50	D5
16	铰ϕ10 通孔	T6	铰刀	ϕ10	5	5	150	50	D6

【任务实施】

1．通过任务书、多媒体教学以及教师演示等方式，学会分析配合件的加工工艺。

2．以小组为单位，讨论并制订本项目工件的加工工艺卡片。

任务三　工件加工

【任务实施】

1．通过任务书、多媒体教学以及教师演示等方式，学会零件加工的方法。

2．以小组为单位，进行铣削加工(加工参考程序见表 12-6 和表 12-7)，控制轮廓尺寸及公差。

表 12-6　配合件 1-1 的加工参考程序

程　序	说　明
O0001 ;	程序名
N102 G0 G17 G21 G40 G49 G80 G90 ;	安全语句
N104 G0 G90 G54 X-29. Y-47. S1000 M3 ;	定义工件坐标系、进刀位置，主轴转
N106 Z100. ;	定义安全平面
N108 Z5. ;	快速下刀
N110 G1 Z-4.5. F30. ;	工进下刀至加工深度
N112 G1 G41 D1 X-19. F120. ;	建立刀具半径左补偿
N114 G3 X-29. Y-37. I-10. J0. ;	圆弧插补
N116 G1 X-41. ;	直线插补
N118 G2 X-47. Y-31. I0. J6. ;	圆弧插补
N120 G1 Y-18. ;	直线插补
N122 G2 X-41. Y-12. I6. J0. ;	圆弧插补
N124 G1 X-29. ;	直线插补
N126 G3 X-23. Y-6. I0. J6. ;	圆弧插补
N128 X-29. Y0. I-6. J0. ;	圆弧插补
N130 G1 X-41. ;	直线插补
N132 G2 X-47. Y6. I0. J6. ;	圆弧插补
N134 G1 Y31. ;	直线插补
N136 G2 X-41. Y37. I6. J0. ;	圆弧插补
N138 G1 X-29. ;	直线插补
N140 G2 X-23. Y31. I0. J-6. ;	圆弧插补

续表

程　　序	说　　明
N142 G1 Y25.923 ;	直线插补
N144 G3 X-17. Y19.923 I6. J0. ;	圆弧插补
N146 X-13.71 Y20.906 I0. J6. ;	圆弧插补
N148 G2 X0. Y25. I13.71 J-20.906 ;	圆弧插补
N150 X10.417 Y22.726 I0. J-25. ;	圆弧插补
N152 G1 X40.167 Y9.091 ;	直线插补
N154 G2 X46.001 Y0. I-4.167 J-9.091 ;	圆弧插补
N156 X40.167 Y-9.091 I-10.001 J0. ;	圆弧插补
N158 G1 X10.417 Y-22.726 ;	直线插补
N160 G2 X0. Y-25. I-10.417 J22.726 ;	圆弧插补
N162 X-13.71 Y-20.906 I0. J25. ;	圆弧插补
N164 G3 X-17. Y-19.923 I-3.29 J-5.017 ;	圆弧插补
N166 X-23. Y-25.923 I0. J-6. ;	圆弧插补
N168 G1 Y-31. ;	直线插补
N170 G2 X-29. Y-37. I-6. J0. ;	圆弧插补
N172 G3 X-39. Y-47. I0. J-10. ;	圆弧插补
N174 G1 G40 X-29. ;	取消刀具补偿
N176 G0 Z100. ;	刀具快速回退到安全平面
N178 M5 ;	主轴停止
N180 G91 G28 Y0. ;	工作台回退到近身侧
N182 M30 ;	程序结束

表 12-7　配合件 1-2 的加工参考程序

程　　序	说　　明
O0002 ;	程序名
N102 G0 G17 G21 G40 G49 G80 G90 ;	安全语句
N104 G0 G90 G54 X29. Y10. S1000 M3 ;	定义工件坐标系、进刀位置，主轴转
N106 Z100. ;	定义安全平面
N108 Z5. ;	快速下刀
N110 G1 Z-4.5. F30. ;	工进下刀至加工深度
N112 G1 G41 D1 X19. F120. ;	建立刀具半径左补偿
N114 G3 X29. Y0. I10. J0. ;	圆弧插补
N116 G1 X41. ;	直线插补

续表

程　　序	说　　明
N118 G3 X47. Y6. I0. J6. ;	圆弧插补
N120 G1 Y31. ;	直线插补
N122 G3 X41. Y37. I-6. J0. ;	圆弧插补
N124 G1 X29. ;	直线插补
N126 G3 X23. Y31. I0. J-6. ;	圆弧插补
N128 G1 Y25.923 ;	直线插补
N130 G2 X17. Y19.923 I-6. J0. ;	圆弧插补
N132 X13.71 Y20.906 I0. J6. ;	圆弧插补
N134 G3 X0. Y25. I-13.71 J-20.906 ;	圆弧插补
N136 X-10.417 Y22.726 I0. J-25. ;	圆弧插补
N138 G1 X-40.167 Y9.091 ;	直线插补
N140 G3 X-46.001 Y0. I4.167 J-9.091 ;	圆弧插补
N142 X-40.167 Y-9.091 I10.001 J0. ;	圆弧插补
N144 G1 X-10.417 Y-22.726 ;	直线插补
N146 G3 X0. Y-25. I10.417 J22.726 ;	圆弧插补
N148 X13.71 Y-20.906 I0. J25. ;	圆弧插补
N150 G2 X17. Y-19.923 I3.29 J-5.017 ;	圆弧插补
N152 X23. Y-25.923 I0. J-6. ;	圆弧插补
N154 G1 Y-31. ;	直线插补
N156 G3 X29. Y-37. I6. J0. ;	圆弧插补
N158 G1 X41. ;	直线插补
N160 G3 X47. Y-31. I0. J6. ;	圆弧插补
N162 G1 Y-18. ;	直线插补
N164 G3 X41. Y-12. I-6. J0. ;	圆弧插补
N166 G1 X29. ;	直线插补
N168 G2 X23. Y-6. I0. J6. ;	圆弧插补
N170 X29. Y0. I6. J0. ;	圆弧插补
N172 G3 X39. Y10. I0. J10. ;	圆弧插补
N174 G1 G40 X29. ;	取消刀具补偿
N176 G0 Z100. ;	刀具快速回退到安全平面
N178 M5 ;	主轴停止
N180 G91 G28 Y0. ;	工作台回退到近身侧
N182 M30 ;	程序结束

◇◇◇◇◇◇◇◇◇ 五、项目评价 ◇◇◇◇◇◇◇◇◇

1. 操作过程评价

请考评员认真填写“现场工作任务考核评价记录表”。

现场工作任务考核评价记录表

姓　名：____________　　　　　　　　　　学　　号：____________

班　级：____________　　　　　　　　　　工件编号：____________

序号	考核内容	考核方法	考核评定			考核记录
			优秀(5分)	合格(2分)	不合格(0分)	
1	熟悉实训基地内的数控铣床设备	(1) 会正确识别数控加工机床的型号	□	□	□	
		(2) 会正确识别数控铣床的主要结构	□	□	□	
		(3) 会正确阐述数控铣床的工作原理	□	□	□	
总分：　　分						
2	生产场所“7S”	(1) 工、量、刃具的放置是否依规定摆放整齐	□	□	□	
		(2) 会正确使用工、量具	□	□	□	
		(3) 会保持工作场地的干净整洁	□	□	□	
		(4) 有团队精神，遵守车间生产的规章制度	□	□	□	
		(5) 作业人员有较强的安全意识，能及时报告并消除有安全隐患的因素	□	□	□	
		(6) 作业人员有较强的节约意识	□	□	□	
		(7) 会对数控铣床正确进行日常维护和保养	□	□	□	
总分：　　分						
3	刀具安装	(1) 刀具安装顺序正确	□	□	□	
		(2) 拆装姿势和力度规范	□	□	□	
		(3) 刀具装夹位置正确	□	□	□	
总分：　　分						
4	工件安装及对刀找正	(1) 机床操作规范、熟练	□	□	□	
		(2) 工件装夹正确、规范	□	□	□	
		(3) 会熟练操作控制面板	□	□	□	
		(4) 会正确选择工件坐标系	□	□	□	
		(5) 熟悉对刀步骤	□	□	□	

续表

序号	考核内容	考 核 方 法	考核评定			考核记录
			优秀(5分)	合格(2分)	不合格(0分)	
4	工件安装及对刀找正	(6) 在规定时间内完成对刀流程	□	□	□	
		(7) 操作过程中行为、纪律表现	□	□	□	
		(8) 安全文明生产	□	□	□	
		(9) 设备维护保养正确	□	□	□	
总分： 分						
5	手工程序输入(EDIT)及校验	(1) 知道基本指令的功能	□	□	□	
		(2) 熟悉手工程序输入的过程	□	□	□	
		(3) 熟悉手工程序校验的过程	□	□	□	
总分： 分						
6	制订加工工艺卡片	(1) 知道基本指令的功能	□	□	□	
		(2) 会正确制订切削加工工艺卡片	□	□	□	
		(3) 会合理选择切削用量	□	□	□	
		(4) 会正确选择工件坐标系	□	□	□	
		(5) 所编写的程序正确、简单、规范	□	□	□	
总分： 分						
7	工件加工	(1) 机床操作规范、熟练	□	□	□	
		(2) 刀具选择与装夹正确、规范	□	□	□	
		(3) 工件装夹、找正正确、规范	□	□	□	
		(4) 正确选择工件坐标系，对刀正确、规范	□	□	□	
		(5) 切削加工工艺制订正确	□	□	□	
		(6) 正确输入和校验加工程序	□	□	□	
		(7) 操作过程中行为、纪律表现	□	□	□	
		(8) 安全文明生产	□	□	□	
		(9) 设备维护保养正确	□	□	□	
总分： 分						

加工总时间：________

总　　分：________

考评员签字：________

日　　期：________

2. 自我评价

学生对自己进行自我评价，并填写下表。

自 我 评 价

项　　目	发现的问题及现象	产生的原因	解决方法
工艺编制			
程序编制			
刀具选择及加工参数			
机床操作加工			
零件质量			
安全生产及文明生产			

3. 工件质量检测评价

请检测员填写“工件质量检测评价表”。

工件质量检测评价表

项目	序号	技术要求	配　分	评分标准	检测记录	得分
工件 (70分)	1	$24_{-0.12}^{-0.08}$	10	超差不得分		
	2	$74_{-0.12}^{-0.08}$	10	超差不得分		
	3	$2\times\phi10_{0}^{+0.015}$	15	超差不得分		
	4	$4.5_{-0.04}^{0}$	5	超差不得分		
	5	$24_{0}^{+0.046}$	10	超差不得分		
	6	$74_{0}^{+0.046}$	10	超差不得分		
	7	$5_{0}^{+0.04}$	5	超差不得分		
	8	$Ra3.2\ \mu m$	5	未做不得分		
程序(10分)	9	程序正确合理	10	视严重性，不合理每处扣1～3分		
操作(10分)	10	机床操作规范	10	视严重性，不合理每处扣1～3分		
工件完整(10分)	11	工件按时加工完成	10	超10分钟扣3分		
缺陷	12	工件缺陷、尺寸误差0.5以上、外形与图纸不符	倒扣分	倒扣3分/处		
文明生产	13	人身、机床、刀具安全		倒扣5～20分/每次		

【拓展训练】

运用所学知识，编写图 12-3 所示零件(其装配图如图 12-4 所示)的加工程序并校验。

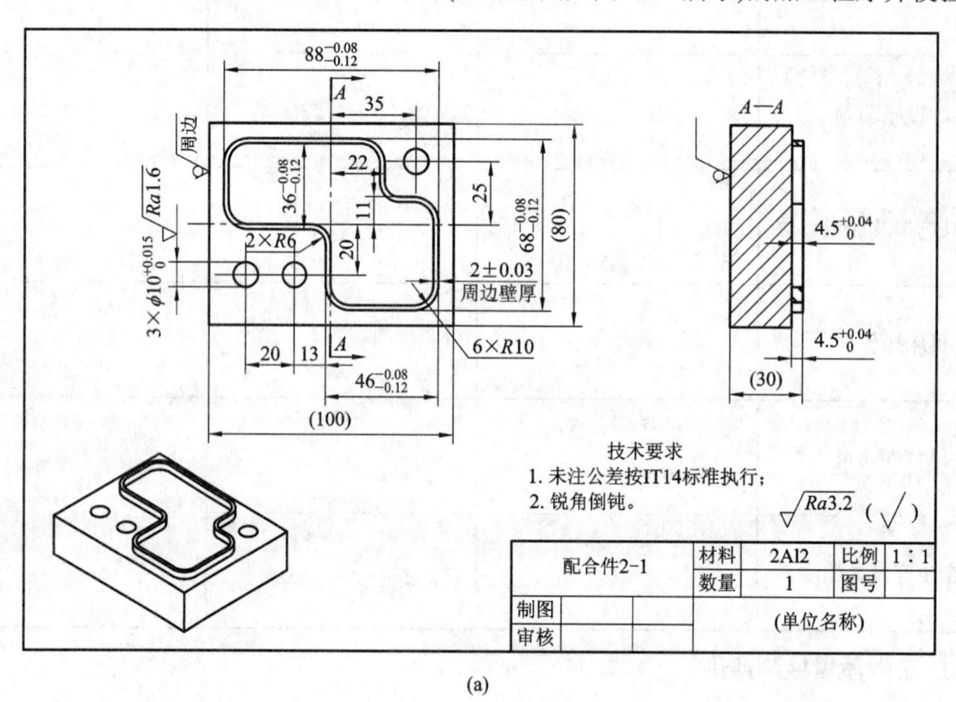

(a)

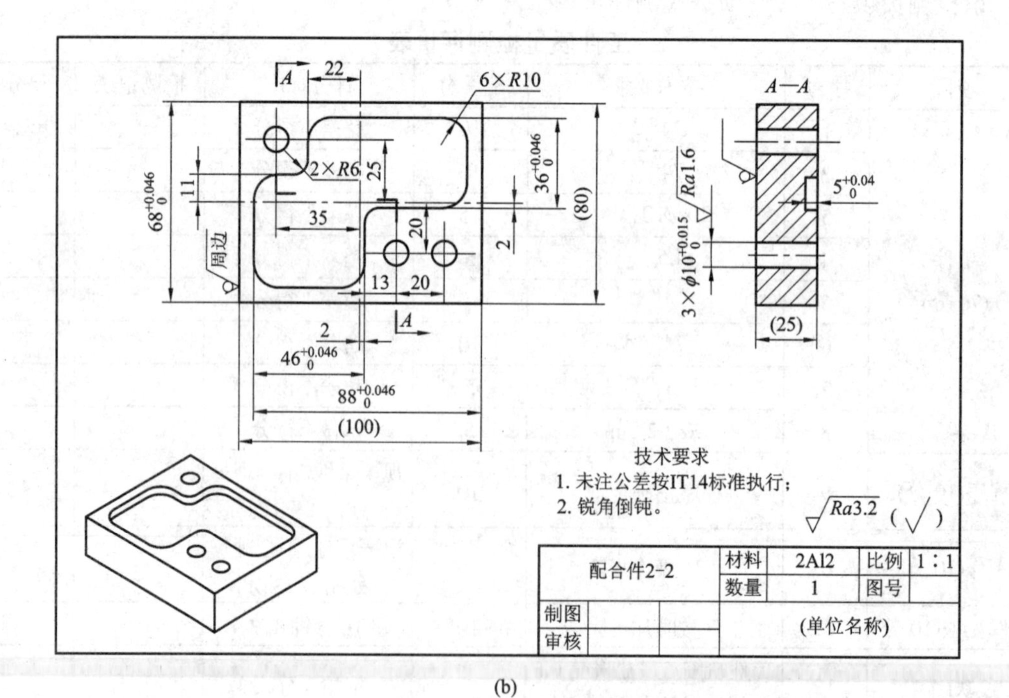

(b)

图 12-3　配合件二零件图

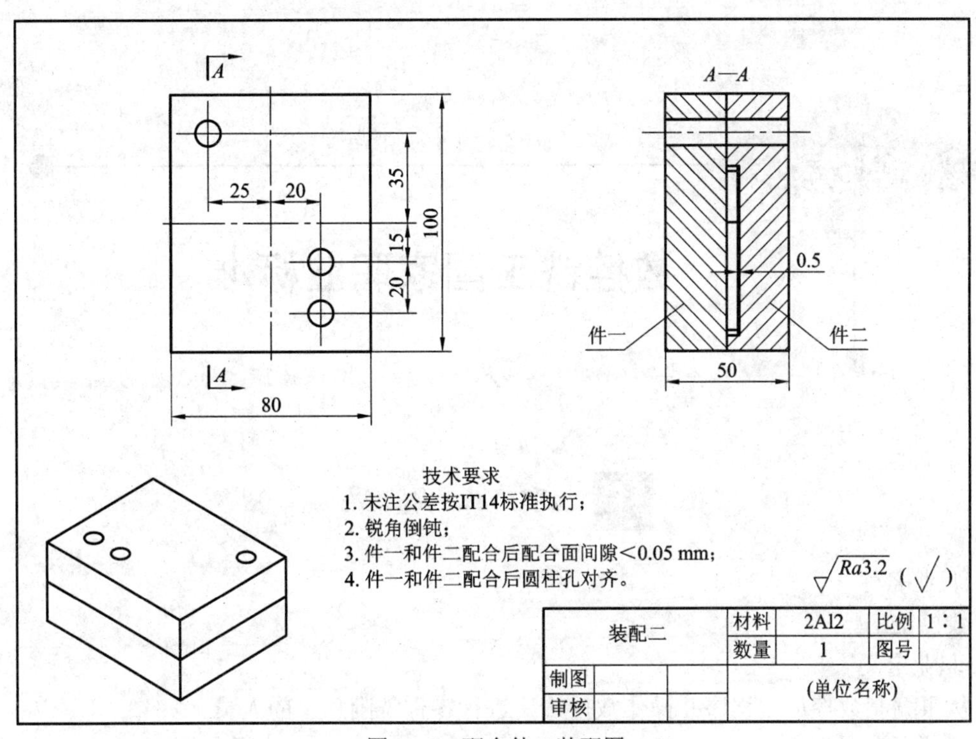

图 12-4　配合件二装配图

附录

数控铣工国家职业标准

1 职业概况

1.1 职业名称

数控铣工。

1.2 职业定义

从事编制数控加工程序并操作数控铣床进行零件铣削加工的人员。

1.3 职业等级

本职业共设四个等级，分别为：中级(国家职业资格四级)、高级(国家职业资格三级)、技师(国家职业资格二级)、高级技师(国家职业资格一级)。

1.4 职业环境

室内、常温。

1.5 职业能力特征

具有较强的计算能力和空间感，形体知觉及色觉正常，手指、手臂灵活，动作协调。

1.6 基本文化程度

高中毕业(或同等学历)。

1.7 培训要求

1.7.1 培训期限

全日制职业学校教育，根据其培养目标和教学计划确定。晋级培训期限：中级不少于400标准学时；高级不少于300标准学时；技师不少于300标准学时；高级技师不少于300标准学时。

1.7.2 培训教师

培训中、高级人员的教师应取得本职业技师及以上职业资格证书或相关专业中级及以上专业技术职称任职资格；培训技师的教师应取得本职业高级技师职业资格证书或相关专业高级专业技术职称任职资格；培训高级技师的教师应取得本职业高级技师职业资格证书2年以上或取得相关专业高级专业技术职称任职资格2年以上。

1.7.3 培训场地设备

满足教学要求的标准教室、计算机机房及配套的软件、数控铣床及必要的刀具、夹具、量具和辅助设备等。

1.8 鉴定要求

1.8.1 适用对象

从事或准备从事本职业的人员。

1.8.2 申报条件

——中级：(具备以下条件之一者)

(1) 经本职业中级正规培训达规定标准学时数，并取得结业证书。

(2) 连续从事本职业工作 5 年以上。

(3) 取得经劳动保障行政部门审核认定的，以中级技能为培养目标的中等以上职业学校本职业(或相关专业)毕业证书。

(4) 取得相关职业中级《职业资格证书》后，连续从事本职业工作 2 年以上。

——高级：(具备以下条件之一者)

(1) 取得本职业中级职业资格证书后，连续从事本职业工作 2 年以上，经本职业高级正规培训，达到规定标准学时数，并取得结业证书。

(2) 取得本职业中级职业资格证书后，连续从事本职业工作 4 年以上。

(3) 取得劳动保障行政部门审核认定的，以高级技能为培养目标的职业学校本职业(或相关专业)毕业证书。

(4) 大专以上本专业或相关专业毕业生，经本职业高级正规培训，达到规定标准学时数，并取得结业证书。

——技师：(具备以下条件之一者)

(1) 取得本职业高级职业资格证书后，连续从事本职业工作 4 年以上，经本职业技师正规培训达规定标准学时数，并取得结业证书。

(2) 取得本职业高级职业资格证书的职业学校本职业(专业)毕业生，连续从事本职业工作 2 年以上，经本职业技师正规培训达规定标准学时数，并取得结业证书。

(3) 取得本职业高级职业资格证书的本科(含本科)以上本专业或相关专业的毕业生，连续从事本职业工作 2 年以上，经本职业技师正规培训达规定标准学时数，并取得结业证书。

——高级技师：

取得本职业技师职业资格证书后，连续从事本职业工作 4 年以上，经本职业高级技师正规培训达规定标准学时数，并取得结业证书。

1.8.3 鉴定方式

分为理论知识考试和技能操作考核。理论知识考试采用闭卷方式，技能操作(含软件应用)考核采用现场实际操作和计算机软件操作方式。理论知识考试和技能操作(含软件应用)考核均实行百分制，成绩皆达 60 分及以上者为合格。技师和高级技师还需进行综合评审。

1.8.4 考评人员与考生配比

理论知识考试考评人员与考生配比为 1∶15，每个标准教室不少于 2 名相应级别的考评员；技能操作(含软件应用)考核考评员与考生配比为 1∶2，且不少于 3 名相应级别的考评员；综合评审委员不少于 5 人。

1.8.5 鉴定时间

理论知识考试为 120 分钟，技能操作考核中实操时间为：中级、高级不少于 240 分钟，技师和高级技师不少于 300 分钟，技能操作考核中软件应用考试时间不超过 120 分钟，技师和高级技师的综合评审时间不少于45分钟。

1.8.6 鉴定场所设备

理论知识考试在标准教室里进行，软件应用考试在计算机机房中进行，技能操作考核在配备必要的数控铣床及必要的刀具、夹具、量具和辅助设备的场所进行。

2 基本要求

2.1 职业道德

2.1.1 职业道德基本知识

2.1.2 职业守则

(1) 遵守国家法律、法规和有关规定；

(2) 具有高度的责任心、爱岗敬业、团结合作；

(3) 严格执行相关标准、工作程序与规范、工艺文件和安全操作规程；

(4) 学习新知识、新技能，勇于开拓和创新；

(5) 爱护设备、系统及工具、夹具、量具；

(6) 着装整洁，符合规定；保持工作环境清洁有序，文明生产。

2.2 基础知识

2.2.1 基础理论知识

(1) 机械制图；

(2) 工程材料及金属热处理知识；

(3) 机电控制知识；

(4) 计算机基础知识；

(5) 专业英语基础。

2.2.2 机械加工基础知识

(1) 机械原理；

(2) 常用设备知识(分类、用途、基本结构及维护保养方法)；

(3) 常用金属切削刀具知识；

(4) 典型零件加工工艺；

(5) 设备润滑和冷却液的使用方法；

(6) 工具、夹具、量具的使用与维护知识；

(7) 铣工、镗工基本操作知识。

2.2.3 安全文明生产与环境保护知识

(1) 安全操作与劳动保护知识；

(2) 文明生产知识；

(3) 环境保护知识。

2.2.4 质量管理知识

(1) 企业的质量方针；

(2) 岗位质量要求；

(3) 岗位质量保证措施与责任。

2.2.5　相关法律、法规知识

(1) 劳动法的相关知识；

(2) 环境保护法的相关知识；

(3) 知识产权保护法的相关知识。

3　工 作 要 求

本标准对中级、高级、技师和高级技师的技能要求依次递进，高级别涵盖低级别的要求。

3.1　中级

职业功能	工作内容	技 能 要 求	相 关 知 识
一、加工准备	(一) 读图与绘图	(1) 能读懂中等复杂程度(如凸轮、壳体、板状、支架)的零件图； (2) 能绘制有沟槽、台阶、斜面、曲面的简单零件图； (3) 能读懂分度头尾架、弹簧夹头套筒、可转位铣刀结构等简单机构装配图	(1) 复杂零件的表达方法； (2) 简单零件图的画法； (3) 零件三视图、局部视图和剖视图的画法
	(二) 制订加工工艺	(1) 能读懂复杂零件的铣削加工工艺文件； (2) 能编制由直线、圆弧等构成的二维轮廓零件的铣削加工工艺文件	(1) 数控加工工艺知识； (2) 数控加工工艺文件的制订方法
	(三) 零件定位与装夹	(1) 能使用铣削加工常用夹具(如压板、虎钳、平口钳等)装夹零件； (2) 能够选择定位基准，并找正零件	(1) 常用夹具的使用方法； (2) 定位与夹紧的原理和方法； (3) 零件找正的方法
	(四) 刀具准备	(1) 能够根据数控加工工艺文件选择、安装和调整数控铣床常用刀具； (2) 能根据数控铣床特性、零件材料、加工精度、工作效率等选择刀具和刀具几何参数，并确定数控加工需要的切削参数和切削用量； (3) 能够利用数控铣床的功能，借助通用量具或对刀仪测量刀具的半径及长度； (4) 能选择、安装和使用刀柄； (5) 能够刃磨常用刀具	(1) 金属切削与刀具磨损知识； (2) 数控铣床常用刀具的种类、结构、材料和特点； (3) 数控铣床、零件材料、加工精度和工作效率对刀具的要求； (4) 刀具长度补偿、半径补偿等刀具参数的设置知识； (5) 刀柄的分类和使用方法； (6) 刀具刃磨的方法

续表一

职业功能	工作内容	技能要求	相关知识
二、数控编程	(一) 手工编程	(1) 能编制由直线、圆弧组成的二维轮廓数控加工程序； (2) 能够运用固定循环、子程序进行零件的加工程序编制	(1) 数控编程知识； (2) 直线插补和圆弧插补的原理； (3) 节点的计算方法
	(二) 计算机辅助编程	(1) 能够使用 CAD/CAM 软件绘制简单零件图； (2) 能够利用 CAD/CAM 软件完成简单平面轮廓的铣削程序	(1) CAD/CAM 软件的使用方法； (2) 平面轮廓的绘图与加工代码生成方法
三、数控铣床操作	(一) 操作面板	(1) 能够按照操作规程启动及停止机床； (2) 能使用操作面板上的常用功能键(如回零、手动、MDI、修调等)	(1) 数控铣床操作说明书； (2) 数控铣床操作面板的使用方法
	(二) 程序输入与编辑	(1) 能够通过各种途径(如 DNC、网络)输入加工程序； (2) 能够通过操作面板输入和编辑加工程序	(1) 数控加工程序的输入方法； (2) 数控加工程序的编辑方法
	(三) 对刀	(1) 能进行对刀并确定相关坐标系； (2) 能设置刀具参数	(1) 对刀的方法； (2) 坐标系的知识； (3) 建立刀具参数表或文件的方法
	(四) 程序调试与运行	能够进行程序检验、单步执行、空运行并完成零件试切	程序调试的方法
	(五) 参数设置	能够通过操作面板输入有关参数	数控系统中相关参数的输入方法
四、零件加工	(一) 平面加工	能够运用数控加工程序进行平面、垂直面、斜面、阶梯面等的铣削加工，并达到如下要求： ① 尺寸公差等级达 IT7 级； ② 形位公差等级达 IT8 级； ③ 表面粗糙度 *Ra* 达 3.2 μm	(1) 平面铣削的基本知识； (2) 刀具端刃的切削特点
	(二) 轮廓加工	能够运用数控加工程序进行由直线、圆弧组成的平面轮廓铣削加工，并达到如下要求： ① 尺寸公差等级达 IT8 级； ② 形位公差等级达 IT8 级； ③ 表面粗糙度 *Ra* 达 3.2 μm	(1) 平面轮廓铣削的基本知识； (2) 刀具侧刃的切削特点

续表二

职业功能	工作内容	技能要求	相关知识
四、零件加工	(三) 曲面加工	能够运用数控加工程序进行圆锥面、圆柱面等简单曲面的铣削加工，并达到如下要求： ① 尺寸公差等级达 IT8 级； ② 形位公差等级达 IT8 级； ③ 表面粗糙度 *Ra* 达 3.2 μm	(1) 曲面铣削的基本知识； (2) 球头刀具的切削特点
	(四) 孔类加工	能够运用数控加工程序进行孔加工，并达到如下要求： ① 尺寸公差等级达 IT7 级； ② 形位公差等级达 IT8 级； ③ 表面粗糙度 *Ra* 达 3.2 μm	麻花钻、扩孔钻、丝锥、镗刀及铰刀的加工方法
	(五) 槽类加工	能够运用数控加工程序进行槽、键槽的加工，并达到如下要求： ① 尺寸公差等级达 IT8 级； ② 形位公差等级达 IT8 级； ③ 表面粗糙度 *Ra* 达 3.2 μm	槽、键槽的加工方法
	(六) 精度检验	能够使用常用量具进行零件的精度检验	(1) 常用量具的使用方法； (2) 零件精度检验及测量方法
五、维护与故障诊断	(一) 机床日常维护	能够根据说明书完成数控铣床的定期及不定期维护保养，包括：机械、电、气、液压、数控系统检查和日常保养等	(1) 数控铣床说明书； (2) 数控铣床日常保养方法； (3) 数控铣床操作规程； (4) 数控系统(进口、国产数控系统)说明书
	(二) 机床故障诊断	(1) 能读懂数控系统的报警信息； (2) 能发现数控铣床的一般故障	(1) 数控系统的报警信息； (2) 机床的故障诊断方法
	(三) 机床精度检查	能进行机床水平的检查	(1) 水平仪的使用方法； (2) 机床垫铁的调整方法

3.2　高级

职业功能	工作内容	技能要求	相关知识
一、加工准备	(一) 读图与绘图	(1) 能读懂装配图并拆画零件图； (2) 能够测绘零件； (3) 能够读懂数控铣床主轴系统、进给系统的机构装配图	(1) 根据装配图拆画零件图的方法； (2) 零件的测绘方法； (3) 数控铣床主轴与进给系统基本构造知识
	(二) 制订加工工艺	能编制二维、简单三维曲面零件的铣削加工工艺文件	复杂零件数控加工工艺的制订
	(三) 零件定位与装夹	(1) 能选择和使用组合夹具和专用夹具； (2) 能选择和使用专用夹具装夹异型零件； (3) 能分析并计算夹具的定位误差； (4) 能够设计与自制装夹辅具(如轴套、定位件等)	(1) 数控铣床组合夹具和专用夹具的使用、调整方法； (2) 专用夹具的使用方法； (3) 夹具定位误差的分析与计算方法； (4) 装夹辅具的设计与制造方法
	(四) 刀具准备	(1) 能够选用专用工具(刀具和其他)； (2) 能够根据难加工材料的特点，选择刀具的材料、结构和几何参数	(1) 专用刀具的种类、用途、特点和刃磨方法； (2) 切削难加工材料时的刀具材料和几何参数的确定方法
二、数控编程	(一) 手工编程	(1) 能够编制较复杂的二维轮廓铣削程序； (2) 能够根据加工要求编制二次曲面的铣削程序； (3) 能够运用固定循环、子程序进行零件的加工程序编制； (4) 能够进行变量编程	(1) 较复杂二维节点的计算方法； (2) 二次曲面几何体外轮廓节点计算； (3) 固定循环和子程序的编程方法； (4) 变量编程的规则和方法
	(二) 计算机辅助编程	(1) 能够利用 CAD/CAM 软件进行中等复杂程度的实体造型(含曲面造型)； (2) 能够生成平面轮廓、平面区域、三维曲面、曲面轮廓、曲面区域、曲线的刀具轨迹； (3) 能进行刀具参数的设定； (4) 能进行加工参数的设置； (5) 能确定刀具的切入切出位置与轨迹； (6) 能够编辑刀具轨迹； (7) 能够根据不同的数控系统生成 G 代码	(1) 实体造型的方法； (2) 曲面造型的方法； (3) 刀具参数的设置方法； (4) 刀具轨迹生成的方法； (5) 各种材料切削用量的数据； (6) 有关刀具切入切出的方法对加工质量影响的知识； (7) 轨迹编辑的方法； (8) 后置处理程序的设置和使用方法
	(三) 数控加工仿真	能利用数控加工仿真软件实施加工过程仿真、加工代码检查与干涉检查	数控加工仿真软件的使用方法

续表一

职业功能	工作内容	技能要求	相关知识
三、数控铣床操作	(一) 程序调试与运行	能够在机床中断加工后正确恢复加工	程序的中断与恢复加工的方法
	(二) 参数设置	能够依据零件特点设置相关参数进行加工	数控系统参数设置方法
四、零件加工	(一) 平面铣削	能够编制数控加工程序铣削平面、垂直面、斜面、阶梯面等，并达到如下要求： ① 尺寸公差等级达 IT7 级； ② 形位公差等级达 IT8 级； ③ 表面粗糙度 *Ra* 达 3.2 μm	(1) 平面铣削精度控制方法； (2) 刀具端刃几何形状的选择方法
	(二) 轮廓加工	能够编制数控加工程序铣削较复杂的(如凸轮等)平面轮廓，并达到如下要求： ① 尺寸公差等级达 IT8 级； ② 形位公差等级达 IT8 级； ③ 表面粗糙度 *Ra* 达 3.2 μm	(1) 平面轮廓铣削的精度控制方法； (2) 刀具侧刃几何形状的选择方法
	(三) 曲面加工	能够编制数控加工程序铣削二次曲面，并达到如下要求： ① 尺寸公差等级达 IT8 级； ② 形位公差等级达 IT8 级； ③ 表面粗糙度 *Ra* 达 3.2 μm	(1) 二次曲面的计算方法； (2) 刀具影响曲面加工精度的因素以及控制方法
	(四) 孔系加工	能够编制数控加工程序对孔系进行切削加工，并达到如下要求： ① 尺寸公差等级达 IT7 级； ② 形位公差等级达 IT8 级； ③ 表面粗糙度 *Ra* 达 3.2 μm	麻花钻、扩孔钻、丝锥、镗刀及铰刀的加工方法
	(五) 深槽加工	能够编制数控加工程序进行深槽、三维槽的加工，并达到如下要求： ① 尺寸公差等级达 IT8 级； ② 形位公差等级达 IT8 级； ③ 表面粗糙度 *Ra* 达 3.2 μm	深槽、三维槽的加工方法
	(六) 配合件加工	能够编制数控加工程序进行配合件加工，尺寸配合公差等级达 IT8 级	(1) 配合件的加工方法； (2) 尺寸链换算的方法

续表二

职业功能	工作内容	技能要求	相关知识
四、零件加工	(七) 精度检验	(1) 能够利用数控系统的功能使用百(千)分表测量零件的精度； (2) 能对复杂、异形零件进行精度检验； (3) 能够根据测量结果分析产生误差的原因； (4) 能够通过修正刀具补偿值和修正程序来减少加工误差	(1) 复杂、异形零件的精度检验方法； (2) 产生加工误差的主要原因及其消除方法
五、维护与故障诊断	(一) 日常维护	能完成数控铣床的定期维护	数控铣床定期维护手册
	(二) 故障诊断	能排除数控铣床的常见机械故障	机床的常见机械故障诊断方法
	(三) 机床精度检验	能协助检验机床的各种出厂精度	机床精度的基本知识

3.3 技师

职业功能	工作内容	技能要求	相关知识
一、加工准备	(一) 读图与绘图	(1) 能绘制工装装配图； (2) 能读懂常用数控铣床的机械原理图及装配图	(1) 工装装配图的画法； (2) 常用数控铣床的机械原理图及装配图的画法
	(二) 制订加工工艺	(1) 能编制高难度、精密、薄壁零件的数控加工工艺规程； (2) 能对零件的多工种数控加工工艺进行合理性分析，并提出改进建议； (3) 能够确定高速加工的工艺文件	(1) 精密零件的工艺分析方法； (2) 数控加工多工种工艺方案合理性的分析方法及改进措施； (3) 高速加工的原理
	(三) 零件定位与装夹	(1) 能设计与制作高精度箱体类，叶片、螺旋桨等复杂零件的专用夹具； (2) 能对现有的数控铣床夹具进行误差分析，并提出改进建议	(1) 专用夹具的设计与制造方法； (2) 数控铣床夹具的误差分析及消减方法
	(四) 刀具准备	(1) 能够依据切削条件和刀具条件估算刀具的使用寿命，并设置相关参数； (2) 能根据难加工材料合理选择刀具材料和切削参数； (3) 能推广使用新知识、新技术、新工艺、新材料、新型刀具； (4) 能进行刀具刀柄的优化使用，提高生产效率，降低成本； (5) 能选择和使用适合高速切削的工具系统	(1) 切削刀具的选用原则； (2) 延长刀具寿命的方法； (3) 刀具新材料、新技术知识； (4) 刀具使用寿命的参数设定方法； (5) 难切削材料的加工方法； (6) 高速加工的工具系统知识

续表一

职业功能	工作内容	技 能 要 求	相 关 知 识
二、数控编程	(一) 手工编程	能够根据零件与加工要求编制具有指导性的变量编程程序	变量编程的概念及其编制方法
	(二) 计算机辅助编程	(1) 能够利用计算机高级语言编制特殊曲线轮廓的铣削程序； (2) 能够利用计算机 CAD/CAM 软件对复杂零件进行实体或曲线曲面造型； (3) 能够编制复杂零件的三轴联动铣削程序	(1) 计算机高级语言知识； (2) CAD/CAM 软件的使用方法； (3) 三轴联动的加工方法
	(三) 数控加工仿真	能够利用数控加工仿真软件分析和优化数控加工工艺	数控加工工艺的优化方法
三、数控铣床操作	(一) 程序调试与运行	能够操作立式、卧式以及高速铣床	立式、卧式以及高速铣床的操作方法
	(二) 参数设置	能够针对机床现状调整数控系统相关参数	数控系统参数的调整方法
四、零件加工	(一) 特殊材料加工	能够进行特殊材料零件的铣削加工，并达到如下要求： ① 尺寸公差等级达 IT8 级； ② 形位公差等级达 IT8 级； ③ 表面粗糙度 *Ra* 达 3.2 μm	(1) 特殊材料的材料学知识； (2) 特殊材料零件的铣削加工方法
	(二) 薄壁加工	能够进行带有薄壁的零件加工，并达到如下要求： ① 尺寸公差等级达 IT8 级； ② 形位公差等级达 IT8 级； ③ 表面粗糙度 *Ra* 达 3.2 μm	薄壁零件的铣削方法
	(三) 曲面加工	(1) 能进行三轴联动曲面的加工，并达到如下要求： ① 尺寸公差等级达 IT8 级； ② 形位公差等级达 IT8 级； ③ 表面粗糙度 *Ra* 达 3.2 μm (2) 能够使用四轴以上铣床与加工中心对叶片、螺旋桨等复杂零件进行多轴铣削加工，并达到如下要求： ① 尺寸公差等级达 IT8 级； ② 形位公差等级达 IT8 级； ③ 表面粗糙度 *Ra* 达 3.2 μm	(1) 三轴联动曲面的加工方法； (2) 四轴以上铣床/加工中心的使用方法

续表二

职业功能	工作内容	技能要求	相关知识
四、零件加工	(四) 易变形件加工	能进行易变形零件的加工，并达到如下要求： ① 尺寸公差等级达 IT8 级； ② 形位公差等级达 IT8 级； ③ 表面粗糙度 *Ra* 达 3.2 μm	易变形零件的加工方法
	(五) 精度检验	能够进行大型、精密零件的精度检验	(1) 精密量具的使用方法； (2) 精密零件的精度检验方法
五、维护与故障诊断	(一) 机床日常维护	能借助字典阅读数控设备的主要外文信息	数控铣床专业外文知识
	(二) 机床故障诊断	能够分析并排除液压和机械故障	数控铣床常见故障诊断及排除方法
	(三) 机床精度检验	能够进行机床定位精度、重复定位精度的检验	机床定位精度检验、重复定位精度检验的内容及方法
六、培训与管理	(一) 操作指导	能指导本职业中级、高级进行实际操作	操作指导书的编制方法
	(二) 理论培训	能对本职业中级、高级进行理论培训	培训教材的编写方法
	(三) 质量管理	能在本职工作中认真贯彻各项质量标准	相关质量标准
	(四) 生产管理	能协助部门领导进行生产计划、调度及人员的管理	生产管理基本知识
	(五) 技术改造与创新	能够进行加工工艺、夹具、刀具的改进	数控加工工艺综合知识

3.4 高级技师

职业功能	工作内容	技能要求	相关知识
一、工艺分析与设计	(一) 读图与绘图	(1) 能绘制复杂工装装配图； (2) 能读懂常用数控铣床的电气、液压原理图； (3) 能够组织中级、高级、技师进行工装协同设计	(1) 复杂工装设计方法； (2) 常用数控铣床电气、液压原理图的画法； (3) 协同设计知识
	(二) 制订加工工艺	(1) 能对高难度、高精密零件的数控加工工艺方案进行合理性分析，提出改进意见并参与实施； (2) 能够确定高速加工的工艺方案； (3) 能够确定细微加工的工艺方案	(1) 复杂、精密零件机械加工工艺的系统知识； (2) 高速加工机床的知识； (3) 高速加工的工艺知识； (4) 细微加工的工艺知识

续表

职业功能	工作内容	技能要求	相关知识
一、工艺分析与设计	(三) 工艺装备	(1) 能独立设计复杂夹具； (2) 能在四轴和五轴数控加工中对由夹具精度引起的零件加工误差进行分析，提出改进方案，并组织实施	(1) 复杂夹具的设计及使用知识； (2) 复杂夹具的误差分析及消减方法； (3) 多轴数控加工的方法
	(四) 刀具准备	(1) 能根据零件要求设计专用刀具，并提出制造方法； (2) 能系统地讲授各种切削刀具的特点和使用方法	(1) 专用刀具的设计与制造知识； (2) 切削刀具的特点和使用方法
二、零件加工	(一) 异形零件加工	能解决高难度、异形零件加工的技术问题，并制订工艺措施	高难度零件的加工方法
	(二) 精度检验	能够设计专用检具，检验高难度、异形零件	检具设计知识
三、机床维护与精度检验	(一) 数控铣床维护	(1) 能借助字典看懂数控设备的主要外文技术资料； (2) 能够针对机床运行现状合理调整数控系统相关参数	数控铣床专业外文知识
	(二) 机床精度检验	能够进行机床定位精度、重复定位精度的检验	机床定位精度、重复定位精度的检验和补偿方法
	(三) 数控设备网络化	能够借助网络设备和软件系统实现数控设备的网络化管理	数控设备网络接口及相关技术
四、培训与管理	(一) 操作指导	能指导本职业中级、高级和技师进行实际操作	操作理论教学指导书的编写方法
	(二) 理论培训	(1) 能对本职业中级、高级和技师进行理论培训； (2) 能系统地讲授各种切削刀具的特点和使用方法	(1) 教学计划与大纲的编制方法； (2) 切削刀具的特点和使用方法
	(三) 质量管理	能应用全面质量管理知识，实现操作过程的质量分析与控制	质量分析与控制方法
	(四) 技术改造与创新	能够组织实施技术改造和创新，并撰写相应的论文	科技论文的撰写方法

4 比 重 表

4.1 理论知识

项目		中级(%)	高级(%)	技师(%)	高级技师(%)
基本要求	职业道德	5	5	5	5
	基础知识	20	20	15	15
相关知识	加工准备	15	15	25	—
	数控编程	20	20	10	—
	数控铣床操作	5	5	5	—
	零件加工	30	30	20	15
	数控铣床维护与精度检验	5	5	10	10
	培训与管理	—	—	10	15
	工艺分析与设计	—	—	—	40
合计		100	100	100	100

4.2 技能操作

项目		中级(%)	高级(%)	技师(%)	高级技师(%)
技能要求	加工准备	10	10	10	—
	数控编程	30	30	30	—
	数控铣床操作	5	5	5	—
	零件加工	50	50	45	45
	数控铣床维护与精度检验	5	5	5	10
	培训与管理	—	—	5	10
	工艺分析与设计	—	—	—	35
合计		100	100	100	100